城镇工程施工组织与管理

主　编　胡　慨

副主编　汪晓霞　杨二平

编　委　（以姓氏笔画为序）

　　　　孔定娥　杨二平　汪晓霞

　　　　胡　慨　秦小桥　陶志飞

　　　　桑　璇

主　审　刘大军

合肥工业大学出版社

图书在版编目(CIP)数据

城镇工程施工组织与管理/胡慨主编．—合肥：合肥工业大学出版社，2010.4
ISBN 978 - 7 - 5650 - 0183 - 3

Ⅰ．城… Ⅱ．胡… Ⅲ．①城镇—建筑工程—施工组织②城镇—建筑工程—施工管理
Ⅳ．TU7

中国版本图书馆 CIP 数据核字(2010)第 064769 号

城镇工程施工组织与管理

主编　胡　慨　　　　　　　　　　责任编辑　陆向军　袁正科

出　版	合肥工业大学出版社	版　次	2010 年 4 月第 1 版
地　址	合肥市屯溪路 193 号	印　次	2010 年 4 月第 1 次印刷
邮　编	230009	开　本	787 毫米×1092 毫米　1/16
电　话	总编室：0551—2903038	印　张	17.75
	发行部：0551—2903198	字　数	431 千字
网　址	www. hfutpress. com. cn	印　刷	合肥学苑印务有限公司
E-mail	press@hfutpress. com. cn	发　行	全国新华书店

ISBN 978 - 7 - 5650 - 0183 - 3　　　　　　定价：28.00 元

内容提要

　　本书是国家示范建设院校重点专业——城镇建设专业的特色教材之一，是以真实工作项目为载体、以具体工作过程为导向进行开发的。全书共分为 5 个学习项目，主要内容包括：砖混结构房屋建筑工程施工组织、框架结构房屋建筑工程施工组织、道路工程施工组织、施工过程中的组织管理、综合实训。

　　本书以实际的工作项目为载体、施工组织设计编制过程及施工组织管理工作为主线，注意理论与实际相结合，突出实用性。突出高等职业技术教育的基于工作过程开发的主要特色，体现"校企合作、工学结合"主要精髓，加大了实践运用力度，其基础内容具有系统性、全面性，具体内容具有针对性、实用性，满足专业特点要求。内容实用、项目新颖、案例典型。

　　本书可作为高职高专学校城镇建设（市政工程技术）专业的教学用书，亦可作为建筑工程技术专业及其他相关专业的教学用书，还可供从事城镇建设、新农村建设方面的技术人员与相关人员参考用书。

前　言

本书是国家示范建设院校重点建设专业——城镇建设专业的专业建设与课程改革的重要成果之一。

它是根据教育部有关指导性的精神和意见,遵循城镇建设专业的"工学结合——项目导向"人才培养模式,"以工作项目为载体、以工作过程为导向"进行开发的。在校企共同开发的课程标准与教学组织设计、教材编写大纲的基础上而编写的。培养学生具备城镇工程施工组织设计、施工组织与管理的职业能力。

本书注重结合城镇和新农村建设实际,体现建筑业人才需求特点,重点突出基本知识和基本技能的培养及熟悉相关规范,在内容编排上,以各种典型城镇工程项目为载体,以其施工组织设计的编制过程为主线,构成了一个完整的工作过程。在编写过程中,突出了"以就业为导向、以岗位为依据、以能力为本位"的思想,依托仿真或真实的学习情境,注重职业能力的训练和个性培养,体现两个育人主体、两个育人环境的本质特征,实现了理论与实践的融合。

本书由安徽水利水电职业技术学院胡慨编写学习项目1,其中情境1.7由安徽霍邱县水务局沣东分局桑璇编写;安徽水利水电职业技术学院孔定娥编写学习项目2,其中2.3.1由中水淮河安徽恒信工程咨询有限公司秦小桥编写;安徽水利水电职业技术学院汪晓霞编写学习项目3;安徽安高投资有限公司陶志飞编写学习项目4中情境4.1和情境4.2,安徽水利开发股份有限公司杨二平编写情境4.3、情境4.4和情境4.5;安徽霍邱县水务局沣东分局桑璇编写学习项目5。

限于编者水平有限,不足之处在所难免,敬请读者对本书的缺点予以批评指正。

编　者

2010 年 4 月

目　录

项目 1　砖混结构房屋建筑工程施工组织 ……………………………………… (1)

情境 1.1　建筑施工组织基础 …………………………………………………… (4)
　1.1.1　基本建设项目 ……………………………………………………………… (4)
　1.1.2　建筑产品与建筑施工的特点 ……………………………………………… (8)
　1.1.3　施工组织设计 ……………………………………………………………… (9)
　1.1.4　施工准备工作 ……………………………………………………………… (11)
　1.1.5　施工准备工作计划 ………………………………………………………… (18)

情境 1.2　收集基本资料 ………………………………………………………… (19)
　1.2.1　房屋建筑(单位)工程施工组织设计的内容 …………………………… (19)
　1.2.2　房屋建筑(单位)工程施工组织设计的编制程序 ……………………… (20)
　1.2.3　编制房屋建筑(单位)工程施工组织设计需要收集的基本资料 ……… (20)

情境 1.3　施工部署与施工方案设计 …………………………………………… (22)
　1.3.1　工程概况和施工特点分析 ………………………………………………… (23)
　1.3.2　施工部署 …………………………………………………………………… (23)
　1.3.3　施工方案设计 ……………………………………………………………… (24)
　1.3.4　施工方法和施工机械的选择 ……………………………………………… (30)
　1.3.5　施工方案的技术经济评价 ………………………………………………… (31)

情境 1.4　施工进度计划编制 …………………………………………………… (33)
　1.4.1　网络计划的基本概念 ……………………………………………………… (33)
　1.4.2　双代号网络图 ……………………………………………………………… (35)
　1.4.3　施工进度计划编制 ………………………………………………………… (53)

情境 1.5　施工准备与资源配置计划编制 ……………………………………… (70)
　1.5.1　施工准备工作计划 ………………………………………………………… (70)
　1.5.2　资源配置计划 ……………………………………………………………… (71)

情境 1.6　施工现场平面布置图设计 …………………………………………… (73)
　1.6.1　单位工程施工现场平面布置图的设计依据、内容和原则 ……………… (73)
　1.6.2　单位工程施工现场平面布置图的设计步骤 ……………………………… (74)

情境 1.7　主要技术组织措施编制 ……………………………………………… (79)

1.7.1 施工管理计划与技术组织措施 ………………………………………… (79)

1.7.2 本项目的技术组织措施 …………………………………………………… (84)

情境 1.8 文件整理、排版和打印 ………………………………………………… (103)

项目 2 框架结构房屋建筑工程施工组织 …………………………………… (104)

情境 2.1 收集基本资料 …………………………………………………………… (105)

情境 2.2 施工部署与施工方案设计 …………………………………………… (107)

2.2.1 框架结构房屋建筑工程施工部署与施工方案 ………………………… (107)

2.2.2 本项目施工方案 …………………………………………………………… (108)

情境 2.3 施工进度计划编制 …………………………………………………… (115)

2.3.1 流水施工 …………………………………………………………………… (116)

2.3.2 单代号网络计划 …………………………………………………………… (129)

2.3.3 施工进度计划编制 ………………………………………………………… (139)

项目 3 公路工程施工组织设计 …………………………………………… (143)

情境 3.1 收集基本资料 …………………………………………………………… (143)

3.1.1 施工组织设计的地位和内容 …………………………………………… (145)

3.1.2 施工组织设计的资料准备 ……………………………………………… (146)

3.1.3 施工组织设计的编制依据 ……………………………………………… (147)

情境 3.2 施工方案设计 ………………………………………………………… (148)

3.2.1 施工方案编制的目的 ……………………………………………………… (148)

3.2.2 施工方案编制的要求 ……………………………………………………… (148)

3.2.3 施工方案编制的步骤及一般方法 ……………………………………… (150)

3.2.4 选择施工方法和施工机械 ……………………………………………… (150)

3.2.5 施工方案的技术经济评价 ……………………………………………… (152)

3.2.6 编制施工方案时应注意的一些问题 …………………………………… (153)

3.2.7 本项目施工方案设计 ……………………………………………………… (154)

情境 3.3 施工进度计划的编制 ………………………………………………… (157)

3.3.1 编制的依据与原则 ………………………………………………………… (157)

3.3.2 施工进度图的编制步骤及注意事项 …………………………………… (158)

3.3.3 施工进度图的绘制 ………………………………………………………… (161)

3.3.4 本项目施工进度计划编制 ……………………………………………… (169)

情境 3.4 施工准备工作计划与资源计划编制 ………………………………… (171)

3.4.1 施工准备工作计划 ………………………………………………………… (171)

3.4.2 资源供应计划 ……………………………………………………………… (173)

　　　3.4.3　本项目施工准备计划与资源计划编制 ……………………………… (176)

情境3.5　施工现场平面布置图设计 ………………………………………… (179)
　　　3.5.1　施工平面图的类型 …………………………………………………… (180)
　　　3.5.2　施工平面图布置的原则、依据和步骤 ……………………………… (181)
　　　3.5.3　本项目施工现场平面布置图设计 …………………………………… (182)

情境3.6　主要技术措施编制 ………………………………………………… (182)
　　　3.6.1　施工进度技术组织措施 ……………………………………………… (182)
　　　3.6.2　施工质量技术组织措施 ……………………………………………… (184)
　　　3.6.3　施工安全技术组织措施 ……………………………………………… (185)

项目4　施工过程中的组织管理 …………………………………………… (186)

情境4.1　施工安全管理 ……………………………………………………… (188)
　　　4.1.1　安全管理的基本概念 ………………………………………………… (189)
　　　4.1.2　安全管理实施 …………………………………………………………… (190)

情境4.2　施工质量管理 ……………………………………………………… (195)
　　　4.2.1　质量管理的基本概念 ………………………………………………… (195)
　　　4.2.2　全面质量管理的基本方法 …………………………………………… (201)
　　　4.2.3　工程施工质量分析 …………………………………………………… (213)

情境4.3　施工进度管理 ……………………………………………………… (220)
　　　4.3.1　进度管理的基本概念 ………………………………………………… (220)
　　　4.3.2　施工进度控制的内容 ………………………………………………… (221)
　　　4.3.3　施工进度控制的程序和原理 ………………………………………… (222)
　　　4.3.4　项目施工进度控制 …………………………………………………… (224)
　　　4.3.5　进度控制的分析 ……………………………………………………… (230)

情境4.4　施工成本管理 ……………………………………………………… (232)
　　　4.4.1　施工成本管理的基本概念 …………………………………………… (232)
　　　4.4.2　施工项目成本管理的程序和主要工作 ……………………………… (234)
　　　4.4.3　成本管理实施 …………………………………………………………… (236)

情境4.5　施工现场管理 ……………………………………………………… (254)
　　　4.5.1　施工现场管理的基本概念 …………………………………………… (254)
　　　4.5.2　施工现场管理实施 …………………………………………………… (255)
　　　4.5.3　施工项目现场管理评价 ……………………………………………… (258)

项目5　综合实训 …………………………………………………………… (260)

情境5.1　收集基本资料 ……………………………………………………… (260)

5.1.1　实训目的 ……………………………………………………… (260)

5.1.2　实训项目 ……………………………………………………… (261)

5.1.3　基本资料 ……………………………………………………… (261)

情境 5.2　编制施工组织设计 ……………………………………………… (262)

5.2.1　实训要求 ……………………………………………………… (262)

5.2.2　实训的组织形式 ……………………………………………… (262)

5.2.3　实训地点 ……………………………………………………… (262)

5.2.4　实训进程安排 ………………………………………………… (263)

5.2.5　实训的基本任务 ……………………………………………… (263)

情境 5.3　文件整理、排版和打印 ………………………………………… (268)

5.3.1　实训成果的主要内容 ………………………………………… (268)

5.3.2　排版格式要求 ………………………………………………… (268)

参考文献 ………………………………………………………………………… (269)

项目1 砖混结构房屋建筑工程施工组织

【学习目标】

本项目以房屋建筑工程为项目载体,学习编制施工方案,双代号网络计划的编制,现场平面布置图设计,施工准备工作计划与资源需用量计划编制,编制砖混结构房屋建筑工程施工组织设计。

通过本项目的学习,要求学生:

1. 了解建筑工程施工组织的基本概念、原则;
2. 了解施工组织设计的编制依据;
3. 掌握施工平面布置图设计;
4. 掌握施工方案编制;
5. 掌握施工进度计划;
6. 掌握施工准备工作计划与资源计划编制;
7. 掌握质量保证措施与安全技术措施编制。

【项目描述】

工程概况

××花园二期工程5#6#7#8#楼工程位于××市××路。工程由××房地产开发有限公司开发,××建筑设计院设计。工程施工的主要范围:按施工图及说明的土建、水电安装工程。

1. 建筑概况:××花园二期5#6#7#8#房为地上六层带阁楼砖混结构建筑,半地下室车库一层,建筑面积合计23002.15 m²。工程类别为Ⅲ类,抗震设防烈度7°,耐火等级为二级。建筑总高度为21.308 m,首层层高2.90 m,二至六层层高为2.85 m。室内外高差为1.70 m。±0.000相当于青岛标高3.90 m。

2. 装饰概况:主要装修标准特征如下表所示。

表1-1 建筑装修特征表

序号	类别	装修标准	分布部位
1	屋面	预制钢筋混凝土檩条;20厚木望板(单面抛光);上铺高聚物改性沥青防水卷材一层;顺水条40×15@450~600;25×35木挂瓦条(与屋面连接牢固);在挂瓦条中间铺挤塑保温板25厚,用硅酮胶上胶粘合成纤维无纺布一层;上铺水泥彩瓦	坡屋面
		钢筋混凝土屋面板;30厚聚氨酯发泡保温隔热层;20厚1:3水泥砂浆找平层;洒细砂一层;干铺纸胎油毡一层;40厚C30细石混凝土内配双向钢筋φ4@200,粉平压光	平屋面
		钢筋混凝土板;20厚1:3水泥砂浆找平压实;3厚SBS改性沥青防水卷材一层;刷浅色反光涂料	檐口雨篷

（续表）

序号	类别	装修标准	分布部位
2	平顶	钢筋混凝土板；刷素水泥浆一道（掺5％801胶）；12厚YS外墙保温砂浆；6厚1：0.3：3水泥石灰膏粉面；白水泥批嵌两遍；要求平整	车库
		钢筋混凝土板；刷素水泥浆一道（掺5％801胶）；12厚1：1：6水泥石灰砂浆打底；6厚1：1：4水泥石灰粉面；白水泥批嵌两遍；要求平整	卧室阳台
		钢筋混凝土板；刷素水泥浆一道（掺5％801胶）；12厚1：3水泥砂浆打底；12厚1：2水泥粉面；要求粉光	厨房卫生间
		钢筋混凝土板；刷素水泥浆一道（掺5％801胶）；10厚1：1：6水泥石灰砂浆打底；6厚1：1：4水泥石灰粉面；满批嵌腻子，要求平整；刷白色内墙涂料	楼梯间
3	内墙面	15厚1：3水泥砂浆刮糙；顺直粉平	厨房卫生间
		12厚1：1：6水泥石灰砂浆打底扫毛；8厚1：1：4水泥石灰砂浆粉面；面批白水泥两度	室内
		12厚1：1：6水泥石灰砂浆打底扫毛；8厚1：1：4水泥石灰砂浆粉面；刷白色乳胶漆两度（做1000高暗墙裙，12厚1：3水泥砂浆打底；8厚1：2水泥砂浆粉面；刷灰色乳胶漆两度）	楼梯间
4	楼面	钢筋混凝土楼板；刷浓水泥浆一道；15厚1：3水泥砂浆找平层；10厚1：2水泥砂浆面层压实抹光	室内
		预制空心楼板；C20细石混凝土灌缝；35厚C20细石混凝；5厚1：1水泥砂浆粉面，压实抹光	
		钢筋混凝土楼板；刷浓水泥浆一道；25厚1：3水泥砂浆找平并0.3％坡向地漏，四角抹小八字；1.2厚聚氨酯二遍涂膜防水层，四周卷高200	厨房卫生间
		钢筋混凝土楼板；12厚1：3水泥砂浆找平层；8厚1：2水泥砂浆面层压实抹光	楼梯间
5	地面	素土夯实；80厚混合垫层；70厚C20混凝土随捣随抹；15厚1：1.5水泥砂浆粉面压光	卫生间楼梯间
		素土夯实；200厚8％灰土；60厚C15混凝土垫层压实抹光；刷冷底子油一道；热沥青两道；100厚C20细石混凝土内配6@150（放置面层下）随捣随抹，四周设缝	车库
6	门窗	塑钢推拉窗、塑钢双扇推拉窗、塑钢平开窗	
		双面夹板木门、入户防盗门、单元电子防盗门	
7	外墙面	20厚YS外墙保温砂浆；6厚YS防水抗裂砂浆压入涂塑玻纤网格布；面层采用复合外墙涂料或彩色面砖； 基层为混凝土梁柱，先刷一道混凝土界面处理剂增强粘结； 面层为面砖，在YS防水抗裂砂浆上刷一道混凝土界面处理剂增强粘结	

注：其余细部做法调整详见《变更及具体施工说明》。

3. 结构概况

本工程基础形式为：C15 素混凝土垫层砖砌条形基础设 240×240 钢筋混凝土地圈梁。楼板为预制钢筋混凝土空心板，在底层和顶层窗台处设置水平现浇钢筋混凝土带；厨房、卫生间、阳台采用现浇钢筋混凝土板，四周做宽、高 120×200 素混凝土翻边。

其余概况如表 1-2 所示。

表 1-2　结构特征表

类别	特征
混凝土	基础垫层 C15，±0.00 以下为 C25 混凝土，±0.00 以上为 C20
钢筋	Ø-Ⅰ级及新Ⅲ级钢，锚固及搭接长度按图纸说明
钢材	预埋件采用 Q235 钢板，焊缝 6 mm，满焊
砌体	±0.00 以上 KP1 承重多孔砖，M10 混合砂浆； ±0.00 以下 MU10 粘土砖墙体，M10.0 水泥砂浆
焊条	Ⅰ级钢及型钢采用 E43 型；Ⅲ级钢采用 E55 型
保护层	板 20 mm；梁 30 mm；柱 30 mm；基础 40 mm

4. 水电安装概况

给水管道均采用镀塑钢管丝扣连接；室内冷水管道采用聚丙烯 PP-R 管材；消防管道采用≥DN100 热镀锌无缝钢管，机械沟槽式卡箍连接；<DN100 热镀锌无缝钢管，采用丝扣连接，排水管、雨水管采用硬聚氯乙烯 PVC-U 管材，承插粘接；排水泵接管采用≥DN100 热镀锌无缝钢管，法兰连接，<DN100 热镀锌无缝钢管，采用丝扣连接。

电气安装包括住宅弱电照明、插座、综合布线、建筑防雷接地等。

工程特点

1. 本工程位于××路一侧，施工车辆进出较为方便。必须安全文明组织施工，尽量降低噪音，控制粉尘废水排放。

2. 施工现场场地狭小，不利于材料堆放、弃土暂存及组织施工。

3. 工期相对较紧，必须合理安排劳力，有序组织施工以确保如期完工。

4. 主体结构施工在冬春季，装饰阶段在夏季，须根据冬夏季施工的特点组织施工，防止高温及多雨影响工程质量。

5. 施工中认真消除质量上四大通病，即屋面墙面渗漏、地面倒泛水、地面脱壳开裂和管道滴漏。

6. 楼层大面积采用预制空心板，须采取有效措施避免预制空心板出现裂缝，影响质量。

7. 水电安装量大，涉及专业多，交叉作业多。须合理组织协调，避免出现错放漏放，后凿墙体影响质量。

情境 1.1　建筑施工组织基础

表 1-3　工作任务表

能力目标	主讲内容	学生完成任务		评价标准
通过学习,使学生了解基本建设项目的组成、建筑产品和建筑施工的各自特点,掌握我国现行的基本建设程序和施工组织设计的分类	着重介绍基本建设、建设项目的概念及其组成,基本建设程序及施工组织设计的分类,建筑产品和建筑施工的特点,以及编制施工组织设计的基本原则。能够根据施工组织设计的基本原则编制施工组织设计	根据本项目的基本条件,在学习过程中体会和理解建筑产品和建筑施工的各自特点,基本建设程序,对本项目进行初步的项目划分	优秀	能正确理解基本建设项目划分,了解我国现行基本建设程序以及主要内容,熟悉施工组织设计的类型
			良好	能正确理解基本建设项目划分,了解我国现行基本建设程序,了解施工组织设计的类型
			合格	能正确理解基本建设项目划分,了解施工组织设计的类型及使用

1.1.1　基本建设项目

1.1.1.1　基本建设

基本建设是指以固定资产扩大再生产为目的,国民经济各部门、各单位购置和建造新的固定资产的经济活动,以及与其有关的工作。简言之,即是形成新的固定资产的过程。基本建设为国民经济的发展和人民物质文化生活的提高奠定了物质基础。基本建设主要是通过新建、扩建、改建和重建工程,特别是新建和扩建工程,以及与其有关的工作来实现的。因此,建筑施工是完成基本建设的重要活动。

基本建设是一种综合性的宏观经济活动。它还包括工程的勘察与设计、土地的征购、物资的购置等。它横跨国民经济各部门,包括生产、分配和流通各环节。其主要内容有:建筑工程、安装工程、设备购置、列入建设预算的工具及器具购置、列入建设预算的其他基本建设工作。

1.1.1.2　基本建设项目及其划分

基本建设项目,简称建设项目,是指有独立计划和总体设计文件,并能按总体设计要求组织施工,工程完工后可以形成独立生产能力或使用功能的工程项目。在工业建设中,一般以拟建的厂矿企业单位为一个建设项目,例如一个制药厂、一个客车厂等。在民用建设中,一般以拟建的企事业单位为一个建设项目,例如一所学校、一所医院等。

各建设项目的规模和复杂程度各不相同。一般情况下,将建设项目按其组成内容从大到小划分为若干个单项工程、单位工程、分部工程和分项工程等。

1. 单项工程

单项工程是指具有独立的设计文件,能独立的组织施工,竣工后可以独立发挥生产能力和效益的工程,又称为工程项目。一个建设项目可以由一个或几个单项工程组成。例如一所学校中的教学楼、实验楼和办公楼等。

2. 单位工程

单位工程是指具有单独设计图纸,可以独立施工,但竣工后一般不能独立发挥生产能力和经济效益的工程。一个单项工程通常都由若干个单位工程组成。例如一个工厂车间通常由建筑工程、管道安装工程、设备安装工程、电器安装工程等单位工程组成。

3. 分部工程

分部工程一般是按单位工程的部位、构件性质、使用的材料或设备种类等不同而划分的工程。例如一幢房屋的土建单位工程,按其部位可以划分为基础、主体、屋面和装修等分部工程,按其工种可以划分为土石方工程、砌筑工程、钢筋混凝土工程、防水工程和抹灰工程等。

4. 分项工程

分项工程一般是按分部工程的施工方法、使用材料、结构构件的规格等不同因素划分的,用简单的施工过程就能完成的工程。例如房屋的基础分部工程,可以划分为挖土、混凝土垫层、砌毛石基础和回填土等分项工程。

1.1.1.3　基本建设程序

基本建设是指利用国家预算内资金、自筹资金、国内外基本建设贷款或其他专用资金,以扩大生产能力或新增工程效益为主要目的的新建、扩建工程及有关工作。

基本建设程序是指工程从计划决策到竣工验收交付使用的全过程中,各项工作必须遵循的先后顺序。这个先后顺序,既不是人为任意安排的,也不是随着建设地点的改变而改变,而是由基本建设进程,即固定资产的建造和形成过程的规律所决定的。从基本建设的客观规律、工程特点、协作关系、工作内容来看,在多层次、多交叉、多关系、多要求的时间和空间里组织好基本建设,必须使工程项目建设中各阶段和各环节的工作相互衔接。

我国现行的基本建设程序可概括为:项目建议书、可行性研究报告、设计工作、施工准备(包括招投标)、建设实施、生产准备、竣工验收、后评价阶段等八个阶段。基本建设程序的这八个阶段,基本上反映了基本建设工作的全过程,同时还可进一步将其概括为三个大的阶段,即:(1)项目决策阶段。它以可行性研究为中心,还包括调查研究、提出设想、确定建设地点等内容。(2)工程准备阶段。它以勘测设计工作为中心,还包括成立项目法人、安排年度计划、进行工程发包、准备设备材料、做好施工准备等内容。(3)工程实施阶段。它以工程的建筑安装活动为中心,还包括工程施工、生产准备、试车运行、竣工验收、交付使用等内容。前两阶段统称为前期工作。现行基本建设程序如图 1-1 所示。

1. 项目建议书

项目建议书是要求建设某一具体项目的建设性文件,是投资决策前由主管部门对拟建项目的轮廓设想,主要从宏观上衡量分析项目建设的必要性和可能性,即分析其建设条件是否具备,是否值得投入资金和人力。项目建议书并不是项目的最终决策,仅是为可行性研究提供依据和基础。

2. 可行性研究报告

项目建议书经批准后,即可进行可行性研究工作。可行性研究的任务是通过对建设项目在技术、工程和经济上合理性进行全面分析论证和多种方案比较,提出科学的评价意见,推荐最佳方案,形成可行性研究报告。可行性研究是进行项目决策的重要依据。

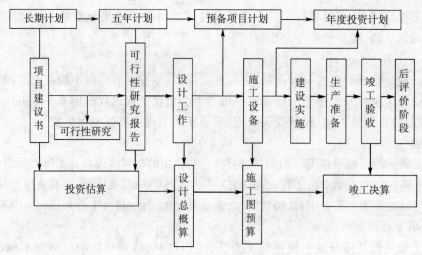

图 1-1　现行基本建设程序

可行性研究报告的审批权限规定如下：

（1）属中央投资、中央和地方合资的大中型和限额以上项目的可行性研究报告，要送国家计委审批。

（2）总投资在 2 亿元以上的项目，不论是中央项目，还是地方项目，都要经国家计委审查后报国务院审批。

（3）中央各部门所属小型和限额以下项目由各部门审批。

（4）地方投资在 2 亿元以下的项目，由地方计委审批。

3. 设计工作

可行性研究报告经批准的建设项目，一般由项目法人委托或通过招标委托有相应资质的设计单位进行设计。设计是分阶段进行的。大中型建设项目，一般采用两阶段设计，即初步设计和施工图设计；重大项目和技术复杂项目，可根据不同行业的特点和需要，采用三阶段设计，即增加技术设计阶段。

（1）初步设计阶段

初步设计阶段的任务是进一步论证建设项目的技术可行性和经济合理性，解决工程建设中重要的技术和经济问题，确定建筑物形式、主要尺寸、施工方法、总体布置，编制施工组织设计和设计概算。

初步设计由主要投资方组织审批，其中大中型和限额以上项目，要报国家计委和行业归口主管部门备案。初步设计文件经批准后，总体布置、建筑面积、结构形式、主要设备、主要工艺过程、总概算等，无特殊情况，均不得随意修改、变更。

（2）技术设计阶段

根据初步设计和更详细的调查研究资料，进一步解决初步设计中的重大技术问题，如工艺流程、建筑结构、设备选型及数量确定等，以使建设项目的设计更具体、更完善，技术经济指标更好。

（3）施工图设计阶段

施工图设计是按照初步设计所确定的设计原则、结构方案和控制尺寸，根据建筑安装工作的需要，分期分批地绘制出工程施工图，提供给施工单位，据以施工。

施工图设计的主要内容包括:进行细部结构设计,绘制出正确、完整和尽可能详尽的工程施工图纸,编制施工方案和施工图预算。其设计的深度应满足:材料和设备订货、非标准设备的制作、加工和安装、编制具体施工措施和施工预算等要求。

4. 施工准备

初步设计已经批准的项目,可列入预备项目。预备项目在进行建设准备过程中的投资活动,不计算建设工期,统计上单独反映。

施工准备的任务是创造有利的施工条件,从技术、物质和组织等方面做好必要的准备,使建设项目能连续、均衡、有节奏地进行。主要工作内容有:征地、拆迁和场地平整;完成施工用水、电、路等工程;组织设备、材料订货;准备必要的设计图纸;组织施工招投标,择优选择施工单位。

施工准备基本就绪后,应由建设单位提出开工报告,经批准后才能开工。根据国家规定,大中型建设项目的开工报告,要由国家计委批准。项目在报批开工前,必须由审计机关对项目的有关内容进行审计证明,对项目的资金来源是否正当、落实,项目开工前的各项支出是否符合国家的有关规定,资金是否存入规定的专业银行等进行审计。

5. 建设实施

建设实施阶段根据设计要求和施工规范,对建设项目的质量、进度、投资、安全、协作配合、现场布置等,进行指挥、控制和协调。

在建设实施阶段中,应遵循以下要求:

(1)项目法人按照批准的建设文件,精心组织工程建设全过程,保证项目建设目标的实现。

(2)项目法人或其代理机构,必须按审批权限,向主管部门提出主体工程开工申请报告,经批准后,主体工程方可正式开工。主体工程开工需具备的基本条件是:

① 前期工程各个阶段文件已按规定批准,施工图设计满足初期主体工程施工的需要;

② 建设项目已列入国家或地方的基本建设投资年度计划,年度建设资金已落实;

③ 主体工程的招标已经决标,工程承包合同已经签订,并经过主管部门的批准;

④ 现场施工准备和征地移民等建设外部条件能够满足主体工程开工需要。

随着社会主义市场经济机制的建立,建设项目在实行项目法人责任制后,主体工程的开工还需具备以下条件:

① 建设管理模式已经确定,投资主体与项目主体的关系已经理顺;

② 项目建设所需要的全部资金来源已经明确,投资结构合理;

③ 项目产品的销售已有用户承诺,并确定了定价原则。

(3)项目法人要充分发挥建设管理的主导作用,为施工创造良好的建设条件。

(4)在建设施工阶段,要按照"政府监督、项目法人负责、社会监理、企业保证"的要求,建立健全质量保证体系,确保工程质量。对重要建设项目,应设立项目质量监督站,行使政府对项目建设的监督职能。

6. 生产准备

生产准备是项目投产前所要进行的一项重要工作,项目法人应按照监管结合和项目法人责任制的要求,适时做好有关生产准备工作。

生产准备应根据不同类型的工程要求确定,一般应包括以下主要内容:

（1）生产组织准备。建立生产经营的管理机构及相应的管理制度。

（2）招收培训人员。按照生产运营的要求，配备生产管理人员，并通过多种形式的培训，提高人员的综合素质，使之能满足运营的要求。生产管理人员要尽早参与工程的施工建设，参加设备的安装调试，掌握好生产技术和工艺流程，为顺利衔接基本建设和生产经营阶段做好准备。

（3）生产技术准备。主要包括技术咨询的汇总、运营技术方案的制订、岗位操作规程制定和新技术的培训。

（4）生产物资准备。主要是落实投产运营所需要的原材料、协作产品、工器具、备品备件和其他协作配合条件的准备。

（5）及时产品销售合同协议的签订，提高生产经营效益，为偿还债务和资产的保值增值创造条件。

7. 竣工验收

竣工验收是工程完成建设目标的标志，是全面考核基本建设成果、检验设计和工程质量的重要步骤，是一项严肃、认真、细致的技术工作。竣工验收合格的项目，即可转入生产或使用。

当建设项目的建设内容全部完成，并经过单位工程验收符合设计要求，工程档案资料按规定整理齐全，完成竣工报告、竣工决策等必须文件的编制后，项目法人应按照规定向验收主管部门提出申请，根据国家或行业颁布的验收规程组织验收。

竣工决算编制完成后，需由审计机关组织竣工审计，审计机关的审计报告作为竣工验收的基本资料。

对于工程规模较大、技术复杂的建设项目，可组织有关人员首先进行初步验收，不合格的工程不予验收，有遗留问题的项目，必须提出具体处理意见，落实责任人，限期整改。

8. 后评价阶段

建设项目的后评价阶段是我国基本建设程序中新增加的一项重要内容。建设项目竣工投产（或使用）后，一般经过1～2年生产运营后，要进行一次系统的项目后评价。后评价主要内容包括：（1）影响评价：项目投产后对各方面的影响进行评价；（2）经济效益评价：对项目投资、国民经济效益、财务效益、技术进步、规模效益、可行性研究深度等进行评价；（3）过程评价：对项目的立项、设计施工、建设管理、竣工投产、生产运营等全过程进行评价。项目后评价一般分为项目法人的自我评价、项目行业的评价、计划部门（或主要投资方）的评价三个层次组织实施。

建设项目的后评价工作，必须遵循客观、公正、科学的原则，做到分析合理、评价公正。通过建设项目的后评价，以达到肯定成绩、总结经验、研究问题、吸取教训、提出建议、改进工作，不断提高项目决策水平和投资效果的目的。

1.1.2　建筑产品与建筑施工的特点

建筑产品是指建筑企业通过施工活动生产出来的产品，主要包括各种建筑物和构筑物。建筑产品与一般其他工业产品相比较，其本身和施工过程都具有一系列的特点。

1.1.2.1　建筑产品的特点

1. 建筑产品的固定性

一般建筑产品均由基础和主体两部分组成。基础承受其全部荷载，并传给地基，同时将主体固定在地面上。任何建筑产品都是在选定的地点上建造和使用,它在空间上是固定的。

2. 建筑产品的多样性

建筑产品不仅要满足复杂的使用功能的要求,建筑产品所具有的艺术价值还要体现出地方或民族的风格、物质文明和精神文明程度等。同时,还受到地点的自然条件诸因素的影响,而使建筑产品在规模、建筑形式、构造和装饰等方面具有很多的差异。

3. 建筑产品的体积庞大性

无论是复杂还是简单的建筑产品,均是为构成人们生活和生产的活动空间或满足某种使用功能而建造的。建造一个建筑产品需要大量的建筑材料、制品、构件和配件。因此,一般的建筑产品要占用大片的土地和一定的空间。建筑产品与其他工业产品相比,体积格外庞大。

1.1.2.2　建筑施工的特点

由于建筑产品本身的特点,决定了建筑产品生产过程具有以下特点:

1. 建筑施工的流动性

建筑产品的固定性决定了建筑施工的流动性。在建筑产品的生产过程中,工人及其使用的材料和机具不仅要随建筑产品建造地点的不同而流动,而且在同一建筑产品的施工中,要随产品进展的部位不同,移动施工的工作面。

2. 建筑施工的单件性

建筑产品地点的固定性和类型的多样性决定了产品生产的单件性。每个建筑产品应在选定的地点上单独设计和施工。

3. 建筑施工的周期长

建筑产品的体积庞大性决定了施工的周期长。建筑产品体积庞大,施工中要投入大量的劳动力、材料、机械设备等。与一般的工业产品比较,其施工周期较长,少则几个月,多则几年。

4. 建筑施工的复杂性

建筑产品的固定性、体积庞大性及多样性决定了建筑施工的复杂性。一方面,建筑产品的固定性和体积庞大性决定了建筑施工多为露天作业,必然使施工活动受自然条件的制约;另一方面,施工活动中还有大量的高空作业、地下作业以及建筑产品本身的多种多样,造成建筑施工的复杂性。这就要求事先有一个全面的施工组织设计,提出相应的技术、组织、质量、安全、节约等保证措施,避免发生质量和安全事故。

1.1.3　施工组织设计

1.1.3.1　施工组织设计的作用和任务

施工组织设计是我国在工程建设领域长期沿用下来的名称,西方国家一般称为施工计划或工程项目管理计划。施工组织设计在投标阶段通常被称为技术标,但它不是仅包含技术方面的内容,同时也涵盖了施工管理和造价控制方面的内容。由于受建筑产品及其施工特点的影响,每个工程项目开工前必须根据工程特点与施工条件,编制施工组织设计。

施工组织设计是以施工项目为对象编制的,用以指导施工的技术、经济和管理的综合性文件。

1. 施工组织设计的作用

施工组织设计是对施工过程实行科学管理的重要手段,是检查工程施工进度、质量、成本三大目标的依据。通过编制施工组织设计,明确工程的施工方案、施工顺序、劳动组织措施、施工进度计划及资源需要量计划,明确临时设施、材料、机具的具体位置,有效地使用施工现场,提高经济效益。

2. 施工组织设计的任务

根据国家的各项方针、政策、规程和规范,从施工的全局出发,结合工程的具体条件,确定经济合理的施工方案,对拟建工程在人力和物力、时间和空间、技术和组织等方面统筹安排,以期达到耗工少、工期短、质量高和造价低的最优效果。

1.1.3.2 施工组织设计的分类

施工组织设计按编制阶段和对象的不同,分为施工组织总设计、单位工程施工组织设计和分部(分项)工程施工组织设计三类。

1. 施工组织总设计

施工组织总设计是以若干单位工程组成的群体工程或特大型项目为主要对象编制的施工组织设计,对整个项目的施工过程起统筹规划、重点控制的作用。它是指导一个建筑群或建设项目施工全过程的各项施工活动的技术、经济和组织管理的综合性文件。施工组织总设计一般是在建设项目的初步设计或扩大初步设计被批准之后,在总承包单位的工程师领导下进行编制。

2. 单位工程施工组织设计

单位工程施工组织设计是以单位(子单位)工程为主要对象编制的施工组织设计,对单位(子单位)工程起指导和制约作用。它是指导单位工程施工全过程的技术、经济和组织管理的综合性文件。单位工程施工组织设计是在施工图设计完成之后、工程开工之前,在施工项目技术负责人领导下进行编制。本书主要针对单位工程施工组织设计的编制展开。

3. 分部(分项)工程施工组织设计

分部(分项)工程施工组织设计是以分部(分项)工程为编制对象,对结构特别复杂、施工难度大、缺乏施工经验的分部(分项)工程编制的作业性施工设计。分部(分项)工程施工组织设计由单位工程施工技术员负责编制。

1.1.3.3 编制施工组织设计的基本原则

在组织施工或编制施工组织设计时,应根据建筑施工的特点及以往积累的经验,遵循以下原则进行:

1. 认真贯彻国家对工程建设的各项方针和政策,严格执行基本建设程序

严格控制固定资产投资规模,保证国家的重点建设;对基本建设项目必须实行严格的审批制度;严格按基本建设程序办事;严格执行建筑施工程序。要做到"五定",即定建设规模、定投资总额、定建设工期、定投资效果、定外部协作条件。

2. 坚持合理的施工程序和施工顺序

建筑施工有其本身的客观规律,按照反映这种规律的工作程序组织施工,就能保证各施工过程相互促进,加快施工进度。

(1)施工顺序随工程性质、施工条件和使用要求会有所不同,但一般遵循如下规律:先做准备工作,后正式施工。准备工作是为后续生产活动正常进行创造必要的条件。准备工作不充分就贸然施工,不仅会引起施工混乱,而且还会造成资源浪费,延误工期。

(2)先进行全场性工作,后进行各个工程项目施工。场地平整、管网敷设、道路修筑和电

路架设等全场性工作先进行,为施工中用电、供水和场内运输创造条件。

(3)对于单位工程,既要考虑空间顺序,也要考虑各工种之间的顺序。空间顺序解决施工流向问题,它是根据工程使用要求、工期和工程质量来决定的。工种顺序解决时间上的搭接问题,它必须做到保证质量、充分利用工作面、争取时间。

还必须做到先地下后地上,地下工程先深后浅;先主体、后装修;管线工程先场外后场内的施工顺序。

3. 尽量采用国内外先进的施工技术,进行科学的组织和管理

采用先进的技术和科学的组织管理方法是提高劳动生产率、改善工程质量、加快工程进度、降低工程成本的主要途径。在选择施工方案时,要积极采用新技术、新工艺、新设备,以获得最大的经济效益。同时,也要防止片面追求先进的施工技术而忽视经济效益的做法。

4. 采用流水施工、网络计划技术组织施工

实践证明,采用流水施工方法组织施工,不仅能使拟建工程的施工有节奏、均衡、连续地进行,而且还会带来显著的技术、经济效益。

网络计划技术是当代计划管理的最新方法。它是应用网络图的形式表示计划中各项工作的相互关系,具有逻辑严密、层次清晰、关键问题明确的特点,可进行计划方案的优化、控制和调整,有利于计算机在计划管理中的应用。实践证明,管理中采用网络计划技术,可有效地缩短工期和节约成本。

5. 尽量减少临时设施,科学合理布置施工平面图

尽量利用正式工程、原有或就近已有设施,减少各种临时设施;尽量利用当地资源,合理安排运输、装卸与存储作业,减少物资运输量,避免二次搬运;精心进行现场布置,节约现场用地,不占或少占农田;做好现场文明施工。

6. 充分利用现有机械设备,提高机械化程度

建筑产品生产需要消耗巨大的体力劳动,在建筑施工过程中,尽量以机械化施工代替手工操作,这是建筑技术进步的另一重要标志。为此在组织工程项目施工时,要结合当地和工程情况,充分利用现有的机械设备,扩大机械化施工范围,提高机械化施工程度。同时要充分发挥机械设备的生产率,保证其作业的连续性,提高机械设备的利用率。

7. 科学地安排冬、雨季施工项目,提高施工的连续性和均衡性

建筑施工一般都是露天作业,易受气候影响,严寒和下雨的天气都不利于建筑施工的正常进行。如果不采取相应的技术措施,冬季和雨季就不能连续施工。目前,已经有成功的冬雨季施工措施,保证施工正常进行,但是施工费用也会相应增加。因此,在施工进度计划安排时,要根据施工项目的具体情况,将适合冬雨季节施工的、不会过多增加施工费用的施工项目安排在冬雨季进行,提高施工的连续性和均衡性。

综合上述原则,既是建筑产品生产的客观需要,又是加快施工进度、缩短工期、保证工程质量、降低工程成本、提高建筑施工企业和工程项目建设单位经济效益的需要。所以,必须在组织施工项目施工过程中认真贯彻执行。

1.1.4 施工准备工作

工程项目施工准备工作是生产经营管理的重要组成部分,是对拟建工程目标、资源供应、施工方案选择及空间布置和时间排列等诸方面进行的施工决策。

1.1.4.1　施工准备工作的重要性

基本建设工程项目总的程序是按照计划、设计和施工三个阶段进行。施工阶段又分为施工准备、土建施工、设备安装、交工验收阶段。

施工准备工作的基本任务是为拟建工程的施工提供必要的技术和物质条件，统筹安排施工力量和施工现场。施工准备工作也是施工企业搞好目标管理，推行技术经济承包的重要依据，同时还是土建施工和设备安装顺利进行的根本保证。因此认真地做好施工准备工作，对于发挥企业优势、合理供应资源、加快施工速度、提高工程质量、降低工程成本、增加企业经济效益、赢得企业社会信誉、实现企业管理现代化等具有重要的意义。

实践证明，凡是重视施工准备工作，积极为拟建工程创造一切施工条件，其工程的施工就会顺利地进行；凡是不重视施工准备工作，就会给工程的施工带来麻烦和损失，甚至给工程施工带来灾难，其后果不堪设想。

1.1.4.2　施工准备工作的分类

1. 按工程项目施工准备工作的范围不同分类

(1)全场性施工准备。它是以一个建筑工地为对象而进行的各项施工准备。其特点是它的施工准备工作的目的、内容都是为全场性施工服务的，它不仅要为全场性的施工活动创造有利条件，而且要兼顾单位工程施工条件的准备。

(2)单位工程施工条件准备。它是以一个建筑物为对象而进行的施工条件准备工作。其特点是它的准备工作的目的、内容都是为单位工程施工服务的，它不仅为该单位工程的施工做好一切准备，而且要为分部分项工程做好施工准备。

(3)分部(项)工程作业条件的准备。它是以一个分部(项)工程或冬雨季施工项目为对象而进行的作业条件准备。

2. 按拟建工程所处的施工阶段不同分类

(1)开工前的施工准备。它是在拟建工程正式开工之前所进行的一切施工准备工作。其目的是为拟建工程正式开工创造必要的施工条件。它既可能是全场性的施工准备，又可能是单位工程施工条件的准备。

(2)各施工阶段前的施工准备。它是在拟建工程开工之后，每个施工阶段正式开工之前所进行的一切施工准备工作。其目的是为施工阶段正式开工创造必要的施工条件。如混合结构的民用住宅的施工，一般可分为地下工程、主体工程、装饰工程和屋面工程等施工阶段，每个施工阶段的施工内容不同，所需要的技术条件、物资条件、组织要求和现场布置等方面也不同，因此在每个施工阶段开工之前，都必须做好相应的施工准备工作。

综上所述可以看出，不仅在拟建工程开工之前要做好施工准备工作，而且随着工程施工的进展，在各施工阶段开工之前也要做好施工准备工作。施工准备工作既要有阶段性，又要有连贯性，因此施工准备工作必须有计划、有步骤、分期分阶段地进行，要贯穿拟建工程整个建造过程的始终。

1.1.4.3　施工准备工作的内容

工程项目施工准备工作按其性质和内容，通常包括技术准备、物资准备、劳动组织准备、施工现场准备和施工场外准备。

1. 技术准备

技术准备是施工准备工作的核心。由于任何技术的差错或隐患都可能引起人身安全和质量事故，造成生命、财产和经济的巨大损失，因此必须认真做好技术准备工作。具体有如下内容：

(1)熟悉、审查施工图纸和有关的设计资料

①熟悉、审查施工图纸的依据

a.建设单位和设计单位提供的初步设计或扩大初步设计(技术设计)、施工图设计、建筑总平面、土方竖向设计和城市规划等资料文件；

b.调查、搜集的原始资料；

c.设计、施工验收规范和有关技术规定。

②熟悉、审查设计图纸的内容

a.审查拟建工程的地点、建筑总平面图同国家、城市或地区规划是否一致，建筑物或构筑物的设计功能与使用要求是否符合卫生、防火及美化城市方面的要求；

b.审查设计图纸是否完整、齐全，设计图纸和资料是否符合国家有关工程建设的设计、施工方面的方针和政策；

c.审查设计图纸与说明书在内容上是否一致，设计图纸与其各组成部分之间有无矛盾和错误；

d.审查建筑总平面图与其他结构图在几何尺寸、坐标、标高、说明等方面是否一致，技术要求是否正确；

e.审查工业项目的生产工艺流程和技术要求，掌握配套投产的先后次序和相互关系，以及设备安装图纸与其相配合的土建施工图纸在坐标、标高上是否一致，掌握土建施工质量是否满足设备安装的要求；

f.审查地基处理与基础设计同拟建工程地点的工程水文、地质等条件是否一致，建筑物或构筑物与地下建筑物或构筑物、管线之间的关系；

g.明确拟建工程的结构形式和特点，复核主要承重结构的强度、刚度和稳定性是否满足要求，审查设计图纸中的工程复杂、施工难度大和技术要求高的分部分项工程或新结构、新材料、新工艺，检查现有施工技术水平和管理水平能否满足工期和质量要求，并采取可行的技术措施加以保证；

h.明确建设期限，分期分批投产或交付使用的顺序和时间，以及工程所需主要材料、设备的数量、规格、来源和供货日期；

i.明确建设、设计和施工等单位之间的协作、配合关系，以及建设单位可以提供的施工条件。

③熟悉、审查设计图纸的程序

熟悉、审查设计图纸的程序通常分为自审阶段、会审阶段和现场签证等三个阶段。

a.设计图纸的自审阶段。施工单位收到拟建工程的设计图纸和有关技术文件后，应尽快地组织有关的工程技术人员对图纸进行熟悉，写出自审图纸的记录。自审图纸的记录应包括对设计图纸的疑问和对设计图纸的有关建议等。

b.设计图纸的会审阶段。一般由建设单位主持，由设计单位、施工单位和监理单位参加，四方共同进行设计图纸的会审。图纸会审时，首先由设计单位的工程项目负责人向与会者说明拟建工程的设计依据、意图和功能要求，并对特殊结构、新材料、新工艺和新技术提出设计要求；然后施工单位根据自审记录以及对设计意图的了解，提出对设计图纸的疑问和建

议;最后在统一认识的基础上,对所探讨的问题逐一做好记录,形成"图纸会审纪要",由建设单位正式行文,参加单位共同会签、盖章,作为与设计文件同时使用的技术文件和指导施工的依据,以及建设单位与施工单位进行工程结算的依据。

c.设计图纸的现场签证阶段。在拟建工程施工的过程中,如果发现施工的条件与设计图纸的条件不符,或者发现图纸中仍然有错误,或者因为材料的规格、质量不能满足设计要求,或者因为施工单位提出了合理化建议,需要对设计图纸进行及时修订时,应遵循技术核定和设计变更的签证制度,进行图纸的施工现场签证。如果设计变更的内容对拟建工程的规模、投资影响较大时,要报请项目的原批准单位批准。在施工现场的图纸修改、技术核定和设计变更资料,都要有正式的文字记录,归入拟建工程施工档案,作为指导施工、工程结算和竣工验收的依据。

(2)原始资料的调查分析

为了做好施工准备工作,进行拟建工程的实地勘测和调查,获得有关数据的第一手资料,这对于拟定一个先进合理、切合实际的施工组织设计是非常必要的。

①自然条件的调查分析。包括建设地区水准点和绝对标高等情况;地质构造、土的性质和类别、地基土的承载力、地震级别和烈度等情况;河流流量和水质、最高洪水和枯水期的水位等情况;地下水位的高低变化情况,含水层的厚度、流向、流量和水质等情况;气温、雨、雪、风和雷电等情况;土的冻结深度和冬雨季的期限等情况。

②技术经济条件的调查分析。包括地方建筑施工企业的状况;施工现场的动迁状况;当地可利用的地方材料状况;国拨材料供应状况;地方能源和交通运输状况;地方劳动力和技术水平状况;当地生活供应、教育和医疗卫生状况;当地消防、治安状况和参加施工单位的力量状况等。

(3)编制施工预算

施工预算是根据中标后的合同价、施工图纸、施工组织设计或施工方案、施工定额等文件进行编制的,它直接受中标后合同价的控制。它是施工企业内部控制各项成本支出、考核用工、"两价"对比、签发施工任务单、限额领料、基层进行经济核算的依据。

(4)编制中标后的施工组织设计

建筑施工生产活动的全过程是非常复杂的物质财富再创造的过程,为了正确处理人与物、主体与辅助、工艺与设备、专业与协作、供应与消耗、生产与储存、使用与维修以及它们在空间布置、时间排列之间的关系,必须根据拟建工程的规模、结构特点和建设单位的要求,在原始资料调查分析的基础上,编制出一份能切实指导该工程全部施工活动的科学方案(施工组织设计)。

2. 物资准备

材料、构(配)件、制品、机具和设备是保证施工顺利进行的物资基础,这些物资的准备工作必须在工程开工之前完成。根据各种物资的需要量计划,分别落实货源,安排运输和储备,使其满足连续施工的要求。

(1)物资准备工作的内容

物资准备工作主要包括建筑材料的准备;构(配)件和制品的加工准备;建筑安装机具的准备和生产工艺设备的准备。

①建筑材料的准备。建筑材料的准备主要是根据施工预算进行分析,按照施工进度计

划要求,按材料名称、规格、使用时间、材料储备定额和消耗定额进行汇总,编制出材料需要量计划,为组织备料、确定仓库、场地堆放所需的面积和组织运输等提供依据。

②构(配)件、制品的加工准备。根据施工预算提供的构(配)件、制品的名称、规格、质量和消耗量,确定加工方案、供应渠道及进场后的储存地点和方式,编制其需要量计划,为组织运输、确定堆场面积等提供依据。

③建筑安装机具的准备。根据采用的施工方案、安排的施工进度,确定施工机械的类型、数量和进场时间,确定施工机具的供应办法和进场后的存放地点和方式,编制建筑安装机具的需要量计划,为组织运输,确定堆场面积等提供依据。

④生产工艺设备的准备。按照拟建工程生产工艺流程及工艺设备的布置图,提出工艺设备的名称、型号、生产能力和需要量,确定分期分批进场时间和保管方式,编制工艺设备需要量计划,为组织运输,确定堆场面积提供依据。

(2)物资准备工作的程序

物资准备工作的程序是搞好物资准备的重要手段。通常按如下程序进行:

①根据施工预算、分部(项)工程施工方法和施工进度的安排,拟定国拨材料、统配材料、地方材料、构(配)件及制品、施工机具和工艺设备等物资的需要量计划;

②根据各种物资需要量计划,组织资源,确定加工、供应地点和供应方式,签订物资供应合同;

③根据各种物资的需要量计划和合同,拟订运输计划和运输方案;

④按照施工总平面图的要求,组织物资按计划时间进场,在指定地点,按规定方式进行储存或堆放。

物资准备工作程序如图 1-2 所示。

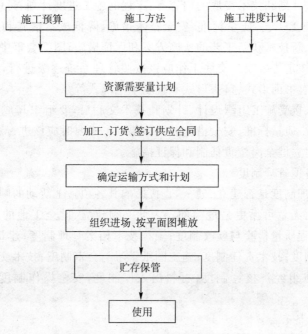

图 1-2 物资准备工作程序图

3. 劳动组织准备

劳动组织准备的范围既有整个建筑施工企业的劳动组织准备,又有大型综合的拟建建设项目的劳动组织准备,也有小型简单的拟建单位工程的劳动组织准备。这里仅以一个拟建工程项目为例,说明其劳动组织准备工作的内容。

(1)建立项目管理组织机构

项目管理组织机构是施工单位为完成施工项目建立的项目施工管理机构。项目管理组织机构的建立应根据拟建工程项目的规模、结构特点和复杂程度,确定拟建工程项目施工管理机构人选和名额;坚持合理分工与密切协作相结合;把有施工经验、有创新精神、有工作效率的人选入领导机构;认真执行因事设职、因职选人的原则;人员组成应具备相应的上岗资格。

(2)建立精干的施工队组

施工队组的建立要认真考虑专业、工种的合理配合,技工、普工的比例要满足合理的劳动组织,要符合流水施工组织方式的要求,确定建立施工队组(是专业施工队组,还是混合施工队组),要坚持合理、精干的原则;同时制订出该工程的劳动力需要量计划。

(3)集结施工力量、组织劳动力进场

工地的领导机构确定之后,按照开工日期和劳动力需要量计划,组织劳动力进场;同时要进行安全、防火和文明施工等方面的教育,并安排好职工的生活。

(4)向施工队组、工人进行施工组织设计、计划和技术交底

施工组织设计、计划和技术交底的时间在单位工程或分部(项)工程开工前及时进行,以保证工程严格地按照设计图纸、施工组织设计、安全操作规程和施工验收规范等要求进行施工。

施工组织设计、计划和技术交底的内容有:工程的施工进度计划、月(旬)作业计划;施工组织设计,尤其是施工工艺、质量标准、安全技术措施、降低成本措施和施工验收规范的要求;新结构、新材料、新技术和新工艺的实施方案和保证措施;图纸会审中所确定的有关部位的设计变更和技术核定等事项。交底工作应该按照管理系统逐级进行,由上而下直到工人队组。交底的方式有书面形式、口头形式和现场示范形式等。

施工队组、工人接受施工组织设计、计划和技术交底后,要组织其成员进行认真的分析研究,弄清关键部位、质量标准、安全措施和操作要领。必要时应该进行示范,明确任务及做好分工协作,同时建立健全岗位责任制和保证措施。

(5)建立健全各项管理制度

工地的各项管理制度是否建立、健全,直接影响其各项施工活动的顺利进行。有章不循其后果是严重的,而无章可循更是危险的。为此必须建立、健全工地的各项管理制度。通常,其内容包括:工程质量检验与验收制度;工程技术档案管理制度;建筑材料(构件、配件、制品)的检查验收制度;技术责任制度;施工图纸学习与会审制度;技术交底制度;职工考勤、考核制度;工地及班组经济核算制度;材料出入库制度;安全操作制度;机具使用保养制度等。

4. 施工现场准备

施工现场是施工的全体参加者为夺取优质、高速、低耗的目标,有节奏、均衡连续地进行战术决战的活动空间。施工现场的准备工作,主要是为了给拟建工程的施工创造有利的施

工条件和物资保证。其具体内容如下：

（1）做好施工场地的控制网测量

按照设计单位提供的建筑总平面图及给定的永久性经纬坐标控制网和水准控制基桩，进行厂区施工测量，设置厂区的永久性经纬坐标桩、水准基桩和建立厂区工程测量控制网。

（2）搞好"三通一平"

"三通一平"是指路通、水通、电通和平整场地。

路通：施工现场的道路是组织物资运输的动脉。拟建工程开工前，必须按照施工总平面图的要求，修好施工现场的永久性道路（包括厂区铁、公路）以及必要的临时性道路，形成畅通的运输网络，为建筑材料进场、堆放创造有利条件。

水通：水是施工现场的生产和生活不可缺少的。拟建工程开工之前，必须按照施工总平面图的要求，接通施工用水和生活用水的管线，使其尽可能与永久性给水系统结合起来，做好地面排水系统，为施工创造良好的环境。

电通：电是施工现场的主要动力来源。拟建工程开工前，要按照施工组织设计的要求，接通电力和电讯设施，做好其他能源（如蒸汽、压缩空气）的供应，确保施工现场动力设备和通讯设备的正常运行。

平整场地：按照建筑施工总平面图的要求，首先拆除场地上妨碍施工的建筑物或构筑物，然后根据建筑总平面图规定的标高和土方竖向设计图纸，进行挖（填）土方的工程量计算，确定平整场地的施工方案，进行平整场地的工作。

（3）做好施工现场的补充勘探

对施工现场做补充勘探是为了进一步寻找枯井、防空洞、古墓、地下管道、暗沟和枯树根等隐蔽物，以便及时拟订处理隐蔽物的方案，并实施，为基础工程施工创造有利条件。

（4）建造临时设施

按照施工总平面图的布置，建造临时设施，为正式开工准备好生产、办公、生活、居住和储存等临时用房。

（5）安装、调试施工机具

按照施工机具需要量计划，组织施工机具进场，根据施工总平面图将施工机具安置在规定的地点及仓库。对于固定的机具要进行就位、搭棚、接电源、保养和调试等工作。对所有施工机具都必须在开工之前进行检查和试运转。

（6）做好建筑构（配）件、制品和材料的储存和堆放

按照建筑材料、构（配）件和制品的需要量计划组织进场，根据施工总平面图规定的地点和指定的方式进行储存和堆放。

（7）及时提供建筑材料的试验申请计划

按照建筑材料的需要量计划，及时提供建筑材料的试验申请计划。如钢材的机械性能和化学成分等试验，混凝土或砂浆的配合比和强度试验等。

（8）做好冬雨季施工安排

按照施工组织设计的要求，落实冬雨季施工的临时设施和技术措施。

（9）进行新技术项目的试制和试验

按照设计图纸和施工组织设计的要求，认真进行新技术项目的试制和试验。

（10）设置消防、保安设施

按照施工组织设计的要求，根据施工总平面图的布置，建立消防、保安等组织机构和有关的规章制度，布置好消防、保安等设施。

5. 施工场外准备

施工准备除了施工现场内部的准备工作外，还有施工现场外部的准备工作，其具体内容如下：

（1）材料的加工和订货

建筑材料、构（配）件和建筑制品大部分均必须外购，工艺设备更是如此。这样如何与加工部门、生产单位联系，签订供货合同，搞好及时供应，对于施工企业的正常生产是非常重要的；对于协作项目也是这样，除了要签订议定书之外，还必须做大量有关方面的工作。

（2）做好分包工作和签订分包合同

由于施工单位本身的力量所限，有些专业工程的施工、安装和运输等均需要向外单位委托或分包。根据工程量、完成日期、工程质量和工程造价等内容，与其他单位签订分包合同、保证按时实施。

（3）向上级提交开工申请报告

当材料的加工、订货和分包工作、签订分包合同等施工场外的准备工作完成后，应该及时地填写开工申请报告，并报上级主管部门批准。

1.1.5　施工准备工作计划

为了落实各项施工准备工作，加强对其检查和监督，必须根据各项施工准备工作的内容、时间和人员，编制出施工准备工作计划。

施工准备工作计划如表 1-4 所示。

表 1-4　施工准备工作计划

序号	施工准备项目	简要内容	负责单位	负责人	起止时间		备注
					月·日	月·日	

综上所述，各项施工准备工作不是分离的、孤立的，而是互为补充、相互配合的。为了提高施工准备工作的质量，加快施工准备工作的速度，必须加强建设单位、设计单位、施工单位和监理单位之间的沟通协调，建立健全施工准备工作的责任制度和检查制度，使施工准备工作有领导、有组织、有计划和分期分批地进行。

情境 1.2 收集基本资料

表 1-5 工作任务表

能力目标	主讲内容	学生完成任务	评价标准	
通过学习,使学生熟悉房屋建筑(单位)工程施工组织设计的内容、编制程序,学会收集编制施工组织设计所需的基本资料	着重介绍了房屋建筑(单位)工程施工组织设计的内容、编制程序和编制依据	根据本项目的基本条件,在学习过程中完成编制施工组织设计所需的基本资料的收集工作	优秀	能掌握房屋建筑(单位)工程施工组织设计的内容、编制程序,能根据具体工程项目收集编制施工组织设计所需的基本资料
			良好	能掌握房屋建筑(单位)工程施工组织设计的内容、编制程序和编制依据
			合格	能熟悉房屋建筑(单位)工程施工组织设计的内容、编制程序和编制依据

1.2.1 房屋建筑(单位)工程施工组织设计的内容

房屋建筑(单位)工程施工组织设计是以单位工程为对象编制的,是规划和指导单位工程从施工准备到竣工验收全过程施工活动的技术经济文件,是施工组织总设计的具体化,也是施工单位编制季度、月份施工计划、分部分项工程施工方案及劳动力、材料、机械设备等供应计划的主要依据。房屋建筑(单位)工程施工组织设计一般是在施工图完成并进行会审后,由施工承包单位工程项目部的技术人员编制,再报上级主管部门审批。

房屋建筑(单位)工程施工组织设计的内容,根据工程的性质、规模、结构特点、技术复杂程度、施工现场的自然条件、工期要求、采用先进技术的程度、施工单位的技术力量及对采用新技术的熟悉程度来确定的。对其内容和深广度要求也不同,不强求一致,应以讲究实效、在实际施工中起指导作用为目的。

房屋建筑(单位)工程施工组织设计的内容一般应包括以下几个方面:

1. 工程概况

这是编制房屋建筑(单位)工程施工组织设计的依据和基本条件。工程概况可附简图说明,各种工程设计及自然条件的参数(如建筑面积、建筑场地面积、造价、结构形式、层数、地质、水、电等)可列表说明,一目了然,简明扼要。施工条件着重说明资源供应、运输方案及现场特殊的条件和要求。

2. 施工部署与施工方案

这是房屋建筑(单位)工程施工组织设计的重点。应着重于各施工方案的技术经济比较,力求采用新技术,选择最优方案。在确定施工方案时,主要包括施工程序、施工流程及施工顺序的确定,主要分部工程施工方法和施工机械的选择、技术组织措施的制定等内容。尤其是对新技术的选择要求更为详细。

3. 施工进度计划

主要包括:确定施工项目、划分施工过程、计算工程量、劳动量和机械台班量,确定各施工项目的作业时间、组织各施工项目的搭接关系并绘制进度计划图表等内容。

实践证明,应用流水作业理论和网络计划技术来编制施工进度能获得最佳的效果。

4. 施工准备工作和各项资源需要量计划

主要包括施工准备工作的技术准备、现场准备、物资准备及劳动力、材料、构件、半成品、施工机具需要量计划、运输量计划等内容。

5. 施工平面图

主要包括起重运输机械位置的确定,搅拌站、加工棚、仓库及材料堆放场地的合理布置,运输道路、临时设施及供水、供电管线的布置等内容。

6. 主要技术组织措施

主要包括保证质量措施,保证施工安全措施,保证文明施工措施,保证施工进度措施,冬雨季施工措施,降低成本措施,提高劳动生产率措施等内容。

7. 主要技术经济指标

主要包括工期指标、劳动生产率指标、质量和安全指标、降低成本指标、三大材料节约指标、主要工种工程机械化程度指标等。

对于较简单的建筑结构类型或规模不大的单位工程,其施工组织设计可编制得简单一些,其内容一般以施工方案、施工进度计划、施工平面图为主,辅以简要的文字说明即可。

若施工单位积累了较多的经验,可以拟定标准、定型的房屋建筑(单位)工程施工组织设计,根据具体施工条件从中选择相应的标准房屋建筑(单位)工程施工组织设计,按实际情况加以局部补充和修改后,作为本工程的施工组织设计,以简化编制施工组织设计的程序和规范编制内容,节约时间和管理经费。

1.2.2 房屋建筑(单位)工程施工组织设计的编制程序

房屋建筑(单位)工程施工组织设计的编制程序如图 1-3 所示。它是指房屋建筑(单位)工程施工组织设计各个组成部分的先后次序以及相互制约的关系,从中可进一步了解房屋建筑(单位)工程施工组织设计的内容。

1.2.3 编制房屋建筑(单位)工程施工组织设计需要收集的基本资料

编制房屋建筑(单位)工程施工组织设计需要收集的基本资料主要有以下几个方面:

1. 上级主管单位和建设单位(或监理单位)对本工程的要求

如上级主管单位对本工程的范围和内容的批文及招投标文件,建设单位(或监理单位)提出的开竣工日期、质量要求、某些特殊施工技术的要求、采用何种先进技术,施工合同中规定的工程造价,工程价款的支付、结算及交工验收办法,材料、设备及技术资料供应计划等。本项目有关资料如下:

《××花园二期 5♯6♯7♯8♯楼施工合同》

××花园二期工程《施工招标文件》

××花园二期工程《标前答疑纪要》

××花园二期工程《工程量清单》

2. 施工组织总设计

当本单位工程是整个建设项目中的一个项目时,要根据施工组织总设计的既定条件和要求来编制房屋建筑(单位)工程施工组织设计。

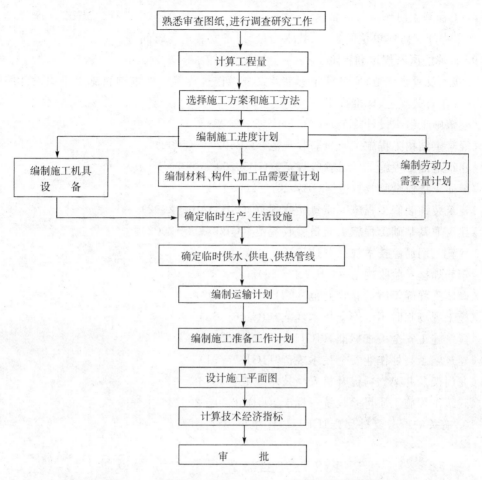

图 1-3 房屋建筑(单位)工程施工组织设计编制程序

3. 经过会审的施工图

包括单位工程的全部施工图纸、会审记录及构件、门窗的标准图集等有关技术资料。对于较复杂的工业厂房,还要有设备、电器和管道的图纸。

4. 建设单位对工程施工可能提供的条件

如施工用水、用电的供应量,水压、电压能否满足施工要求,可借用作为临时设施的房屋数量,施工用地等。

5. 本工程的资源供应情况

如施工中所需劳动力、各专业工人数,材料、构件、半成品的来源,运输条件、运距、价格及供应情况,施工机具的配备及生产能力等。

6. 施工现场的勘察资料

如施工现场的地形、地貌,地上与地下障碍物,地形图和测量控制网,工程地质和水文地质,气象资料和交通运输道路等。

7. 工程预算文件及有关定额

应有详细的分部、分项工程量,必要时应有分层分段或分部位的工程量及预算定额和施工定额。

8. 工程施工协作单位的情况

如工程施工协作单位的资质、技术力量、设备安装进场时间等。

9. 有关的国家规定和标准

如施工及验收规范、质量评定标准及安全操作规程等。如本项目施工组织设计编制的
国家及行业有关规定、标准如下：

《建筑施工组织设计规范》(GB/T50502—2009)

《混凝土结构工程施工质量验收规范》(GB50204—2002)

《建筑地面工程施工质量验收规范》(GB50209—2002)

《屋面工程质量验收规范》(GB50207—2002)

《建筑装饰装修工程施工质量验收规范》(GB50210—2002)

《建筑地基基础工程施工质量验收规范》(GB50202—2002)

《冷轧扭钢筋砼技术规程》(JBJ115—97)

《钢筋焊接及验收规范》(GBJ202—83)

《砌体工程施工质量验收规范》(GB50203—2002)

《施工现场临时用电安全技术规范》(JGJ46—88)

《建筑施工安全检查标准》(JGJ59—99)

《建筑施工高处作业安全技术规范》(JGJ80—91)

《龙门架及井架物料提升机安全技术规范》(JGJ88—92)

《建筑工程施工质量验收统一标准》(GB50300—2001)

10. 有关的参考资料及类似工程施工组织设计实例。

情境 1.3　施工部署与施工方案设计

表 1-6　工作任务表

能力目标	主讲内容	学生完成任务	评价标准	
通过学习,使学生了解单位工程施工组织设计工程概况编写方法,学会编制施工部署,能进行施工方案设计和主要施工方法选择	介绍了单位工程施工组织设计工程概况基本内容,施工部署的一般要求,着重介绍了施工方案设计与评价和主要施工方法	根据本项目的基本条件,在学习过程中完成工程概况编制;施工部署、施工方案及主要施工方法编制	优秀	能熟悉工程概况基本内容,施工部署的一般要求,能够根据具体工程条件编制合理的施工方案和施工方法
			良好	能熟悉工程概况基本内容,施工部署的一般要求,能够编制一般房屋建筑工程的施工方案和施工方法
			合格	能熟悉工程概况基本内容,施工部署的一般要求,掌握施工部署、施工方案及主要施工方法的编制内容

1.3.1 工程概况和施工特点分析

房屋建筑(单位)工程施工组织设计中的工程概况是对拟建工程的工程特点、建设地点特征和施工条件等所做的一个简要又突出重点的文字介绍或描述。在描述时也可加入拟建工程的平面图、剖面图及表格进行补充说明。

工程概况及施工特点分析具体包括以下内容：

1. 工程建设概况

主要介绍：拟建工程的建设单位，工程名称、性质、用途、作用和建设目的，资金来源及工程造价，开竣工日期，设计、监理、施工单位，施工图纸情况，施工合同及主管部门的有关文件等。

2. 建筑设计特点

主要介绍：拟建工程的建筑面积、平面形状和平面组合情况，层数、层高、总高度、总长度和总宽度等尺寸及室内、外装饰要求的情况，并附有拟建工程的平、立、剖面简图。

3. 结构设计特点

主要介绍：基础构造特点及埋置深度，桩基础的根数及深度，主体结构的类型，墙、柱、梁、板的材料及截面尺寸，预制构件的类型及安装位置，抗震设防情况等。

4. 施工条件

主要介绍：拟建工程的水、电、道路、场地平整等情况，建筑物周围环境，材料、构件、半成品构件供应能力和加工能力，施工单位的建筑机械和运输能力、施工技术、管理水平等。

5. 工程施工特点

主要介绍：工程施工的重点所在。找出施工中的关键问题，以便在选择施工方案、组织各种资源供应和技术力量配备，以及在施工准备工作上采取相应措施。

不同类型或不同条件下的工程施工，均有其不同的施工特点。砖混结构住宅的施工特点是砌砖和抹灰工程量大、水平和垂直运输量大等。

1.3.2 施工部署

施工部署是对项目实施过程做出的统筹规划和全面安排，包括项目施工主要目标、施工顺序及空间组织、施工组织安排等。

1.3.2.1 施工部署的一般要求

1. 工程施工目标应根据施工合同、招标文件以及本单位对工程管理目标的要求确定，包括进度、质量、安全、环境和成本等目标。各项目标应满足施工组织总设计中确定的总体目标。

2. 施工部署中的进度安排和空间组织应符合下列规定：

(1)工程主要施工内容及其进度安排应明确说明，施工顺序应符合工序逻辑关系；

(2)施工流水段应结合工程具体情况分阶段进行划分；单位工程施工阶段的划分一般包括地基基础、主体结构、装饰装修和机电设备安装三个阶段。

3. 对于工程施工的重点和难点应进行分析，包括组织管理和施工技术两个方面。

4. 工程管理的组织机构形式宜用框图的形式表示，并确定项目经理部的工作岗位设置及其职责划分。

5. 对于工程施工中开发和使用的新技术、新工艺应做出部署,对新材料和新设备的使用应提出技术及管理要求。

6. 对主要分包工程施工单位的选择要求及管理方式应进行简要说明。

1.3.2.2　项目管理组织机构

项目管理组织机构是施工单位内部的管理组织机构,是为某一具体施工项目而设定的临时性组织机构。

本工程项目经理部的组织机构如图1-4所示。

1.3.3　施工方案设计

1.3.3.1　确定施工程序

施工程序是指单位工程中各分部工程或施工阶段的先后次序及其制约关系。单位工程的施工程序一般为:接受施工任务阶段→开工前准备阶段→全面施工阶段→交工前验收阶段。不同施工阶段有不同工作内容,按照其固有的先后次序循序渐进地向前开展。

1. 严格执行开工报告制度

单位工程开工前必须做好一系列准备工作,在具备开工条件后,由施工企业写出书面开工申请报告,报上级主管部门审批后方可开工。实现社会监理的工程,施工企业还应将开工报告送监理工程师审批,由监理工程师发布开工通知书。

2. 遵守建设原则

一般建筑的建设原则有:先地下,后地上;先主体,后围护;先结构,后装饰;先土建,后设备。但是,由于影响施工的因素很多,故施工程序并不是一成不变的。特别是随着科学技术和建筑工业化的不断发展,有些施工程序也将发生变化。如某些分部工程改变其常见的先后次序,或搭接施工,或同时平行施工。

3. 合理安排土建施工与设备安装的施工程序

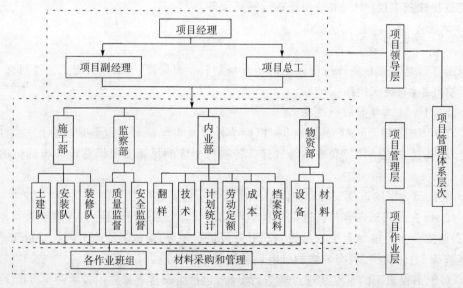

图1-4　项目管理机构

对于工业厂房,施工内容较复杂且多有干扰,除了要完成一般土建工程外,还要同时完成工艺设备和工业管道等安装工程。为了使工厂早日竣工投产,不仅要加快土建工程施工速度,为设备安装提供工作面,而且应根据设备性质、安装方法、厂房用途等因素,合理安排土建施工与设备安装之间的施工程序。一般有以下三种施工程序:

(1)先土建,后设备(封闭式施工)

当土建主体结构工程完成之后,才能进行设备安装,如一般的机械工业厂房。它一般适用于设备基础较小、埋置较浅、设备基础施工时不影响柱基的情况。

封闭式施工的优点是:

① 有利于预制构件的现场预制、拼装就位,适合选择各种类型的起重机械和便于布置开行路线,从而加快主体结构的施工速度;

② 围护结构能及早完成,设备基础能在室内施工,不受气候影响,可以减少防雨、防寒等设施费用;

③ 还可利用厂房内的桥式吊车为设备基础施工服务。

其缺点是:

① 出现某些重复性工作,如部分柱基回填土的重复挖填和运输道路的重新铺设等;

② 设备基础施工条件较差,场地拥挤,其基坑不宜采用机械挖土;

③ 不能提前为设备安装提供工作面,工期较长。

(2)先设备,后土建(敞开式施工)

敞开式施工指先施工设备基础、安装工艺设备,后建造厂房的施工程序。它一般适用于设备基础较大、埋置较深、设备基础的施工将影响柱基的情况(如重工业中冶金厂房、发电厂房等)。其优、缺点与封闭式施工相反。

(3)设备与土建同时施工

当土建施工可为设备安装创造必要的条件,同时又能采取防止设备被砂浆、垃圾等污染的保护措施时,设备安装和土建工程可同时进行。它可以加快工程的施工进度,例如,在建造水泥厂时,经济效益最好的施工程序是两者同时进行。

1.3.3.2 确定施工起点流向

施工起点和流向是指单位工程在平面或竖向空间开始施工的部位和方向。对单层建筑应分区分段确定出平面上的施工流向;对多层建筑除了确定每层平面上的施工流向外,还需确定在竖向上的施工流向。确定单位工程的起点和流向,应考虑以下因素:

1. 施工方法

这是确定施工流向的关键因素。如一幢建筑物要用逆作法施工地下两层结构,它的施工流向为:测量定位放线→进行地下连续墙施工→进行钻孔灌注桩施工→±0.00 标高结构层施工→地下两层结构施工,同时进行地上一层结构施工→底板施工并做各层柱,完成地下室施工→完成上层结构。若采用顺作法施工地下两层结构,其施工流向为:测量定位放线→底板施工→换拆第二道支撑→地下两层结构施工→换拆第一道支撑→±0.00 顶板施工→上部结构施工。

2. 生产工艺或使用要求

一般考虑建设单位对生产或使用要求急切的工段或部位先施工。

3. 施工的繁简程度

一般对技术复杂、施工进度较慢、工期较长的工段或部位应先施工。例如,高层现浇钢筋混凝土结构房屋,主楼部分应先施工,裙楼部分后施工。

4. 房屋高低层、高低跨

当有高、低层或高、低跨并列时,应从高、低层或高、低跨并列处开始施工。如柱子的吊装应从高低跨并列处开始;屋面防水层施工应按先高后低的方向施工,同一屋面则由檐口到屋脊方向施工。

5. 工程现场条件和选用的施工机械

施工场地大小、道路布置、所采用的施工方法和机械也是确定施工起点和流向的主要因素。如基坑开挖工程,不同的现场条件,可选择不同的挖掘机械和运输机械,这些机械的开行路线或位置布置决定了基坑挖土的施工起点和流向。

6. 施工组织的分层、分段

划分施工层、施工段的部位,如伸缩缝、沉降缝、施工缝,也是决定其施工流向应考虑的因素。

7. 分部工程或施工阶段的特点

如基础工程由施工机械和方法决定其平面的施工流向,而竖向的流向一般是先深后浅;主体结构工程从平面上看,从哪一边先开始都可以,但竖向一般应自下而上施工;装饰工程竖向流向比较复杂,室外装饰一般采用自上而下的流程,室内装饰则有自上而下、自下而上及自中而下再自上而中三种流向。

(1)室内装饰工程自上而下的施工流向是指主体工程封顶,做好屋面防水层以后,从顶层开始,逐层向下施工。其施工流向如图 1-5 所示,包括水平向下和垂直向下两种形式。这种方案的优点是:主体结构完成后有一定的沉降时间,能保证装饰工程的质量;做好屋面防水层后,可防止在雨季施工时因雨水渗漏而影响装饰工程质量;各施工过程之间交叉作业少,干扰小,便于施工组织与管理,有利于保证施工安全;且从上而下清理垃圾方便。该方案缺点是不能与主体施工搭接,因而工期较长。

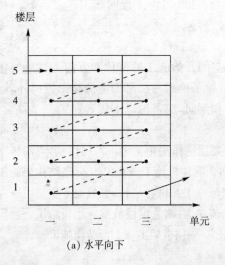
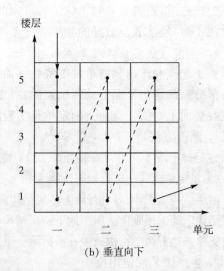

（a）水平向下　　　　　　　　　　　（b）垂直向下

图 1-5　室内装修装饰工程自上而下的方向

(2)室内装饰工程自下而上的施工流向是指主体工程施工完第三层楼板后,室内装饰从第一层插入,逐层向上进行。其施工流向如图 1-6 所示,包括水平向上和垂直向上两种形式。这种方案的优点是可以和主体工程进行交叉施工,故可以缩短工期。其缺点是各施工过程之间交叉多,现场组织与管理复杂,应采取相应安全技术措施。

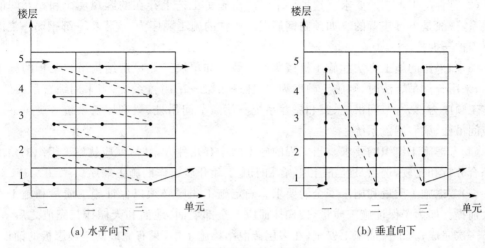

(a) 水平向下　　　　　　　　　　(b) 垂直向下

图 1-6　室内装修装饰工程自下而上的方向

(3)室内装饰工程自中而下再自上而中的施工流向,如图 1-7 所示,综合了前两者的优缺点,适用于高层建筑的室内装饰工程施工。

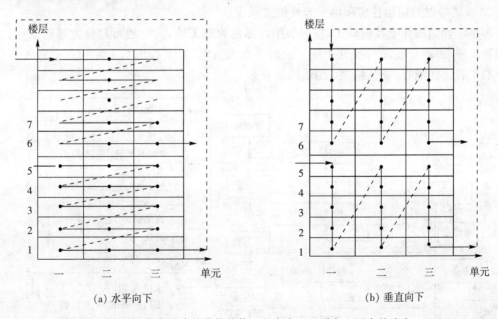

(a) 水平向下　　　　　　　　　　(b) 垂直向下

图 1-7　高层建筑装饰装修工程自中而下再自上而中的流向

1.3.3.3　确定施工顺序

施工顺序是指分项工程或工序之间施工的先后次序。它的确定既是为了按照客观的施工规律组织施工,也是为解决各工种之间在时间上的搭接和空间上的利用问题,在保证施工质量与安全施工的前提下,以求达到充分利用空间、争取时间、缩短工期的目的。合理地确定施工顺序也是编制施工进度计划的需要。

1. 确定施工顺序的基本原则

(1)遵循施工程序。施工程序确定了施工阶段或分部工程之间的先后次序。确定施工顺序时必须遵循施工程序,例如"先地下后地上"、"先主体后围护"等建设程序。

(2)符合施工工艺的要求。这种要求反映出施工工艺上存在的客观规律和相互间的制约关系,一般是不可违背的。如预制钢筋混凝土柱的施工顺序为:支模板→绑钢筋→浇混凝土→养护→拆模。

(3)和采用的施工方法和施工机械协调一致。如单层工业厂房结构吊装工程的施工顺序,当采用分件吊装法时,则施工顺序为:吊柱→吊梁→吊屋盖系统;当采用综合吊装法时,则施工顺序为:第一节间吊柱、梁和屋盖系统→第二节间吊柱、梁和屋盖系统→……→最后一节间吊柱、梁和屋盖系统。

(4)考虑施工组织的要求。当工程的施工顺序有几种方案时,就应从施工组织的角度进行综合分析和比较,选出最经济合理、有利于施工和开展工作的施工顺序。

(5)考虑施工质量和施工安全的要求。确定施工顺序必须以保证施工质量和施工安全为大前提。如为了保证施工质量,楼梯抹面应在全部墙面、地面和天棚抹灰完成之后,自上而下一次完成;为了保证施工安全,在多层砖混结构施工中,只有完成两个楼层板的铺设后,才允许在底层进行其他施工过程施工。

(6)考虑当地气候条件的影响。如雨季和冬季到来之前,应先做完室外各项施工过程,为室内施工创造条件。如冬季室内施工时,应先安门窗扇和玻璃,后做其他装饰工程。

2. 多层砖混结构居住房屋的一般性施工顺序

多层混合结构住宅楼的施工,按照房屋各部位的施工特点,一般可划分为基础工程、主体结构工程、屋面及装饰工程三个施工阶段。水、暖、电、卫工程应与土建工程中有关分部(分项)工程密切配合,交叉施工,如图1-8所示。

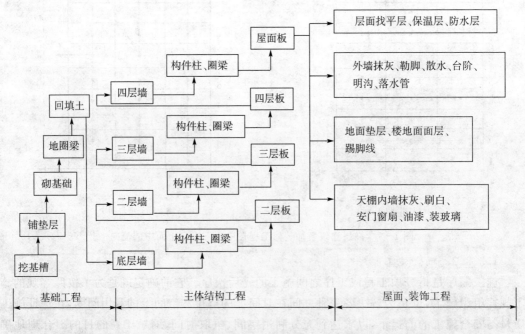

图1-8　砖混结构四层住宅楼施工顺序示意图

(1)基础工程的施工顺序

基础工程施工阶段是指室内地坪(±0.00)以下的所有工程施工阶段。其施工顺序一般是：挖基槽(坑)→铺垫层→砌基础→地圈梁→回填土。如果有地下障碍物、坟穴、防空洞、软弱地基等问题，需事先处理；如有桩基础，应先进行桩基础施工；如有地下室，则应在基础完成后或完成一部分后，进行地下室墙身施工、防水层施工，再进行地下室顶板安装或现浇顶板，最后回填土。

需要注意以下事项：

①挖基槽(坑)和做垫层的施工搭接要紧凑，时间间隔不宜过长，以防雨后基槽(坑)内积水或夏季曝晒地基，影响地基的承载力。

②垫层施工后要有一定的技术间歇时间，使其达到一定强度后才能进行下一道工序。

③各种管沟的挖土、做管沟垫层、砌管沟墙、管沟铺设等应尽可能与基础工程施工同时进行，平行搭接施工。

④回填土根据施工工艺的要求，一般在上部结构开始以前完成。这样，一方面可以避免基槽遭雨水或施工用水浸泡，另一方面可以为后续工程创造良好的工作条件，提高生产效率。回填土原则上是一次分层夯填完毕。对零标高以下室内回填土(房心土)，最好与基槽(坑)回填土同时进行，如不能也可在装饰工程之前，与主体结构施工同时交叉进行。

(2)主体结构工程的施工顺序

主体结构工程施工阶段的工作内容较多，包括搭设脚手架、砌筑墙体、安预制过梁、安预制楼板和楼梯、现浇构造柱、楼板、圈梁、雨篷、楼梯等施工过程。

若楼板、楼梯为现浇时，其施工顺序一般归纳为：立构造柱筋→砌墙→支构造柱模板→浇构造柱混凝土→支梁、板、梯模板→安梁、板、梯钢筋→浇梁、板、梯混凝土。

若楼板为预制时，则施工顺序一般为：立构造柱筋→砌墙→支构造柱模板→浇构造柱混凝土→吊装楼板→灌缝。其中砌墙和安装楼板是主体结构工程的主导施工工程，它们在各楼层之间的施工是先后交替进行的。在组织主体结构工程施工时，一方面应尽量使砌墙连续施工，另一方面应当重视现浇楼梯以及厨房、卫生间楼板的施工。现浇厨房、卫生间楼板的支模、绑筋可安排在墙体砌筑的最后一步插入，在浇筑构造柱、圈梁的同时，浇筑厨房、卫生间楼板。

(3)屋面和装饰工程的施工顺序

这个阶段具有施工内容多、劳动消耗量大、手工操作多、工期长等特点。

屋面工程主要是卷材防水屋面和刚性防水屋面。卷材防水屋面的施工顺序一般为：找平层→隔气层→保温层→找平层→冷底子油结合层→防水层。对于刚性防水屋面，主要是现浇钢筋混凝土防水层，应在主体完成或部分完成后开始，并尽快分段施工，以便为室内装饰工程创造条件。一般情况下，屋面工程和室内装饰工程可以搭接或平行施工。

装饰工程可分为室内装饰(天棚、墙面、楼地面、楼梯等抹灰，门窗扇安装，门窗油漆、安玻璃，油墙裙，做踢脚线等)和室外装饰(外墙抹灰、勒脚、散水、台阶、明沟、落水管等)。室内、外装饰工程的施工顺序通常有先内后外、先外后内、内外同时进行三种顺序，具体确定为哪种顺序应视施工条件、气候条件和工期而定。当室内为水磨石楼面时，为避免楼面施工时水的渗漏对外墙面的影响，应先完成水磨石的施工；如果为了加速脚手架的周转或要赶在冬、雨季到来之前完成室外装修，则应采取先外后内的顺序。

室外装饰施工顺序一般为：外墙抹灰(或其他饰面)→勒脚→散水→台阶→明沟，并由上而下逐层进行，同时安装落水斗、落水管和拆除该层的外脚手架。

同一层的室内抹灰施工顺序有楼地面→天棚→墙面和天棚→墙面→楼地面两种。前一种顺序便于清理地面,地面质量易于保证,且便于收集墙面和天棚的落地灰,节省材料。但由于地面需要留养护时间及采取保护措施,而影响工期。后一种顺序在做地面前必须将天棚和墙面上的落地灰和渣滓扫清净后再做面层,否则会影响楼面面层同预制楼板间的粘结,引起地面起鼓。

底层地面一般多是在各层天棚、墙面、楼面做好之后进行。楼梯间和踏步抹面由于在施工期间易损坏,通常是在其他抹灰工程完成后,自上而下统一施工。门窗扇安装可在抹灰之前或之后进行,视气候和施工条件而定。例如,室内装饰工程若是在冬季施工为防止抹灰层冻结和加速干燥,门窗扇和玻璃均应在抹灰前安装完毕。金属门窗一般采用框和扇在加工厂拼装好,运至现场在抹灰前或后进行安装。而门窗玻璃安装一般在门窗扇油漆之后进行,或在加工厂同时装好并在表面贴保护胶纸。

(4)水、暖、电、卫等工程的施工顺序

水、暖、电、卫等工程不同于土建工程,可以分成几个明显的施工阶段,它一般与土建工程中有关的分部(分项)工程进行交叉施工,紧密配合。配合的顺序和工作内容如下:

①在基础工程施工时,先将相应的管道沟的垫层、地沟墙做好,然后回填土。

②在主体结构施工时,应在砌砖和现浇钢筋混凝土楼板的同时,预留出上、下水管和暖气立管的孔洞、电线孔槽或预埋木砖和其他预埋件。

③在装饰工程施工前,安设相应的各种管道和电器照明用的附墙暗管、接线盒等。水、暖、电、卫安装一般在楼地面和墙面抹灰前或穿插施工。若电线采用明线,则应在室内粉刷后进行。

1.3.4 施工方法和施工机械的选择

正确地选择施工方法和施工机械,是合理组织施工的重要内容,也是施工方案中的关键问题,它直接影响着工程进度、工程质量、工程成本和施工安全。因此,在编制施工方案时,必须根据工程的结构特点、抗震烈度、工程量大小、工期长短、资源供应情况、施工现场条件、周围环境等,制订出可行的施工方案,并进行技术经济比较,确定施工方法和施工机械的最优方案。

1. 选择施工方法

选择施工方法时,应着重考虑影响整个单位工程施工的分部分项工程的施工方法。一个分部分项工程,可以采用多种不同的施工方法,也会获得不同的效果。但对于按常规做法和工人熟悉施工方法的分部分项工程,则不必详细拟定。需着重拟定施工方法的有:结构复杂的、工程量大且在单位工程中占重要地位的分部分项工程,施工技术复杂或采用新工艺、新技术、新材料的分部分项工程,不熟悉的特殊结构工程或由专业施工单位施工的特殊专业工程等,要求详细而具体,提出质量要求以及相应的技术措施和安全措施,必要时可编制单独的分部分项工程的施工作业设计。

通常,施工方法选择的内容有:

(1)土石方工程。①各类基坑开挖方法、放坡要求或支撑方法,所需人工、机械的型号及数量;②土石方平衡调配、运输机械类型和数量;③地下水、地表水的排水方法,排水沟、集水井、井点的布置方案。

（2）基础工程。①地下室施工的技术要求；②浅基础的垫层、混凝土基础和钢筋混凝土基础施工的技术要求；③桩基础施工的施工方法以及施工机械选择。

（3）钢筋混凝土工程。①模板类型、支模方法；②钢筋加工、运输、安装方法；③混凝土配料、搅拌、运输、振捣方法及设备，外加剂的使用，浇筑顺序，施工缝位置，工作班次，分层厚度，养护制度等；④预应力混凝土的施工方法、控制应力和张拉设备。

（4）砌筑工程。①砖墙的组砌方法和质量要求；②弹线及皮数杆的控制要求；③确定脚手架搭设方法及安全网的挂设方法；④选择垂直和水平运输机械。

（5）结构安装工程。①构件尺寸、自重、安装高度；②吊装方法和顺序、机械型号及数量、位置、开行路线；③构件运输、装卸、堆放的方法；④吊装运输对道路的要求。

（6）垂直、水平运输工程。①标准层垂直运输量计算表；②水平运输设备、数量和型号、开行路线；③垂直运输设备、数量和型号、服务范围；④楼面运输路线及所需设备。

（7）装饰工程。①室内外装饰抹灰工艺的确定；②施工工艺流程与流水施工的安排；③装饰材料的场内运输，减少临时搬运的措施。

（8）特殊项目。①对四新（新结构、新工艺、新材料、新技术）项目，高耸、大跨、重型构件，水下、深基础、软弱地基，冬季施工项目均应单独编制，内容包括：工程平、剖面图，工程量，施工方法，工艺流程，劳动组织，施工进度，技术要求与质量、安全措施，材料、构件及设备需要量等；②对大型土方、打桩、构件吊装等项目，无论内、外分包均应由分包单位提出单项施工方法与技术组织措施。

2．选择施工机械

施工机械选择的内容主要包括机械的种类、型号与数量。机械化施工是当今的发展趋势，是改变建设业落后面貌的基础，是施工方法选择的中心环节。在选择施工机械时，应着重考虑以下几个方面：

（1）结合工程特点和其他条件，确定最合适的主导工程施工机械。例如，装配式单层工业厂房结构安装起重机械的选择，当吊装工程量较大且又比较集中时，宜选择生产率较高的塔式起重机；当吊装工程量较小或较大但比较分散时，宜选用自行式起重机较为经济。无论选择何种起重机械，都应当满足起重量、起重高度和起重半径的要求。

（2）各种辅助机械或运输工具，应与主导施工机械的生产能力协调一致，使主导施工机械的生产能力得到充分发挥。例如，在土方工程开挖施工中，若采用自卸汽车运土，汽车的容量一般应是挖掘机铲斗容量的整倍数，汽车的数量应保证挖掘机能连续工作。

（3）在同一建筑工地上，尽量使选择的施工机械的种类较少，以利用管理和维修。因此，在工程量较大，适宜专业化生产的情况下，应该采用专业机械；在工程量较小且又分散时，尽量采用一机多能的施工机械，使一种施工机械能满足不同分部工程施工的需要。例如，挖土机不仅可以用于挖土，经工作装置改装后也可用于装卸、起重和打桩。

（4）施工机械选择应考虑到施工企业工人的技术操作水平，尽量利用施工单位现有施工机械。减少施工投资额的同时又提高了现有机械的利用率，降低了工程造价。当不能满足时，再根据实际情况，购买或租赁新型机械或多用途机械。

1.3.5　施工方案的技术经济评价

对施工方案进行技术经济评价，是选择最优施工方案的重要环节之一。任何一个分部分项工程,都会有多种施工方案,技术经济评价的目的,就是从诸多施工方案中选出一个工期短、质量好、材料省、劳动力安排合理、工程成本低的最优方案。

施工方案的技术经济评价,常用的有定性分析和定量分析两种方法。

1. 定性分析评价

定性分析是结合工程实际经验,对每一个施工方案的优缺点进行分析比较,如技术上是否先进可行,施工操作上的难易程度,施工安全可靠性如何,对劳动力和施工机械的需求能否满足,保证工程质量措施是否完善可靠,是否能充分发挥施工机械的作用,为后续工程提供有利施工的可能性,能否为现场文明施工创造有利条件,对冬雨季施工带来的困难等等。

2. 定量分析评价

定量分析是通过计算机各施工方案中的主要技术经济指标,进行综合分析比较,从中选择技术经济指标最优的方案。单位工程的主要技术指标包括:工期指标、单位面积建筑造价、降低成本指标、施工机械化程度、单位面积劳动消耗量、投资额指标、质量指标、安全指标、主要材料消耗指标、劳动生产率指标、质量优良品率等。

(1)工期指标

选择某种施工方案时,在确保工程质量和安全施工的前提下,优先考虑缩短工期的方案。工期的长短不仅影响企业经济效益,而且也涉及建筑工程能否尽早投入生产和使用。

(2)单位面积建筑造价

造价指标是建筑产品一次性的综合货币指标,其内容包括人工、材料、机械费用和施工管理费等。在计算单位面积建筑造价时,应采用实际的施工造价。

$$单位面积建筑造价 = \frac{建筑实际总造价}{建筑总面积}(元/平方米)$$

(3)主要材料消耗指标

它反映了各施工方案的主要材料节约情况。

$$主要材料节约量 = 预算用量 - 施工组织设计计划用量$$

$$主要材料节约率 = \frac{主要材料计划节约额}{主要材料预算金额}$$

(4)降低成本指标

降低成本指标是工程经济中的一个重要指标,它综合反映了工程项目或分部工程由于采用施工方案不同,而产生的不同经济效果。其指标可采用降低成本额或降低成本率表示。

$$降低成本额 = 预算成本 - 计划成本$$

$$降低成本率 = \frac{降低成本额}{预算成本} \times 100\%$$

(5)施工机械化程度

提高施工机械化程度是建筑施工发展的趋势。根据中国的国情,采用土洋结合、积极扩大机械化施工范围,是施工企业努力的方向。在工程招标投标中,也是衡量施工企业竞争实力的主要指标之一。

$$施工机械化程度 = \frac{机械化施工完成的工作量}{总工作量} \times 100\%$$

(6)单位建筑面积劳动消耗量

单位建筑面积劳动消耗量的高低,标志着施工企业的技术水平和管理水平,也是企业经济效益好坏的主要指标。其中劳动工日数包括主要工种用工、辅助用工和准备工作用工。

$$单位建筑面积劳动消耗量 = \frac{完成该工程的全部劳动工日数}{总建筑面积}（工日/平方米）$$

定量分析评价一般分为多指标分析评价法和综合指标分析评价法两种：

①多指标分析评价法。它是对各个方案的多项技术经济指标进行计算对比，从中选优的方法。

②综合指标分析评价法。它是以各方案的多指标为基础，将各指标之值按照一定的计算方法进行综合，得到每个方案的一个综合指标，对比各综合指标，从中选优的方法。

情境 1.4　施工进度计划编制

表 1-7　工作任务表

能力目标	主讲内容	学生完成任务	评价标准	
通过学习，使学生了解网络技术计划的基本概念，理解网络计划方法的原理及优越性，掌握双代号网络计划的绘制和时间参数的计算，从而学会编制、调整及优化房屋建筑工程施工进度计划	介绍了双代号网络图的绘制及时间参数的计算，网络计划优化的原理和方法。着重介绍了施工进度计划的编制依据，编制程序和编制方法	根据本项目的基本条件，在学习过程中完成施工进度计划编制，并能进行时间参数计算和调整优化	优秀	能掌握双代号网络图的绘制及时间参数的计算，网络计划优化的原理和方法，能用双代号网络图编制房屋建筑工程施工进度计划
			良好	能掌握双代号网络图的绘制及时间参数的计算，网络计划优化的原理和方法，掌握施工进度计划的编制方法
			合格	能掌握双代号网络图的绘制及时间参数的计算，网络计划优化的原理和方法

1.4.1　网络计划的基本概念

20 世纪 50 年代，网络计划开始兴起于美国，在美国杜邦公司的工程项目管理和美国海军"北极星"导弹计划中得到了成功应用。随着现代科学技术和工业生产的发展，网络计划成为比较盛行的一种现代生产管理的科学方法。我国从 20 世纪 60 年代中期开始引进这种方法，经过多年的实践和推广，网络计划技术在我国的工程建设领域得到广泛应用，尤其是在大中型工程项目的建设中，对资源的合理安排、进度计划的编制、优化和控制等应用效果显著。目前，网络计划技术已成为我国工程建设领域中在工程项目管理方面必不可少的现代化管理方法。

建设部颁布了中华人民共和国行业标准《工程网络计划技术规程》(JGJ/T121-99)，使工程网络计划技术在计划的编制与控制管理的实际应用中有了一个可遵循的、统一的技术标准，保证了计划的严谨性，对提高建设工程项目的管理科学化发挥了重大作用。

1.4.1.1　网络计划的特点

网络图是由箭线和节点组成的、用来表示工作流程的有向、有序网状图形。网络计划是用网络图表达任务构成、工作顺序并加注工作时间参数的进度计划。与横道计划相比,网络计划具有如下特点:

1. 通过箭线和节点把计划中的所有工作有向、有序地组成一个网状整体,能全面而明确地反映出各项工作之间的相互制约、相互依赖的关系。

2. 通过对时间参数的计算,能找出决定工程进度计划工期的关键工作和关键线路,便于在工程项目管理中抓住主要矛盾,确保进度目标的实现。

3. 根据计划目标,能从许多可行方案中,比较、优选出最佳方案。

4. 利用工作的机动时间,可以合理地进行资源安排和配置,达到降低成本的目的。

5. 能够利用电子计算机编制网络图,并在计划的执行过程中进行有效的监督与控制,实现计划管理的微机化、科学化。

6. 网络图的绘制较麻烦,表达不像横道图那么直观明了。

网络计划技术既是一种计划方法,又是一种科学的管理方法,它可以为项目管理者提供更多信息,有利于加强对计划的控制,并对计划目标进行优化,取得更大的经济效益。

1.4.1.2　网络计划的分类

网络计划技术繁多,可以划分为多种类型。常见的分类方法有以下几种:

1. 按肯定程度不同分类

根据工作之间逻辑关系和持续时间的肯定程度,可分为肯定型和非肯定型网络计划,如表 1-8 所示。

本书只讨论肯定型网络计划,包括关键线路法和搭接网络计划。

在关键线路法中,由于工作间的逻辑关系是肯定不变的、各工作的完成时间是确定的,所以工作之间先后顺序的安排是明确的,工程的工期是确定的。由此,可找出决定工期的关键工作、关键线路,通过关键线路控制工程进度计划,提高工程项目管理的效益。

搭接网络计划是在关键线路法的基础上,更方便地表达工作间的多种搭接方式的逻辑关系。

在实际工程中,由于自然条件、施工方案和材料设备等资源发生变化,工作间的逻辑关系、各工作的完成时间往往并不是如此"肯定",这就是非肯定型网络计划。包括决策网络计划、计划评审技术、图示评审技术和风险评审技术等。

表 1-8　网络计划的类型

类型		持续时间	
		肯定	非肯定
逻辑关系	肯定	关键线路法,搭接网络计划	计划评审技术
	非肯定	决策网络计划,计划评审技术	图示评审技术,风险评审技术

2. 按工作的表示方法不同分类

根据工作的表示方法不同,可分为双代号网络计划和单代号网络计划。

双代号网络图中以节点表示工作的开始或结束,以箭线表示一个工作。这样,箭尾节点和箭头节点两个节点编号作为一个工作的代号,称为双代号网络图。

单代号网络图中各项工作是由节点表示,以箭线表示各项工作的相互制约关系。这样,一个节点编号作为一个工作的代号,称为单代号网络图。

3. 按有无时间坐标分类

根据有无时间坐标,可分为有时间坐标与无时间坐标网络计划。

在一般双代号网络图中,箭线的长度是任意的。而在双代号时间坐标网络计划中,网络图上附有时间刻度,箭线按工作的持续时间成比例进行绘制,每个箭线的水平投影长度就是其持续时间。

有时间坐标网络计划结合了横线图和网络图的优点,计划明确,直观明了。容易发现工作是提前还是落后于计划,便于对网络计划进行控制、管理。其缺点是随着计划的改变,往往要重新绘制整个网络图。

4. 按对象的不同分类

根据计划编制的对象、范围不同,可分为局部网络、单位工程网络和综合网络计划。

1.4.2 双代号网络图

1.4.2.1 双代号网络图的组成

双代号网络图由箭线、节点和线路三个基本要素组成。

1. 箭线(工作)

在双代号网络图中,每一条箭线表示一项工作。箭头的方向就是工作的进展方向,工作从箭线的箭尾处开始,一直到箭线的箭头处结束。箭线一般不按比例绘制,其长度原则上是根据图形绘制需要。箭线可以为直线、折线或斜线,但其行进方向均应从左向右,工作的名称标注在箭线的上方,完成该项工作所需要的持续时间标注在箭线的下方。其表示方式如图1-9所示。由于一项工作可用一条箭线在箭尾和箭头处两个圆圈中的号码来表示,故称为"双代号"。在图1-9(a)中,该工作代号为$i-j$工作。

将计划中所有工作按其相互关系用上述符号从左向右绘制而成的图形,称为双代号网络图。

(a) 双代号网络图工作表示法   (b) 双代号网络图虚工作表示法

图1-9 双代号网络图

工作是双代号网络图的基本组成部分。在建筑工程中,一个工作可以是一道工序、一个分项工程、一个分部工程或一个单位工程,其粗细程度、大小范围的划分根据计划任务的需要来确定。其工作可以分为两种:第一种需要同时消耗时间和资源,如混凝土的浇筑,既需要消耗时间,也需要消耗劳动力、水泥、砂石等资源;第二种仅仅消耗时间而不消耗资源,如混凝土的养护、油漆的干燥等。

在双代号网络图中,还存在一种特殊的工作——虚工作(虚箭线)。为了正确地表达网络图中各工作之间的逻辑关系,往往需要应用虚工作。虚工作是实际工作中并不存在的一项虚拟工作,它既不占用时间也不消耗资源。其表示方式如图1-9(b)所示。由于虚工作持续时间为零,也称"零箭线"。

在双代号网络图中,各项工作之间的关系如图1-10所示。通常将被研究的对象称为本工作($i-j$ 工作),紧排在本工作之前的工作称为紧前工作($h-i$ 工作),紧排在本工作之后的工作称为紧后工作($j-k$ 工作),与之平行进行的工作称为平行工作($i-l$ 工作)。

在双代号网络图中,没有紧前工作的工作称为起始工作,没有紧后工作的工作称为结束工作,本工作之前的所有工作称为先行工作,本工作之后的所有工作称为后续工作。

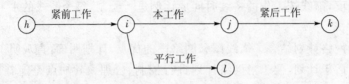

图1-10　双代号网络图工作间的关系

2. 节点

节点是双代号网络图中箭线之间的连接点,即工作结束与开始之间的交接之点。在双代号网络图中,节点既不占用时间也不消耗资源,是个瞬时概念的时间点,即它只表示工作的开始或结束的瞬间,起着承上启下的衔接作用。

节点一般用圆圈或其他形状的封闭图形表示,圆圈中用自然数编号。每项工作都可用箭尾和箭头的节点的两个编号($i-j$)作为该工作的代号。节点的编号,一般应满足 $i<j$ 的要求,即箭尾号码要小于箭头号码,节点的编号顺序应从小到大,可不连续,但不允许重复。

网络图的第一个节点称为起点节点,它表示一项计划(或工程)的开始;最后一个节点称为终点节点,它表示一项计划(或工程)的结束;其他节点都称为中间节点,每个中间节点既是紧前工作的结束节点,又是紧后工作的开始节点。

3. 线路

网络图中从起点节点开始,沿箭头方向顺序通过一系列箭线与节点,最后达到终点节点的通路称为线路。线路上各项工作持续时间的总和称为该线路的计算工期。一般网络图有多条线路,可依次用该线路上的节点代号来记述,其中持续时间最长的一条线路称为关键线路(每个网络中至少有一条关键线路),该关键线路的计算工期即为该计划的计算工期,位于关键线路上的工作称为关键工作。其余线路称为非关键线路,仅存在于非关键线路上的工作称为非关键工作。

在图1-11中,共有三条线路:

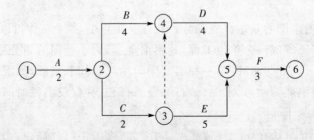

图1-11　双代号网络图

①—②—③—⑤—⑥　　　(12天)

①—②—③—④—⑤—⑥　　　（11 天）

①—②—④—⑤—⑥　　　（13 天）

则①—②—④—⑤—⑥为关键线路,该网络计划工期为 13 天。

在网络图中,关键线路要用双箭线、粗箭线或彩色箭线表示,关键线路控制着工程的进度,决定着计划工程的工期。在计划执行中,要注意关键线路并不是一成不变的。在一定条件下,关键线路和非关键线路可以相互转化,如关键线路上的工作持续时间缩短,或非关键线路上的工作持续时间增加,都有可能使关键线路与非关键线路发生转换。

1.4.2.2　双代号网络图的绘制

1. 双代号网络图的绘制规则

(1)网络图必须正确表达工作间的逻辑关系。网络图中工作之间相互制约或相互依赖的关系称为逻辑关系,它包括由工艺过程决定先后顺序的工艺关系和由于施工组织安排或资源(人力、材料、设备等)调配需要而规定先后顺序的组织关系,在网络中均应表现为工作之间的先后顺序。

网络图必须正确地表达整个工程的工艺流程和各工作开展的先后顺序,双代号网络图中常见的逻辑关系表示方法如表 1-9 所示。

表 1-9　双代号网络图中常见的逻辑关系表示方法

序号	工作之间的逻辑关系	表示方法
1	A 完成后,进行 B 和 C(A 是 B、C 的紧前工作)	
2	B 完成以后,进行 C(C 是 A、B 的紧后工作)	
3	A 完成后,进行 B;B 完成后,进行 C;D 完成后,进行 C(A 是 B 的紧前工作,B、D 是 C 的紧前工作)	
4	A 完成后,进行 C;B 完成后,进行 C、D(A 是 C 的紧前工作,B 是 C、D 的紧前工作)	

（续表）

序号	工作之间的逻辑关系	表示方法
5	A 完成后，进行 C、D；B 完成后，进行 D、E（A 是 C、D 的紧前工作，B 是 D、E 的紧前工作）	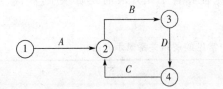

（2）双代号网络图中，严禁出现循环回路。所谓循环回路是指从网络图中的某一个节点出发，顺着箭线方向又回到了原来出发点的线路。如图 1-12 所示，②→③→④→②形成循环回路，由于其逻辑关系相互矛盾，此网络图表达必定是错误的。

（3）双代号网络图中，在节点间严禁出现带双向箭头或无箭头的连线，如图 1-13 所示。

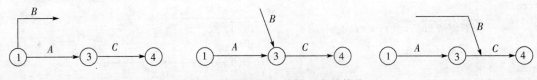

图 1-12　循环回路示意图　　　　　图 1-13　错误的箭头画法

（4）双代号网络图中，严禁出现没有箭头节点或没有箭尾节点的箭线，任何一个箭线的两头必须要有节点，如图 1-14 所示。

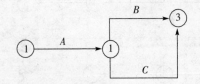

图 1-14　没有箭头、箭尾节点的箭线

（5）双代号网络图中，不允许出现同样编号的节点或箭线。如图 1-15 所示，1 节点编号重复，B、C 工作具有相同代号 1—3。

（6）双代号网络图中，同一项工作不能出现两次。如图 1-16 所示，C 工作出现了两次。

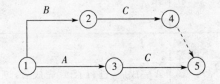

图 1-15　相同编号节点、箭线　　　　图 1-16　同一项工作出现两次

（7）双代号网络图中，应只有一个起点节点和一个终点节点。如图 1-17 所示，有 1、3 两个起点节点，5、6 两个终点节点。

（8）绘制网络图时，箭线不宜交叉；当交叉不可避免时，可用过桥法或指向法，如图 1-18

所示。

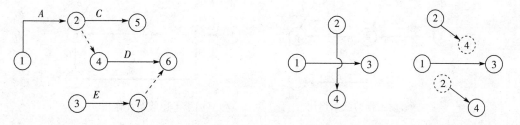

图1-17 多个起点、终点节点　　　　图1-18 箭线交叉的处理方法

(9)在网络图中,箭线的箭头指向一节点,称为该节点的内向箭线;箭线的箭尾从一节点出发,称为该节点的外向箭线。当双代号网络图的某些节点有多条外向箭线或多条内向箭线时,为使图形简洁,可使用母线法绘制,如图1-19所示。

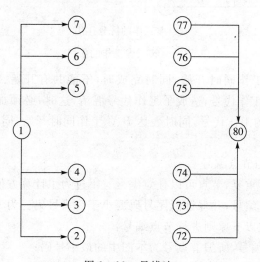

图1-19 母线法

2. 虚工作的表达

在双代号网络图的绘制中,虚工作的表达方法是非常重要的。虚工作在双代号网络图中,主要有三个作用:

(1)联系作用。当要表达两个工作之间存在先后关系时,可加一个虚工作相连。在图1-20(a)中,D是B的紧后工作,C是A的紧后工作,如果C又是B的紧后工作,这时可加3—4虚工作表达联系作用。虽然从图上看,C的紧前工作是A和3—4虚工作,但虚工作本身是个虚拟工作,它表达了B是C的紧前工作。

另外,在图1-16中,C工作出现了两次;图1-17中,出现了两个起点节点和终点节点。要改正这些错误,就要利用虚工作的联系作用进行正确表达。

(2)断开作用。当要表达两个工作之间不存在先后关系时,可加一个虚工作形成断路。在图1-20(b)中,如果E不是B的紧后工作,则可加2—4虚工作表达断开作用,这样,E仅仅是A工作的紧后工作,和B工作断开了联系,但仍然保证了C既是A又是B工作的紧后工作。

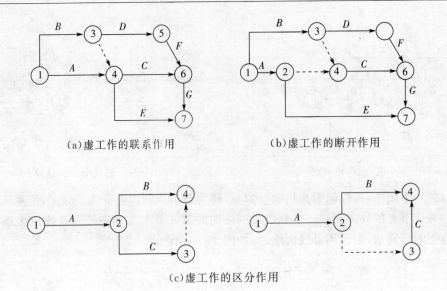

(a)虚工作的联系作用　　　　　(b)虚工作的断开作用

(c)虚工作的区分作用

图 1-20　虚工作的作用

（3）区分作用。当工作同时开始、同时完成时，不能共有开始、结束节点。如图 1-15 中，B、C 工作有相同的工作代号，造成了工作代号混淆，这时，必须加 2—3 或 3—4 虚工作，使 B、C 工作各有自己的工作代号，同时表达 B、C 工作同时开始、同时完成的关系，如图 1-20(c)所示。

3. 双代号网络图的节点编号

原则上只要号码不重复，节点可以任意编号。不过为了计算方便和容易发现回路，最好从小到大依次进行节点编号，并保证箭尾号码要小于箭头号码。为考虑增添工作的需要，编号可不必连续。一般按以下原则进行节点编号：

（1）起点节点最先编号，所编节点号为本图中的最小号码；

（2）终点节点最后编号，所编节点号为本图中的最大号码；

（3）中间节点在它的内向箭线的箭尾节点都已编号后，再为箭头节点编号；

（4）节点编号次序可以跳跃，但不能重号。

4. 双代号网络图的绘制步骤

（1）根据工艺顺序和施工组织安排，确定工作及各工作之间的紧前紧后关系；

（2）按照绘制规则从左向右（从起点到终点）绘出网络图草图，特别要注意虚工作的应用；

（3）检查草图是否正确，并去除多余的虚工作（去除后不影响逻辑关系、不会造成工作代号重复）；

（4）对网络图进行整理，箭线以水平线为主，竖线为辅，节点横竖对齐，尽量做到简洁清楚，层次分明；

（5）对节点进行编号。

5. 双代号网络图绘制示例

根据表 1-10 中各工作的逻辑关系，绘制双代号网络图（图 1-21）。

表 1-10　某分部工程中各工作的逻辑关系表

工作	A	B	C	D	E	F	G
紧前工作	—	—	A	B	A、B	C、D、E	D
紧后工作	C、E	D、E	F	F、G	F	—	—

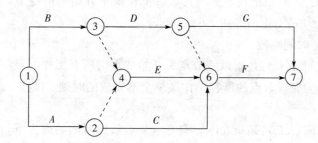

图 1-21　某分部工程双代号网络图

1.4.2.3　双代号网络图时间参数的计算

双代号网络计划时间参数计算的目的主要有三个：一是计算工期，做到工程进度安排心中有数；二是确定网络计划的关键工作、关键线路，以便在工程施工中抓住主要矛盾；三是为网络计划的执行、优化和调整提供明确的时间参数。

双代号网络计划时间参数的计算方法很多，一般常用的有：按工作计算法和按节点计算法进行计算；在计算方式上又有分析计算法、表上计算法、图上计算法、矩阵计算法和电算法等。本节只介绍按工作、节点计算法在图上进行计算的方法，由于各种方法在本质上都是一样的，学会工作图上计算法、节点图上计算法，其他方法可以举一反三。

1. 时间参数的种类及其符号表示

（1）工作持续时间（D_{i-j}）

工作持续时间是对一项工作规定的从开始到完成的时间。在双代号网络计划中，工作 $i-j$ 的持续时间用 D_{i-j} 表示。

（2）工期（T）

工期泛指完成工程任务所需要的时间，一般有以下三种：

①计算工期：根据网络计划时间参数计算出来的工期，用 T_c 表示。

②要求工期：任务委托人所提出的指令性工期，用 T_r 表示。

③计划工期：根据要求工期和计算工期所确定的作为实施目标的工期，用 T_p 表示。

当已规定了要求工期时，网络计划的计划工期不应大于要求工期；当未规定要求工期时，可令计划工期等于计算工期。

（3）工作的六个时间参数

①工作最早开始时间（ES_{i-j}）：是指在各紧前工作全部完成后，本工作有可能开始的最早时刻。工作 $i-j$ 的最早开始时间用 ES_{i-j} 表示。

②工作最早完成时间（EF_{i-j}）：是指在各紧前工作全部完成后，本工作有可能完成的最早时刻。工作 $i-j$ 的最早完成时间用 EF_{i-j} 表示。

③工作最迟开始时间（LS_{i-j}）：是指在不影响整个任务按期完成的前提下，本工作必须

开始的最迟时刻。工作 $i-j$ 的最迟开始时间用 LS_{i-j} 表示。

④工作最迟完成时间(LF_{i-j}):是指在不影响整个任务按期完成的前提下,本工作必须完成的最迟时刻。工作 $i-j$ 的最迟完成时间用 LF_{i-j} 表示。

⑤总时差(TF_{i-j}):是指在不影响总工期的前提下,本工作可以利用的机动时间。工作 $i-j$ 的总时差用 TF_{i-j} 表示。

⑥自由时差(FF_{i-j}):是指在不影响其紧后工作最早开始的前提下,本工作可以利用的机动时间。工作 $i-j$ 的自由时差用 FF_{i-j} 表示。

(4)节点的两个时间参数

①节点最早时间(ET_i):是指以该节点为开始节点的所有工作的最早可能开始时刻;它也应该是以该节点为完成节点的所有工作最早全部完成的时刻。节点 i 的最早时间用 ET_i 表示。

②节点最迟时间(LT_i):是指在不影响终点节点最迟时间的前提下,以该节点为完成节点的所有工作最迟必须完成的时刻。节点 i 的最迟时间用 LT_i 表示。

2. 工作图上计算法

按工作图上计算法计算网络计划中各时间参数,其计算结果应直接标注在箭线的上方,如图 1 - 22 所示。

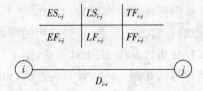

图 1 - 22　按工作计算时间参数标注形式

工作图上计算法的计算步骤为:

(1)工作最早开始时间和最早完成时间的计算

从定义可知,工作最早时间参数受到紧前工作的约束,故其计算顺序应从左向右,从起点节点开始,顺着箭线方向依次逐项计算,一直到终点节点。

计算口诀为:正向计算,顺箭线相加,取大值。

当网络计划没有规定开始时间,从起点节点出发的工作的最早开始时间为零。如网络计划起点节点的编号为1,则:

$$ES_{i-j} = 0(i=1) \tag{1-1}$$

每个工作最早完成时间等于工作的最早开始时间加上其持续时间:

$$EF_{i-j} = ES_{i-j} + D_{i-j} \tag{1-2}$$

除以起点节点起始工作外,每个工作的最早开始时间等于各紧前工作的最早完成时间 EF_{h-i} 的最大值:

$$ES_{i-j} = \max[EF_{h-i}] \tag{1-3}$$

即　　　　　　　　　　$$ES_{i-j} = \max[ES_{h-i} + D_{h-i}] \tag{1-4}$$

(2)确定计算工期 T_c。

计算工期等于以网络计划的终点节点为箭头节点的各个工作的最早完成时间的最大值。当网络计划终点节点的编号为 n 时,计算工期为:

$$T_c = \max[EF_{i-n}] \tag{1-5}$$

当无要求工期的限制时,取计划工期等于计算工期,即: $T_P = T_c$。

(3)工作最迟开始时间和最迟完成时间的计算

从定义可知,工作最迟时间参数受到紧后工作的约束,故其计算顺序应从右向左,从终点节点起,逆着箭线方向依次逐项计算,一直到起点节点。

计算口诀为:逆向计算,顺箭线相减,取小值。

以网络计划的终点节点($j=n$)结束的工作的最迟完成时间等于计划工期 T_P,即:

$$LF_{i-n} = T_P \tag{1-6}$$

每个工作的最迟开始时间等于工作最迟完成时间减去其持续时间:

$$LS_{i-j} = LF_{i-j} - D_{i-j} \tag{1-7}$$

除以终点节点结束的工作外,每个工作的最迟完成时间等于各紧后工作的最迟开始时间 LS_{j-k} 的最小值:

$$LF_{i-j} = \min[LS_{j-k}] \tag{1-8}$$

即

$$LF_{i-j} = \min[LF_{j-k} - D_{j-k}] \tag{1-9}$$

(4)计算工作总时差

总时差是指在不影响总工期的前提下,本工作可以利用的机动时间。总时差等于其最迟开始时间减去最早开始时间,或等于最迟完成时间减去最早完成时间:

$$TF_{i-j} = LS_{i-j} - ES_{i-j} \tag{1-10}$$

或

$$TF_{i-j} = LF_{i-j} - EF_{i-j} \tag{1-11}$$

(5)计算工作自由时差

自由时差是指在不影响其紧后工作最早开始时间的前提下,本工作可以利用的机动时间。

计算口诀为:后早开减本早完。

当工作 $i-j$ 有紧后工作 $j-k$ 时,其自由时差应为:

$$FF_{i-j} = ES_{j-k} - EF_{i-j} \tag{1-12}$$

或

$$FF_{i-j} = ES_{j-k} - ES_{i-j} - D_{i-j} \tag{1-13}$$

以网络计划的终点节点($j=n$)结束的工作,其自由时差 FF_{i-n} 应按网络计划的计划工期 T_P 确定,即:

$$FF_{i-n} = T_P - EF_{i-n} \tag{1-14}$$

(6)关键工作和关键线路的确定

当 $T_p = T_c$ 时,总时差为正值、零,总时差等于零的工作为关键工作;当 $T_p > T_c$、$T_p < T_c$ 时,总时差为正值、负值,总时差最小的工作为关键工作。

自始至终全部由关键工作组成的线路为关键线路,即线路上总的工作持续时间最长的线路为关键线路。网络图上的关键线路可用双线、粗线或彩色线标注。

3. 工作图上计算法示例

【例1-1】 已知网络计划如图1-23所示,若计划工期等于计算工期,试计算各项工作的六个时间参数并确定关键线路,标注在网络计划上。

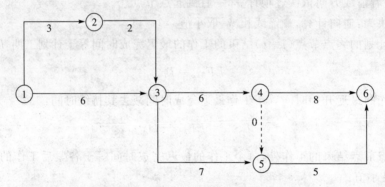

图1-23　某双代号网络计划

【解】

(1)计算各项工作的最早开始时间和最早完成时间

从起点节点(①节点)开始顺着箭线方向依次逐项计算到终点节点(⑥节点)。

以网络计划起点节点开始的各工作的最早开始时间为零:

$ES_{1-2} = ES_{1-3} = 0$

计算各项工作的最早开始和最早完成时间:

$EF_{1-2} = ES_{1-2} + D_{1-2} = 0 + 3 = 3$

$EF_{1-3} = ES_{1-3} + D_{1-3} = 0 + 6 = 6$

$ES_{2-3} = EF_{1-2} = 3$

$EF_{2-3} = ES_{2-3} + D_{2-3} = 3 + 2 = 5$

$ES_{3-4} = ES_{3-5} = \max[EF_{1-3}, EF_{2-3}] = \max[6, 5] = 6$

$EF_{3-4} = ES_{3-4} + D_{3-4} = 6 + 6 = 12$

$EF_{3-5} = ES_{3-5} + D_{3-5} = 6 + 7 = 13$

$ES_{4-6} = ES_{4-5} = EF_{3-4} = 12$

$EF_{4-6} = ES_{4-6} + D_{4-6} = 12 + 8 = 20$

$EF_{4-5} = 12 + 0 = 12$

$ES_{5-6} = \max[EF_{3-5}, EF_{4-5}] = \max[13, 12] = 13$

$EF_{5-6} = 13 + 5 = 18$

将以上计算结果标注在图1-24中的相应位置。

(2)确定计算工期 T_c 及计划工期 T_P

计算工期:$T_c = \max[EF_{5-6}, EF_{4-6}] = \max[18, 20] = 20$

已知计划工期等于计算工期,即:$T_P = T_c = 20$

(3)计算各项工作的最迟开始时间和最迟完成时间

从终点节点(⑥节点)开始逆着箭线方向依次逐项计算到起点节点(①节点)。

以网络计划终点节点结束的工作的最迟完成时间等于计划工期:

$LF_{4-6} = LF_{5-6} = 20$

计算各项工作的最迟开始和最迟完成时间:

$LS_{4-6} = LF_{4-6} - D_{4-6} = 20 - 8 = 12$

$LS_{5-6} = LF_{5-6} - D_{5-6} = 20 - 5 = 15$

$LF_{3-5} = LF_{4-5} = LS_{5-6} = 15$

$LS_{3-5} = LF_{3-5} - D_{3-5} = 15 - 7 = 8$

$LS_{4-5} = LF_{4-5} - D_{4-5} = 15 - 0 = 15$

$LF_{3-4} = \min[LS_{4-5}, LS_{4-6}] = \min[15, 12] = 12$

$LS_{3-4} = LF_{3-4} - D_{3-4} = 12 - 6 = 6$

$LF_{1-3} = LF_{2-3} = \min[LS_{3-4}, LS_{3-5}] = \min[6, 8] = 6$

$LS_{1-3} = LF_{1-3} - D_{1-3} = 6 - 6 = 0$

$LS_{2-3} = LF_{2-3} - D_{2-3} = 6 - 2 = 4$

$LF_{1-2} = LS_{2-3} = 4$

$LS_{1-2} = LF_{1-2} - D_{1-2} = 4 - 3 = 1$

将以上计算结果标注在图 1-24 中的相应位置。

(4)计算各项工作的总时差:TF_{i-j}

可以用工作的最迟开始时间减去最早开始时间或用工作的最迟完成时间减去最早完成时间:

$TF_{1-2} = LS_{1-2} - ES_{1-2} = 1 - 0 = 1$

或 $TF_{1-2} = LF_{1-2} - EF_{1-2} = 4 - 3 = 1$

$TF_{1-3} = LS_{1-3} - ES_{1-3} = 0 - 0 = 0$

$TF_{2-3} = LS_{2-3} - ES_{2-3} = 4 - 3 = 1$

$TF_{3-4} = LS_{3-4} - ES_{3-4} = 6 - 6 = 0$

$TF_{3-5} = LS_{3-5} - ES_{3-5} = 8 - 6 = 2$

$TF_{4-5} = LS_{4-5} - ES_{4-5} = 15 - 12 = 3$

$TF_{4-6} = LS_{4-6} - ES_{4-6} = 12 - 12 = 0$

$TF_{5-6} = LS_{5-6} - ES_{5-6} = 15 - 13 = 2$

将以上计算结果标注在图 1-24 中的相应位置。

(5)计算各项工作的自由时差:TF_{i-j}

等于紧后工作的最早开始时间减去本工作的最早完成时间:

$FF_{1-2} = ES_{2-3} - EF_{1-2} = 3 - 3 = 0$

$FF_{1-3} = ES_{3-4} - EF_{1-3} = 6 - 6 = 0$

$FF_{2-3} = ES_{3-5} - EF_{2-3} = 6 - 5 = 1$

$FF_{3-4} = ES_{4-6} - EF_{3-4} = 12 - 12 = 0$

$FF_{3-5} = ES_{5-6} - EF_{3-5} = 13 - 13 = 0$

$$FF_{4-5}=ES_{5-6}-EF_{4-5}=13-12=1$$
$$FF_{4-6}=T_P-EF_{4-6}=20-20=0$$
$$FF_{5-6}=T_P-EF_{5-6}=20-18=2$$

将以上计算结果标注在图 1-24 中的相应位置。

（6）确定关键工作及关键线路

在图中，最小的总时差是 0，所以，凡是总时差为 0 的工作均为关键工作。即关键工作是：①-③，③-④，④-⑥。

全由关键工作组成的关键线路是：①-③-④-⑥。关键线路用双箭线进行标注，如图 1-24 所示。

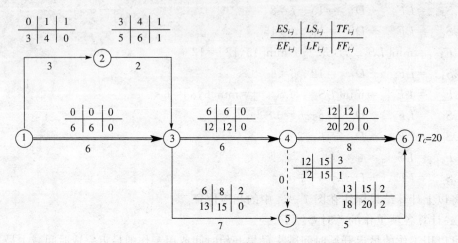

图 1-24　某双代号网络计划工作图上计算法

（7）时差分析

首先分析关键工作，可知其总时差等于 0，自由时差也都等于 0，即关键工作没有任何机动时间；其次分析非关键工作，可知其总时差大于 0，自由时差可大于 0（如工作②-③、④-⑤、⑤-⑥），自由时差也可等于 0（如工作①-②、③-⑤），即自由时差为总时差的一部分，其值小于或等于总时差。总时差不仅用于本工作，而且与前后工作都有关系，它为一条线路或线段所共有，而自由时差为本工作所独有。利用某项工作的自由时差时，其后续工作仍可按最早可能开始的时间开始。当以关键线路上的节点为结束节点的工作，其自由时差与总时差相等（如工作②-③、⑤-⑥）。

4. 节点图上计算法

按节点图上计算法计算网络计划中各时间参数，其计算结果应直接标注在节点的上方，如图 1-25 所示。

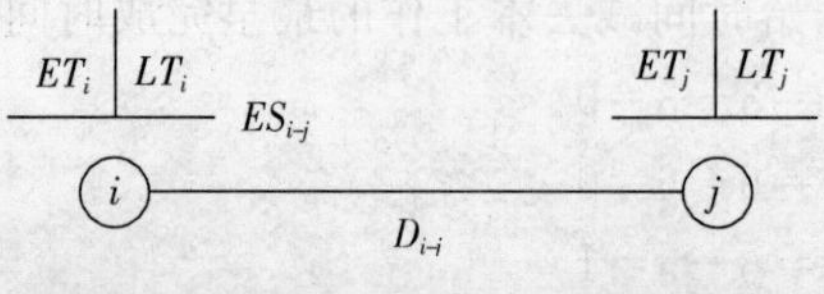

图 1-25　按工作计算时间参数标注形式

节点图上计算法的计算步骤为：

（1）节点最早时间的计算

节点最早时间参数应从左向右，从起点节点开始，顺着箭线方向依次逐项计算，一直到终点节点。

当网络计划没有规定开始时间，起点节点的最早时间为零。如网络计划起点节点的编号为1，则：

$$ET_i = 0(i=1) \tag{1-15}$$

除起点节点外，每个节点的最早时间等于各内向箭线的箭尾节点最早时间与箭线持续时间之和的最大值：

$$ET_j = \max[ET_i + D_{i-j}] \tag{1-16}$$

（2）确定计算工期

计算工期等于网络计划的终点节点最早时间。当网络计划终点节点的编号为 n 时，计算工期为：

$$T_c = ET_n \tag{1-17}$$

当无要求工期的限制时，取计划工期等于计算工期，即：$T_P = T_c$。

（3）节点最迟时间的计算

节点最迟时间参数应从右向左，从终点节点起，逆着箭线方向依次逐项计算，一直到起点节点。

终点节点 n 的最迟时间等于计划工期 T_P，即：

$$LT_n = T_P \tag{1-18}$$

除终点节点外，每个节点的最迟时间等于各外向箭线箭头节点的最迟时间与箭线持续时间之差的最小值：

$$LT_i = \min[LT_j - D_{i-j}] \tag{1-19}$$

（4）计算工作总时差

总时差等于工作箭头节点最迟时间减去箭尾节点最早时间再减去工作持续时间：

$$TF_{i-j} = LT_j - ET_i - D_{i-j} \tag{1-20}$$

（5）计算工作自由时差

自由时差等于工作箭头节点最早时间减去箭尾节点最早时间再减去工作持续时间，应为：

$$FF_{i-j} = ET_j - ET_i - D_{i-j} \tag{1-21}$$

（6）工作的最早、最迟时间参数

工作的最早开始时间、最早完成时间参数是与节点最早时间对应的：

$$ES_{i-j} = ET_i \tag{1-22}$$

$$EF_{i-j} = ET_i + D_{i-j} \tag{1-23}$$

工作的最迟开始时间、最迟完成时间参数是与节点最迟时间对应的：

$$LF_{i-j} = LT_j \tag{1-24}$$

$$LS_{i-j} = LT_j - D_{i-j} \tag{1-25}$$

(7)关键工作和关键线路的确定

关键工作和关键线路的确定与工作计算法确定原则是一致的。

5. 节点图上计算法示例

【例1-2】　已知网络计划如图1-23所示,若计划工期等于计算工期,试用节点图上计算法计算各时间参数并确定关键线路,标注在网络计划上。

【解】

(1)节点最早时间的计算

$ET_1 = 0$

$ET_2 = 0 + 3 = 3$

$ET_3 = \max\left[(0+6),(3+2)\right] = 6$

$ET_4 = 6 + 6 = 12$

$ET_5 = \max\left[(12+0),(6+7)\right] = 13$

$ET_6 = \max\left[(12+8),(13+5)\right] = 20$

将以上计算结果标注在图1-26中的相应位置。

(2)确定计算工期 T_c

计算工期: $T_c = ET_6 = 20$

已知计划工期等于计算工期,即: $T_P = T_c = 20$

(3)节点最迟时间的计算

$LT_6 = T_p = 20$

$LT_5 = 20 - 5 = 15$

$LT_4 = \min\left[(20-8),(15-0)\right] = 12$

$LT_3 = \min\left[(12-6),(15-7)\right] = 6$

$LT_2 = 6 - 2 = 4$

$LT_1 = \min\left[(4-3),(6-6)\right] = 0$

将以上计算结果标注在图1-26中的相应位置。

(4)计算工作时间参数

按公式(1-20)～(1-25)计算工作的总时差、自由时差、工作最早开始、完成时间、工作最迟开始、完成时间。计算结果如图1-24所示。

6. 节点标号法

在前面网络图计算中,是以总时差最小的工作确定为关键工作,而自始至终全部由关键工作组成的线路为关键线路。实际上只要计算节点最早时间参数并标出源节点编号,就可寻找到网络图中持续时间最长的线路,即关键线路和关键工作,这种方法称为节点标号法。

通过节点标号法,不需计算全部时间参数,就可快速确定网络计划的计算工期和关键线路,便于在网络计划编制中,对网络计划做出调整、优化。

(1)节点标号法的计算步骤

①计算节点的最早时间:按公式(1-15)～(1-16),从左向右计算各节点的最早时间 ET_i。

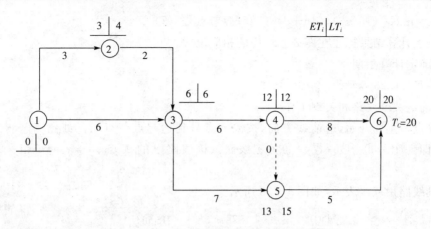

图 1-26 某双代号网络计划节点图上计算法

②标出源节点号:除起点节点外,每个节点标出该节点 ET_i 是由哪一个节点计算得来的,即标出源节点号。

③确定计算工期

计算工期等于网络计划的终点节点最早时间,即公式(1-17)。

④确定关键线路和关键工作

从网络计划终点节点开始,从右向左,逆箭线方向,按源节点号到达起点节点的线路就是网络图中持续时间最长的线路,即关键线路。在关键线路上的工作为关键工作,关键线路可用双线、粗线或彩色线标注。

(2)节点标号法的计算示例

【例 1-3】 已知网络计划如图 1-27 所示,试用节点标号法确定计算工期和关键线路,标注在网络计划上。

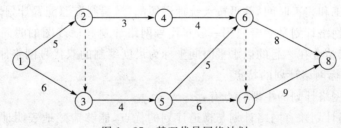

图 1-27 某双代号网络计划

【解】

(1)节点最早时间的计算

$ET_1 = 0$

$ET_2 = 0 + 5 = 5$,源节点号:(1)

$ET_3 = \max [(0+6), (5+0)] = 6$,源节点号:(1)

$ET_4 = 5 + 3 = 8$,源节点号:(2)

$ET_5 = 6 + 4 = 10$,源节点号:(3)

$ET_6 = \max [(8+4), (10+5)] = 15$,源节点号:(5)

$ET_7 = \max [(15+0), (10+6)] = 16$,源节点号:(5)

$ET_8 = \max[(15+8),(16+9)] = 25$，源节点号：(7)

将以上计算结果标注在图 3-22 中的相应位置。

(2)确定计算工期

$T_c = ET_8 = 25$

(3)确定关键线路和关键工作

从终点节点⑧开始，逆箭线方向，按源节点号到达起点节点①的线路为⑧—⑦—⑤—③—①，即为①—③—⑤—⑦—⑧关键线路。该线路上的 1—3、3—5、5—7、7—8 为关键工作。

关键线路用双线表示，如图 1-28 所示。

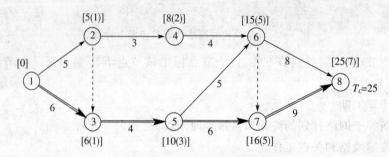

图 1-28　某双代号网络计划节点标号法示例

1.4.2.4　双代号时标网络计划

1. 双代号时标网络计划的概念

时间坐标是指按一定时间单位表示工作进度时间的坐标轴。

一般双代号网络计划都是不带时标的，工作持续时间与箭线长短是无关的。虽然绘制较方便，但因为没有时标，看起来不太直观，不像建筑工程中常用的横线图可从图上直接看出各项工作的开工和完工时间，并可按天统计资源配置，编制资源配置计划。

双代号时标网络计划是综合应用一般双代号网络计划和横线图的时间坐标原理，吸取二者的优点，使其结合在一起的以水平时间坐标为尺度编制的双代号网络计划。

2. 双代号时标网络计划的特点

双代号时标网络计划的主要特点有：

(1)时标网络计划兼有网络计划与横道计划的优点，能够清楚地表明计划的时间进程，表达清晰。

(2)时标网络计划能在图上直接显示出各项工作的开始与完成时间，工作的自由时差及关键线路，而不必通过计算才能得到时间参数。

(3)在时标网络计划中可以统计每一个单位时间对资源的配置，可绘出资源动态图，并方便进行资源优化和调整。

(4)由于箭线受到时间坐标的限制，当计划发生变化时，对网络图的修改比较麻烦，往往要重新绘图，但可利用计算机绘制网络图解决这一问题。

3. 双代号时标网络计划的一般规定

(1)时标网络计划必须以水平时间坐标为尺度表示工作时间，时间坐标的时间单位应根据需要在编制网络计划之前确定，可为：季、月、周、天等。

（2）时标网络计划应以实箭线表示工作，以虚箭线表示虚工作，以波形线表示工作的自由时差。

（3）时标网络计划中所有符号在时间坐标上的水平投影位置，都必须与其时间参数相对应，节点中心必须对准相应的时标位置。

（4）虚工作必须以垂直方向的虚箭线表示（不能从右向左），有自由时差时加波形线表示。

4. 双代号时标网络计划的编制

时标网络计划宜按各个工作的最早开始时间编制。在编制时标网络计划之前，应先按已确定的时间单位绘制出时标计划表，如表 1-11 所示。

表 1-11　时标计划表

日历												
（时间单位）	1	2	3	4	5	6	7	8	9	10	11	12
网络计划												
（时间单位）	1	2	3	4	5	6	7	8	9	10	11	12

双代号时标网络计划的编制方法有两种：

（1）间接法绘制

先绘制出非时标网络计划，计算各节点的最早参数，再根据最早时间在时标计划表上确定节点位置，连线完成。某些工作箭线长度不足以到达该工作的完成节点时，用波形线补足。

（2）直接法绘制

根据网络计划中工作之间的逻辑关系及各工作的持续时间，直接在时标计划表上绘制时标网络计划。绘制步骤如下：

①将起点节点定位在时标表的起始刻度线上。

②按工作持续时间在时标计划表上绘制起点节点的外向箭线。

③其他工作的开始节点必须在其所有紧前工作都绘出以后，定位在这些内向箭线中最早完成时间最迟的箭线末端。其他箭线长度不足以到达该节点时，用波形线补足，箭头画在波形线与节点连接处。

④用上述方法从左至右依次确定其他节点位置，直至网络计划终点节点定位，绘图完成。绘图口诀可表达为：箭线长短坐标限，零线至少画垂直，最远箭线画节点，画完节点补波线。

5. 关键线路和计算工期的确定

（1）时标网络计划关键线路的确定，应自终点节点逆箭线方向朝起点节点逐次进行判定：从终点到起点不出现波形线的线路即为关键线路。

（2）时标网络计划的计算工期，应是终点节点与起点节点所在位置的时标值之差。

6. 工作时间参数的确定

在时标网络计划中，六个工作时间参数的确定步骤如下：

（1）工作最早时间参数的确定

按最早时间绘制的时标网络计划,最早时间参数可以从图上直接确定。

①工作最早开始时间 ES_{i-j}

每条实箭线左端箭尾节点(i 节点)中心所对应的时标值,即为该工作的最早开始时间。

②工作最早完成时间 EF_{i-j}

如箭线右端无波形线,则该箭线右端节点(j 节点)中心所对应的时标值为该工作的最早完成时间;如箭线右端有波形线,则实箭线右端末所对应的时标值即为该工作的最早完成时间。

(2)自由时差的确定

时标网络计划中各工作的自由时差值即为工作的箭线中波形线部分在坐标轴上的水平投影长度,当箭线无波形部分,则自由时差为零。

(3)总时差的确定

时标网络计划中工作总时差的计算应自右向左进行,且符合下列规定:

①以终点节点($j=n$)为箭头节点的工作的总时差 TF_{i-n} 应按网络计划的计划工期 T_P 计算确定,即:

$$TF_{i-n} = T_P - EF_{i-n} \tag{1-26}$$

②其他工作的总时差等于其紧后工作 $j-k$ 总时差的最小值与本工作的自由时差之和,即:

$$TF_{i-j} = \min[TF_{j-k}] + FF_{i-j} \tag{1-27}$$

(4)最迟时间参数的确定

时标网络计划中工作的最迟开始时间和最迟完成时间可按下式计算:

$$LS_{i-j} = ES_{i-j} + TF_{i-j} \tag{1-28}$$

$$LF_{i-j} = EF_{i-j} + TF_{i-j} \tag{1-29}$$

7. 时标网络计划绘制示例

【例 1-4】 已知图 1-29 为一般双代号网络计划,试用直接法绘制双代号时标网络计划。

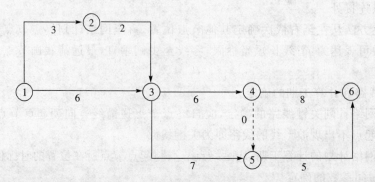

图 1-29　一般双代号网络计划

【解】 绘制双代号时标网络计划如表 1-12 所示。

表 1－12　双代号时标网络计划

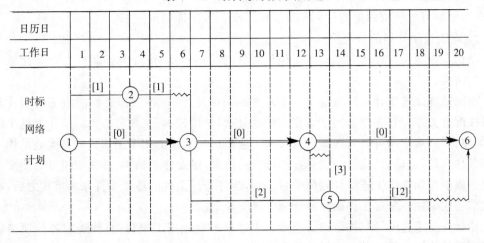

表 1－12 可直接读出各项工作的最早开始时间、最早完成时间、自由时差，并可得到计算工期为 20 天，找出关键线路为①－③－④－⑥，关键线路用双箭线进行标注。

对于关键工作，其总时差、自由时差都为零；对于非关键工作，可进一步计算其总时差：

$$TF_{5-6} = T_P - EF_{5-6} = 20 - 18 = 2$$

$$TF_{4-5} = TF_{5-6} + FF_{4-5} = 2 + 1 = 3$$

$$TF_{3-5} = TF_{5-6} + FF_{3-5} = 2 + 0 = 2$$

$$TF_{2-3} = \min[TF_{3-4}, TF_{3-5}] + FF_{2-3} = \min[0, 2] + 1 = 0 + 1 = 1$$

$$TF_{1-2} = TF_{2-3} + FF_{1-2} = 1 + 0 = 1$$

①－②、①－③工作的最迟开始时间和最迟完成时间如下：

$$LS_{1-2} = ES_{1-2} + TF_{1-2} = 0 + 1 = 1$$

$$LF_{1-2} = EF_{1-2} + TF_{1-2} = 3 + 1 = 4$$

$$LS_{1-3} = ES_{1-3} + TF_{1-3} = 0 + 0 = 0$$

$$LF_{1-3} = EF_{1-3} + TF_{1-3} = 6 + 0 = 6$$

由此类推，可计算出各项工作的最迟开始时间和最迟完成时间。由于所有工作的最早开始时间、最早完成时间和总时差均为已知，计算容易，此处不再一一列举。

1.4.3　施工进度计划编制

房屋建筑（单位）工程施工进度计划是在确定了施工方案的基础上，根据规定工期和各种资源供应条件，按照施工过程的合理施工顺序及组织施工的原则，用图表的形式（网络图或横道图），对一个工程从开始施工到工程全部竣工的各个项目，确定其在时间上的安排和相互间的搭接关系。在此基础上，方可编制月、季计划及各项资源配置计划。所以，施工进度计划是单位工程施工组织设计中的一项非常重要的内容。

1.4.3.1　单位工程施工进度计划的作用及分类

1. 施工进度计划的作用

（1）控制单位工程的施工进度，保证在规定工期内完成符合质量要求的工程任务；

（2）确定单位工程的各个施工过程的施工顺序、施工持续时间及相互衔接和合理配合关系；

(3)为编制季度、月度生产作业计划提供依据；

(4)是制订各项资源配置计划和编制施工准备工作计划的依据。

2. 施工进度计划的分类

单位工程施工进度计划根据施工项目划分的粗细程度，可分为控制性与指导性施工进度计划两类。

控制性施工进度计划按分部工程来划分施工项目，控制各分部工程的施工时间及其相互搭接配合关系。它主要适用于工程结构较复杂、规模较大、工期较长而需跨年度施工的工程（如体育场、火车站等公共建筑以及大型工业厂房等），还适用于工程规模不大或结构不复杂但各种资源（劳动力、机械、材料等）不落实的情况，以及建筑结构、建筑规模等可能变化的情况。编制控制性施工进度计划的单位工程，当各分部工程的施工条件基本落实之后，在施工之前还应编制各分部工程的指导性施工进度计划。

指导性施工进度计划按分项工程或施工过程来划分施工项目，具体确定各分项工程或施工过程的施工时间及其相互搭接配合关系。它适用于施工任务具体而明确、施工条件基本落实、各种资源供应正常、施工工期不太长的工程。

1.4.3.2　单位工程施工进度计划的编制程序和依据

1. 施工进度计划的编制程序

单位工程施工进度计划的编制程序如图 1-30 所示。

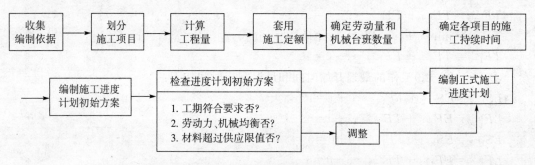

图 1-30　单位工程施工进度计划的编制程序

2. 施工进度计划的编制依据

编制单位工程施工进度计划，主要依据下列资料：

(1)经过审批的建筑总平面图及单位工程全套施工图，以及地质、地形图、工艺设计图、设备及其基础图，采用的各种标准图等图纸及技术资料；

(2)施工组织总设计对本单位工程的有关规定；

(3)施工工期要求及开、竣工日期；

(4)施工条件、劳动力、材料、构件及机械的供应条件、分包单位的情况等；

(5)主要分部分项工程的施工方案，包括施工程序、施工段划分、施工流程、施工顺序、施工方法、技术及组织措施等；

(6)施工定额；

(7)其他有关要求和资料，如工程合同。

1.4.3.3　单位工程施工进度计划的编制

根据单位工程施工进度计划的编制程序,其编制的主要步骤和方法如下:

1. 施工项目的划分

编制施工进度计划时,首先应按照图纸和施工顺序将拟建单位工程的各个施工过程列出,并结合施工方法、施工条件、劳动组织等因素,适当调整,使之成为编制施工进度计划所需的施工项目。施工项目是包括一定工作内容的施工过程,它是施工进度计划的基本组成单元。

单位工程施工进度计划的施工项目仅是包括现场直接在建筑物上施工的施工过程,如砌筑、安装等,而对于构件制作和运输等施工过程,则不包括在内。但对现场就地预制的钢筋混凝土构件的制作,不仅单独占有工期,且对其他施工过程的施工有影响;或构件的运输需与其他施工过程的施工密切配合,如楼板随运随吊时,仍需将这些制作和运输过程列入施工进度计划。

在确定施工项目时,应注意以下几个问题:

(1)施工项目划分的粗细程度,应根据进度计划的需要来决定。一般对于控制性施工进度计划,施工项目可以划分得粗一些,通常只列出分部工程,如混合结构居住房屋的控制性施工进度计划,只列出基础工程、主体工程、屋面工程和装饰工程四个施工过程;而对实施性施工进度计划,施工项目划分就要细一些,应明确到分项工程或更具体,以满足指导施工作业的要求,如屋面工程应划分为找平层、隔气层、保温层、防水层等分项工程。

(2)施工过程的划分要结合所选择的施工方案。如结构安装工程,若采用分件吊装方法,则施工过程的名称、数量和内容及其吊装顺序应按构件来确定;若采用综合吊装方法,则施工过程应按施工单元(节间或区段)来确定。

(3)适当简化施工进度计划的内容,避免施工项目划分过细,重点不突出。因此,可考虑将某些穿插性分项工程合并到主要分项工程中去,如门窗框安装可并入砌筑工程;而对于在同一时间内由同一施工班组施工的过程可以合并,如工业厂房中的钢窗油漆、钢门油漆、钢支撑油漆、钢梯油漆等可合并为钢构件油漆一个施工过程;对于次要的、零星的分项工程可合并为"其他工程"一项列入。

(4)水、暖、电、卫和设备安装等专业工程不必细分具体内容,由各专业施工队自行编制计划并负责组织施工,而在单位工程施工进度计划中只要反映出这些工程与土建工程的配合关系即可。

(5)所有施工项目应大致按施工顺序列成表格,编排序号避免遗漏或重复,其名称可参考现行的施工定额手册上的项目名称。

2. 计算工程量

工程量计算是一项十分繁琐的工作,应根据施工图纸、有关计算规则及相应的施工方法进行计算。因为进度计划中的工程量仅是用来计算各种资源需用量,不作为计算工资或工程结算的依据,故不必精确计算,直接套用施工预算的工程量即可。计算工程量应注意以下几个问题:

(1)各分部分项工程的工程量计算单位应与采用的施工定额中相应项目的单位一致,以便计算劳动量及材料配置时可直接套用定额,不再进行换算。

(2)计算工程量时应结合选定的施工方法和安全技术要求,使计算所得工程量与施工实际情况相符合。例如,挖土时是否放坡,是否加工作面,坡度大小与工作面尺寸是多少;是否使用支撑加固,开挖方式是单独开挖、条形开挖或整片开挖,这些都直接影响到基础土方工程量的计算。

(3)结合施工组织的要求,分区、分段、分层计算工程量,以便组织流水作业。若每层、每段上的工程量相等或相差不大时,可根据工程量总数分别除以层数、段教,可得每层、每段上的工程量。

(4)如已编制预算文件,应合理利用预算文件中的工程量,以免重复计算。施工进度计划中的施工项目大多可直接采用预算文件中的工程量,可按施工过程的划分情况将预算文件中有关项目的工程量汇总。如"砌筑砖墙"一项的工程量,可首先分析它包括哪些内容,然后按其所包含的内容从预算工程量中摘抄出来并加以汇总求得。施工进度计划中的有些施工项目与预算文件中的项目完全不同或局部有出入时(如计量单位、计算规则、采用定额不同等),应根据施工中的实际情况加以修改、调整或重新计算。

3. 套用施工定额

根据所划分的施工项目和施工方法,即可套用施工定额(当地实际采用的劳动定额及机械台班定额),以确定劳动量和机械台班量。

施工定额有两种形式:即时间定额和产量定额。时间定额是指某种专业、某种技术等级的工人小组或个人在合理的技术组织条件下,完成单位合格的建筑产品所必须的工作时间,一般用符号 H_i 表示,它的单位有:工日/m³、工日/m²、工日/m、工日/t 等。因为时间定额是以劳动工日数为单位,便于综合计算,故在劳动量统计中用得比较普遍。产量定额是指在合理的技术组织条件下,某种专业、某种技术等级的工人小组或个人在单位时间内所应完成合格的建筑产品的数量,一般用符号 S_i 表示,它的单位有:m³/工日、m²/工日、m/工日、t/工日等。因为产量定额是由建筑产品的数量来表示,具有形象化的特点,故在分配施工任务时用得比较普遍。时间定额和产量定额是互为倒数的关系。

套用国家或地方颁发的定额,必须注意结合本单位工人的技术等级、实际施工操作水平、施工机械情况和施工现场条件等因素,确定完成定额的实际水平,使计算出来的劳动量、机械台班量符合实际需要,为准确编制施工进度计划打下基础。

有些采用新技术、新材料、新工艺或特殊施工方法的项目,施工定额中尚未编入,这时可参考类似项目的定额、经验资料,或按实际情况确定。

4. 确定劳动量和机械台班数量

劳动量和机械台班数量应根据各分部分项工程的工程量、施工方法和现行的施工定额,并结合当地的具体情况加以确定。一般应按下式计算:

$$P = \frac{Q}{S} \tag{1-30}$$

或

$$P = QH \tag{1-31}$$

式中,P——完成某施工过程所需的劳动量(工日)或机械台班数量(台班);

Q——某施工过程的工程量;

S——某施工过程所采用的产量定额;

H——某施工过程所采用的时间定额。

例如，已知某单层工业厂房的柱基坑土方量为 3240 m³，采用人工挖土，每工产量定额为 3.9 m³，则完成挖基坑所需劳动量为：

$$P = \frac{Q}{S} = \frac{3240}{3.9} = 830（工日）$$

若已知时间定额为 0.256 工日/m³ 则完成挖基坑所需劳动量为：

$$P = QH = 3240 \times 0.256 = 830（工日）$$

经常还会遇到施工进度计划所列项目与施工定额所列项目的工作内容不一致的情况，具体处理方法如下：

(1)若施工项目是由两个或两个以上的同一工种，但材料、做法或构造都不同的施工过程合并而成时，可用其加权平均定额来确定劳动量或机械台班量。加权平均产量定额的计算可按下式进行：

$$\overline{S_i} = \frac{\sum_{i=1}^{n} Q_i}{\sum_{i=1}^{n} P_i} \tag{1-32}$$

式中，$\overline{S_i}$——某施工项目加权平均产量定额；

$\sum_{i=1}^{n} Q_i = Q_1 + Q_2 + Q_3 + \cdots + Q_n$（总工程量）；

$\sum_{i=1}^{n} P_i = \dfrac{Q_1}{S_1} + \dfrac{Q_2}{S_2} + \dfrac{Q_3}{S_3} + \cdots + \dfrac{Q_n}{S_n}$（总劳动量）；

$Q_1, Q_2, Q_3, \cdots, Q_n$——同一工种但施工做法、材料或构造不同的各个施工过程的工程量；

$S_1, S_2, S_3, \cdots, S_n$——与上述施工过程相对应的产量定额。

(2)对于有些采用新材料、新工艺或特殊施工方法的施工项目，其定额在施工定额手册中未列入，则可参考类似项目或实测确定。

(3)对于"其他工程"项目所需劳动量，可根据其内容和数量，并结合施工现场的具体情况，以占总劳动量的百分比(一般为 10%～20%)计算。

(4)水、暖、电、卫设备安装等工程项目，一般不计算劳动量和机械台班需要量，仅安排与一般土建单位工程配合的进度。

5. 确定各项目的施工持续时间

施工项目的施工持续时间的计算方法，有定额计算法倒排计划法和经验估计法。

施工项目的持续时间最好是按正常情况确定，这时它的费用一般是较低的。待编制出初始进度计划并经过计算后再结合实际情况作必要的调整，这是避免因盲目抢工而造成浪费的有效办法。根据过去的施工经验并按照实际的施工条件来估算项目的施工持续时间是较为简便的办法，现在一般也多采用这种办法。这种办法多运用于采用新工艺、新技术、新材料等无定额可循的工种。在经验估计法中，有时为了提高其准确程度，往往用"三时估计法"，即先估计出该项目的最长、最短和最可能的三种施工持续时间，然后据以求出期望的施工持续时间作为该项目的施工持续时间。其计算公式是：

$$t=\frac{A+4C+B}{6}$$ (1-33)

式中，t——项目施工持续时间；

    A——最长施工持续时间；

    B——最短施工持续时间；

    C——最可能施工持续时间。

6. 编制施工进度计划的初始方案

根据工作之间的逻辑关系，可以绘制出网络图，计算时间参数，得到关键工作和关键线路。但这只是一个初始网络计划，还需要根据不同要求进行优化，从而得到一个满足工程要求、成本低、效益好的网络实施计划。

1.4.3.4 网络计划优化

网络计划优化，就是在满足既定的约束条件下，按某一目标，通过不断调整，寻找最优网络计划方案的过程。如计算工期大于要求工期，就要压缩关键工作持续时间以缩短工期，称为工期优化；如某种资源供应有一定的限制，就要调整工作安排以实现经济有效地利用资源，称为资源优化；如要降低工程成本，就要重新调整计划以寻求最低成本，称为费用优化。在工程施工中，工期目标、资源目标和费用目标是相互影响的，必须综合考虑各方面的要求，力求获得最好的效果，得到最优的网络计划。

网络计划优化的原理主要有两个：一是压缩关键工作持续时间，以优化工期目标、费用目标；二是调整非关键工作的安排，以优化资源目标。

1. 工期优化

网络工期优化是指当计算工期不满足要求工期时，通过压缩关键工作的持续时间满足工期要求的过程。

(1)压缩关键工作的原则

工期优化通常通过压缩关键工作的持续时间来实现，在这过程中，要注意两个原则：

①不能将关键工作压缩为非关键工作；

②当出现多条关键线路时，要将各条关键线路作相同程度的压缩，否则，不能有效缩短工期。

(2)压缩关键工作的选择

在对关键工作的持续时间压缩时，要注意到其对工程质量、施工安全、施工成本和施工资源供应的影响。一般按下列因素择优选择关键工作进行压缩：

①缩短持续时间后对工程质量、安全影响不大的关键工作；

②备用资源充足的关键工作；

③缩短持续时间后所增加的费用最少的关键工作。

(3)工期优化的步骤

①计算并找出初始网络计划的计算工期、关键线路及关键工作。

②按要求工期确定应压缩的时间 ΔT，即：

$$\Delta T=T_c-T_r$$ (1-34)

③确定各关键工作可能的压缩时间。

④按优先顺序选择将压缩的关键工作,调整其持续时间,并重新计算网络计划的计算工期。

⑤当计算工期仍大于要求工期时,重复上述步骤,直到满足工期要求或工期不能再压缩为止。

⑥当所有关键活动的持续时间均压缩到极限,仍不满足工期要求时,应对计划的原技术、组织方案进行调整,或对要求工期重新审定。

【例 1-5】　已知网络计划如图 1-31 所示,箭线下方括号外为工作正常持续时间,括号内为工作最短持续时间,若要求工期为 55 天,优先压缩工作持续时间的顺序为:E、G、D、B、C、F、A,试对网络计划进行工期优化。

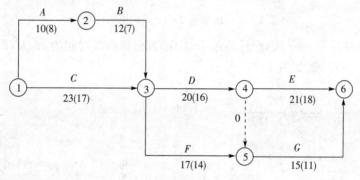

图 1-31　初始网络计划

【解】

(1)计算初始网络计划的计算工期、关键线路及关键工作

用标号法求得计算工期 $T_c = 64$ 天,关键线路为:①—③—④—⑥,关键工作为:C、D、E,如图 1-32 所示。

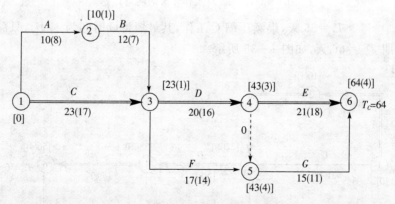

图 1-32　初始网络计划的关键线路

(2)按要求工期确定应压缩的时间 ΔT

$$\Delta T = T_c - T_r = 64 - 55 = 9(\text{天})$$

(3)按优先顺序压缩关键工作

按已知条件,首先压缩 E 工作,其最短持续时间为 18 天,即压缩 3 天。重新计算工期

$T_{c1}=61$ 天,如图 1-33 所示。

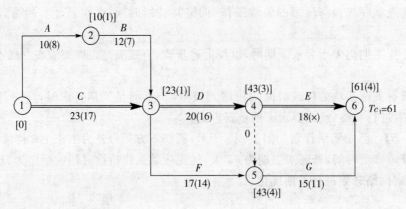

图 1-33　压缩 E 工作 3 天的网络计划

由于 $T_{c1}=61>T_r=55$ 天,继续压缩 D 工作,其最短持续时间为 16 天,即压缩 4 天。重新计算工期 $T_{c2}=57$ 天,如图 1-34 所示。

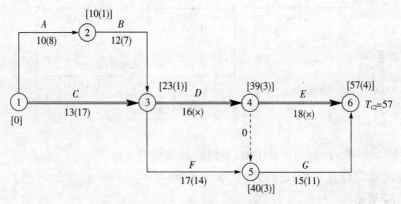

图 1-34　压缩 D 工作 4 天的网络计划

由于 $T_{c2}=57>T_r=55$ 天,继续压缩 C 工作,其最短持续时间为 17 天,只需压缩 2 天。重新计算工期 $T_{c3}=56$ 天,如图 1-35 所示。

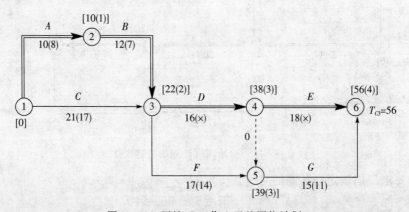

图 1-35　压缩 C 工作 2 天的网络计划

由于 C 工作缩短 2 天后,关键线路变为:①—②—③—④—⑥,关键工作为:A、B、D、E。

要保持 C 关键工作不变,必须在压缩 C 工作2天的同时,压缩 B 工作1天。重新计算工期 $T_{c4}=55$ 天,满足工期要求,工期优化完成。如图1-36所示。

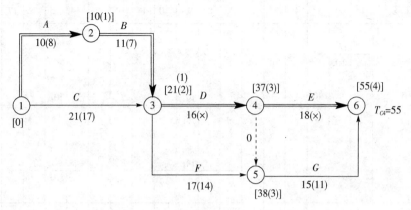

图1-36　工期优化完成的网络计划

2. 资源优化

所谓资源是指完成工程项目所需的人力、材料、机械设备和资金的统称。在一定的时期内,某个工程项目所需的资源量基本上是不变的,一般情况下,受各种条件的制约,这些资源也是有一定限量的。因此,在编制网络计划时必须对资源进行统筹安排,保证资源需要量在其限量之内、资源需要量尽量均衡。资源优化就是通过调整工作之间的安排,使资源按时间的分布符合优化的目标。

资源优化可分为"资源有限、工期最短"和"工期固定、资源均衡"两类问题。

（1）资源有限、工期最短的优化

资源有限,工期最短的优化是指在资源有限的条件下,保证各工作的每日资源需要量不变,寻求工期最短的施工计划过程。

资源有限、工期最短的优化步骤:

①根据工程情况,确定资源在一个时间单位的最大限量 R_a。

②按最早时间参数绘制双代号时标网络图,根据各个工作在每个时间单位资源需要量,统计出每个时间单位内的资源需要量 R_t。

③从左向右逐个时间单位检查。当 $R_t \leqslant R_a$ 时,资源符合要求,不需调整工作安排;当 $R_t > R_a$ 时,资源不符合要求,按工期最短的原则调整工作安排,即选择一项工作向右移到另一项工作的后面,使 $R_t \leqslant R_a$,同时使工期延长的时间 ΔD 最小。ΔD 的计算如下:

若将 $i-j$ 工作移到 $m-n$ 之后,则使工期延长的时间 ΔD 为:

$$\Delta D_{m-n, i-j} = (EF_{m-n} + D_{i-j}) - LF_{i-j} = EF_{m-n} - LS_{i-j} \qquad (1-35)$$

④绘制出调整后的时标网络计划图。

⑤重复上述②～④步骤,直至所有时间单位内的资源需要量都不超过资源限量,资源优化即告完成。

资源有限、工期最短的优化示例:

【例1-6】　已知时标网络计划如图1-37所示,箭线上方括号内为工作的总时差,箭线下方为工作的每天资源需要量,若资源限量 R_a 为25,试对网络计划进行资源有限、工期最短的优化。

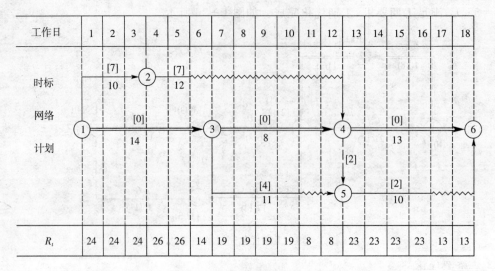

图 1-37 初始时标网络计划

【解】

①根据各工作的每天资源需要量,统计出计划的每天资源需要量 R_t,如图 1-37 所示。

②从图 1-37 中可知 $R_4 = 26 > R_a = 25$,必须进行调整。共有两种调整方案:

一是将②—④工作移到①—③工作之后,则使工期延长的时间 ΔD 为:

$$\Delta D_{1-3,2-4} = EF_{1-3} - LS_{2-4} = 6 - (3+7) = -4$$

二是将①—③工作移到②—④工作之后,则使工期延长的时间 ΔD 为:

$$\Delta D_{2-4,1-3} = EF_{2-3} - LS_{1-3} = 5 - (0+0) = 5$$

可见将②—④工作移到①—③工作之后,不延长工期(利用了②—④工作的机动时间);将①—③工作移到②—④工作之后,则使工期延长 5 天(①—③工作为关键工作,没有机动时间)。故采取第一种调整方案,如图 1-38 所示。

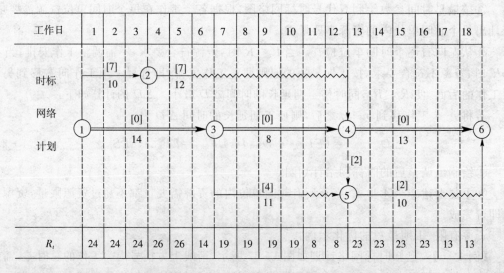

图 1-38 第一次调整后的时标网络计划

从图 1-38 中可知，$R_7=31>R_a=25$，必须进行调整。共有六种调整方案：

一是将②—④工作移到③—④工作之后，则使工期延长的时间 ΔD 为：

$$\Delta D_{3-4,2-4}=EF_{3-4}-LS_{2-4}=12-(6+4)=2$$

二是将③—④工作移到②—④工作之后，则使工期延长的时间 ΔD 为：

$$\Delta D_{2-4,3-4}=EF_{2-4}-LS_{3-4}=8-(6+0)=2$$

三是将②—④工作移到③—⑤工作之后，则使工期延长的时间 ΔD 为：

$$\Delta D_{3-5,2-4}=EF_{3-5}-LS_{2-4}=10-(6+4)=0$$

四是将③—⑤工作移到②—④工作之后，则使工期延长的时间 ΔD 为：

$$\Delta D_{2-4,3-5}=EF_{2-4}-LS_{3-5}=8-(6+4)=-2$$

五是将③—④工作移到③—⑤工作之后，则使工期延长的时间 ΔD 为：

$$\Delta D_{3-5,3-4}=EF_{3-5}-LS_{3-4}=10-(6+0)=4$$

六是将③—⑤工作移到③—④工作之后，则使工期延长的时间 ΔD 为：

$$\Delta D_{3-4,3-5}=EF_{3-4}-LS_{3-5}=12-(6+4)=2$$

因 $\Delta D_{2-4,3-5}=-2$ 最小，故采取第四种方案，如图 1-39 所示。

从图 1-39 可知，满足 $R_t \leqslant R_a$，即资源优化完成。

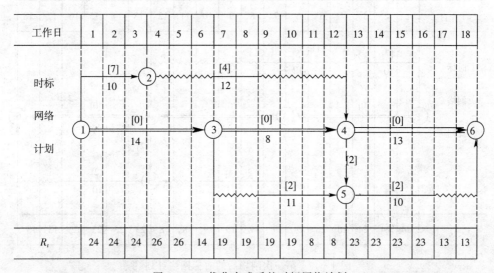

图 1-39　优化完成后的时标网络计划

（2）工期固定、资源均衡的优化

工期固定、资源均衡的优化是指在工期保持不变的条件下，使资源需要量尽可能分布均衡的过程。也就是在资源需要量曲线上尽可能不出现短期高峰或长期低谷情况，力求使每天资源需要量接近于平均值。

"工期固定、资源均衡"的优化方法有多种，如方差值最小法、极差值最小法、削高峰法等。这里仅介绍削高峰法，即利用非关键工作的机动时间，在工期固定的条件下，使得资源峰值尽可能减小。

工期固定、资源均衡的优化步骤：

①按最早时间参数绘制双代号时标网络图，根据各个工作在每个时间单位资源需要量，统计出每个时间单位内的资源需要量 R_t。

②找出资源高峰时段的最后时刻 T_h，计算非关键工作如果向右移到 T_h 处开始，还剩下的机动时间 ΔT_{i-j}，即：

$$\Delta T_{i-j} = TF_{i-j} - (T_h - ES_{i-j}) \tag{1-36}$$

当 $\Delta T_{i-j} \geqslant 0$，则说明该工作可以向右移出高峰时段，使得峰值减小，并且不影响工期。

当有多个工作 $\Delta T_{i-j} \geqslant 0$，应选择 ΔT_{i-j} 值最大的工作向右移出高峰时段。

③绘制出调整后的时标网络计划图。

重复上述②～③步骤，直至高峰时段的峰值不能再减少，资源优化即告完成。

工期固定、资源均衡的优化示例：

【例 1-7】 已知时标网络计划如图 1-37 所示，箭线上方括号内为工作的总时差，箭线下方为工作的每天资源需要量，试对该网络计划进行工期固定、资源均衡的优化。

【解】 1)从图 1-37 中统计的资源需要量 R_t 可知，$R_{\max} = 26$，$T_5 = 5$，则：

$\Delta T_{2-4} = TF_{2-4} - (T_5 - ES_{2-4}) = 7 - (5-3) = 5$

因 $\Delta T_{2-4} = 5 > 0$，故将②—④右移二天。如图 1-40 所示。

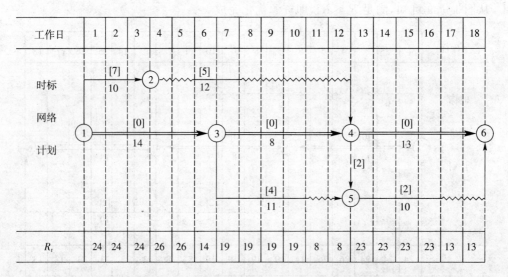

图 1-40　第一次削峰后的时标网络计划

从图 1-40 中统计的资源需要量 R_t 可知，$R_{\max} = 31$，$T_7 = 7$，则：

$\Delta T_{2-4} = TF_{2-4} - (T_7 - ES_{2-4}) = 5 - (7-5) = 3$

$\Delta T_{3-5} = TF_{3-5} - (T_7 - ES_{3-5}) = 4 - (7-6) = 3$

因 $\Delta T_{2-4} = \Delta T_{3-5} = 3 > 0$，调整②—④、③—⑤工作均可，现将②—④右移二天。如图 1-41 所示。

从图 1-41 中统计的资源需要量 R_t 可知，$R_{\max} = 31$，$T_9 = 9$，则：

$\Delta T_{2-4} = TF_{2-4} - (T_9 - ES_{2-4}) = 3 - (9-7) = 1$

$\Delta T_{3-5} = TF_{3-5} - (T_9 - ES_{3-5}) = 4 - (9-6) = 1$

因 $\Delta T_{2-4} = \Delta T_{3-5} = 1 > 0$，调整②—④、③—⑤工作均可，现将③—⑤右移三天。如图 1-42 所示。

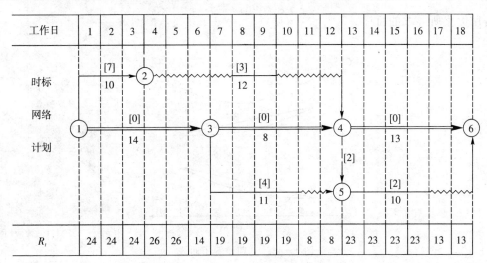

图 1-41　第二次削峰后的时标网络计划

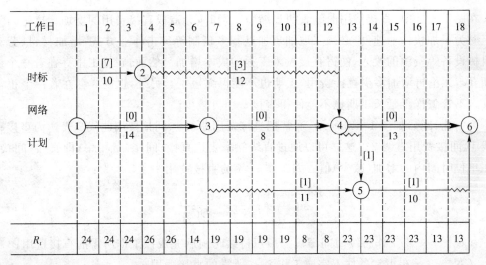

图 1-42　削峰法优化后的时标网络计划

从图 1-42 中统计的资源需要量 R_t 可知，$R_{max}=24$，$T_3=3$。因再调整不能使峰值减小（计算略）；故资源优化完成。

3. 费用优化

费用优化又称为工期成本优化，即通过分析工期与工程成本（费用）的相互关系，寻求最低工程总成本（总费用）。

（1）工期和费用的关系

工程费用包括直接费用和间接费用两部分，直接费用是直接投入到工程中的成本，即在施工过程中耗费的人工费、材料费、机械设备费等构成工程实体相关的各项费用；而间接费用是间接投入到工程中的成本，主要由公司管理费、财务费用和工期变化带来的其他损益（如效益增量和资金的时间价值）等构成。一般情况下，直接费用随工期的缩短而增加，与工期成正比；间接费用随工期的缩短而减少，与工期成反比。如图 1-43 所示的总费用曲线中，总存在一个最低的点，即最小的工程总成本 C_0，与此相对应的工期为最优工期 T_0，这就是费用优化所寻求的目标。

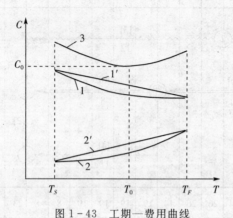

图 1 - 43　工期—费用曲线

1、1'—直接费用曲线、直线；2、2'—间接费用曲线、直线；3—总费用曲线

T_S—最短工期；T_0—最优工期；T_F—正常工期；C_0—最低总成本

在图 1 - 43 中，直接费用曲线表明当缩短工期时，会造成直接费用的增加。这是因为在施工时为了加快作业速度，必须采取加班加点和多班制等突击作业方式，增加材料、劳动力及机械设备等资源的投入，使得直接投入工程的成本增加。然而，在施工中存在着一个最短工期 T_S，无论再增加多少直接费用，工期也不能再缩短了。另外，也同样存在着一个正常工期 T_F，不管怎样再延长工期也不能使得直接费用再减少。

为简化计算，如图 1 - 43 所示，通常把直接费用曲线 1、间接费用曲线 2 表达为直接费用直线 1'、间接费用直线 2'。这样可以通过直线斜率表达直接（间接）费用率，即直接（间接）费用在单位时间内的增加（减少）值。如工作 i—j 的直接费用率 ΔC_{i-j} 为：

$$\Delta C_{i-j} = \frac{CC_{i-j} - CN_{i-j}}{DN_{i-j} - DC_{i-j}} \tag{1 - 37}$$

式中，CC_{i-j}——将工作持续时间缩短为最短持续时间后完成该工作所需的直接费用；

　　　CN_{i-j}——在正常条件下完成工作 i—j 所需的直接费用；

　　　DN_{i-j}——工作 i—j 的正常持续时间；

　　　DC_{i-j}——工作 i—j 的最短持续时间。

（2）工作和费用的关系

根据各项工作的性质不同，其工作持续时间和费用之间的关系通常有以下两种情况：

①连续型变化关系

当工作的费用随着工作持续时间的改变而改变，其介于正常持续时间和最短持续时间之间的任意持续时间的费用可根据其费用斜率计算出来，称为连续型变化关系。

如某工序为连续型变化关系，其正常持续时间 DN 为 16 天，所需直接费用 C_{16} 为 500 元；最短持续时间 DC 为 10 天，所需直接费用 C_{10} 为 1100 元，则当工作为 12 天，所需直接费用 C_{12} 为：

$$\Delta C_{i-j} = \frac{CC_{i-j} - CN_{i-j}}{DN_{i-j} - DC_{i-j}} = \frac{1100 - 500}{16 - 10} = 100（元/天）$$

$$C_{12} = 500 + (16 - 12) \times 100 = 900 (元)$$

②非连续型变化关系

当工作的直接费用与持续时间之间的关系是根据不同施工方案分别估算的,其介于正常持续时间与最短持续时间之间的关系不是线性关系,不能通过费用斜率计算,只能存在几种情况供选择,称为非连续型变化关系。

如某工序为非连续型变化关系,其持续时间、所需直接费用有三种施工方法可供选择,如表 1-13 所示。

表 1-13　某工序持续时间与费用表

施工方法	A	B	C
持续时间	10 天	12 天	6 天
直接费用	2900 元	2500 元	4500 元

在工程施工中,根据工期、成本要求,制订施工方案确定持续时间和直接费用。

(3)费用优化的步骤

寻求最低费用和最优工期的基本思路是从网络计划各活动的持续时间和费用的关系中,依次找出能使计划工期缩短,而又能使直接费用增加最少的活动,不断地缩短其持续时间,同时考虑其间接费用叠加,即可求出工程费用最低时的最优工期和工期确定时相应的最低费用。

①绘出网络图,按工作的正常持续时间确定计算工期和关键线路。

②计算间接费用率 ΔC 和各项工作的直接费用率 ΔC_{i-j}。

③当只有一条关键线路时,应找出直接费率 ΔC_{i-j} 最小的一项关键工作,作为缩短持续时间的对象;当有多条关键线路时,应找出组合直接费率 $\sum \{\Delta C_{i-j}\}$ 最小的一组关键工作,作为缩短持续时间的对象。

④对选定的压缩对象缩短其持续时间,缩短值 ΔT 必须符合两个原则:一是不能压缩成非关键工作;二是缩短后其持续时间不小于最短持续时间。

⑤计算压缩对象缩短后总费用的变化 C_i:

$$C_i = \sum \{\Delta C_{i-j} \times \Delta T\} - \Delta C^{\times} \Delta T \tag{1-38}$$

⑥当 $C_i \leqslant 0$,重复上述 3~5 步骤,一直计算到 $C_i > 0$,即总费用不能降低为止,费用优化即告完成。

(4)费用优化的示例

【例 1-8】　已知网络计划如图 1-44 所示,箭线下方括号外为工作正常持续时间 DN,括号内为工作最短持续时间 DC,各工作所需直接费用见表 1-14。假定间接费用率为 180元/天,试对该网络计划进行费用优化。

【解】　(1)按工作的正常持续时间确定计算工期和关键线路

如图 1-44 所示,用标号法求得关键线路为:①—③—⑤—⑥,关键工作为:C、E、G。计算工期 $T_c = 50$ 天,工程总费用为:$C = 10300 + 50 \times 180 = 19300$ 元

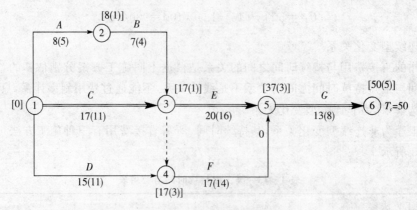

图 1-44　某工程网络计划

表 1-14　各工序直接费用表

工作名称	正常持续时间所需费用 CN	最短持续时间所需费用 CC	工作与费用的关系
A	1000 元	1150 元	连续
B	1500 元	1740 元	连续
C	2000 元	2300 元	连续
D	1200 元	1460 元	连续
E	1800 元	2600 元	非连续
F	1700 元	2210 元	连续
G	1100 元	1900 元	连续
合计	10300 元	13360 元	

（2）计算各项工作的直接费用率 ΔC_{i-j}

A 工作：$\Delta C_{1-2} = \dfrac{CC_{1-2} - CN_{1-2}}{DN_{1-2} - DC_{1-2}} = \dfrac{1150 - 1000}{8 - 5} = 50$（元/天）

B 工作：$\Delta C_{2-3} = \dfrac{CC_{2-3} - CN_{2-3}}{DN_{2-3} - DC_{2-3}} = \dfrac{1740 - 1500}{7 - 4} = 80$（元/天）

同理，可得出各工作的直接费用率，如图 1-45 所示。

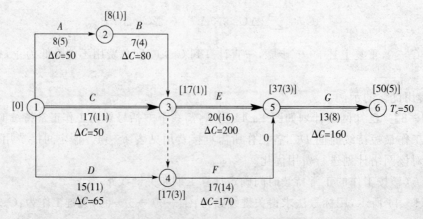

图 1-45　各项工作的直接费用率

（3）从图 1-45 可知,应确定直接费用率最小的关键工作 C 工作为压缩对象,在不改变关键线路情况下,只能缩短 2 天,如图 1-46 所示。则：

计算工期 $T_{c1}=50-2=48$（天）

总费用变化 $C_1=2\times50-2\times180=-260$（元）$<0$

（4）从图 1-46 可知,关键线路已变为 2 条:①—③—⑤—⑥和①—②—③—⑤—⑥,关键工作为 A、B、C、E、G。因为 C 工作费用率最小,应选择 C 工作来组合压缩方案,此时 C 工作组合压缩方案有两个：

压缩 A、C 工作:$\sum\{\Delta C\}=50+50=100$（元／天）

压缩 B、C 工作:$\sum\{\Delta C\}=50+80=130$（元／天）

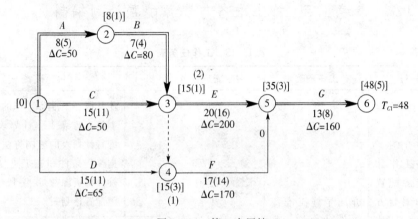

图 1-46　第一次压缩

应确定组合直接费用率最小的关键工作 A、C 工作为压缩对象,在不改变关键线路情况下,A、C 工作同时缩短 3 天,如图 1-47 所示。则：

计算工期 $T_{c2}=48-3=45$（天）

总费用变化 $C_2=3\times(50+50)-3\times180=-240$（元）$<0$

（5）从图 1-47 可知,关键线路已变为 3 条:①—③—⑤—⑥、①—②—③—⑤—⑥和①—④—⑤—⑥,关键工作为 A、B、C、D、E、F、G。此时 C 工作组合压缩方案有两个：

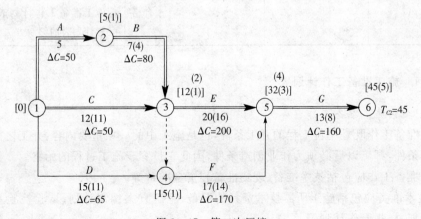

图 1-47　第二次压缩

压缩 B、C、D 工作：$\sum\{\Delta C\}=50+80+65=195$（元 / 天）

压缩 B、C、F 工作：$\sum\{\Delta C\}=50+80+170=300$（元 / 天）

因这两个方案都大于 G 工作的直接费用率，故确定 G 工作为压缩对象，因 G 工作为三条关键线路共有，可缩短 5 天至最短持续时间，如图 1 - 47 所示。则：

计算工期　$T_{c3}=45-5=40$（天）

总费用变化　$C_3=5\times160-5\times180=-100$（元）$<0$

因再压缩工期，$C_i>0$，工程总费用将会增加，即费用优化完成。最低总费用为：

$C=19300-260-240-100=18700$ 元，最优工期为 40 天。

情境 1.5　施工准备与资源配置计划编制

表 1 - 15　工作任务表

能力目标	主讲内容	学生完成任务	评价标准	
本节着重介绍了施工准备工作计划表与资源配置计划表的编制方法，通过学习，使学生掌握施工准备工作的内容。能够根据工程条件和施工进度计划计算资源数量，编制资源配置计划表	介绍了施工准备工作的内容。着重介绍了施工准备工作计划表与资源配置计划表的编制方法	根据本项目的基本条件，在学习过程中完成资源配置计划表的编制	优秀	能掌握施工准备工作的内容，掌握施工准备工作计划表与资源配置计划表的编制方法，能够根据工程条件和施工进度计划准确计算资源数量，编制合理的资源配置计划表
			良好	能掌握施工准备工作的内容，掌握施工准备工作计划表与资源配置计划表的编制方法，能够根据工程条件和施工进度计划计算资源数量，编制资源配置计划表
			合格	能掌握施工准备工作的内容，掌握施工准备工作计划表与资源配置计划表的编制方法

1.5.1　施工准备工作计划

1.5.1.1　施工准备工作

施工准备工作既是单位工程的开工条件，也是施工中的一项重要内容，开工之前必须为开工创造条件，开工以后必须为作业创造条件，因此它贯穿于施工过程的始终。

施工准备工作应包括技术准备、现场准备和资金准备等。

1. 技术准备应包括施工所需技术资料的准备、施工方案编制计划、试验检验及设备调试工作计划、样板制作计划等。

（1）主要分部（分项）工程和专项工程在施工前应单独编制施工方案，施工方案可根据工程进展情况,分阶段编制完成;对需要编制的主要施工方案应制订编制计划。

(2)试验检验及设备调试工作计划应根据现行规范、标准中的有关要求及工程规模、进度等实际情况制订。

(3)样板制作计划应根据施工合同或招标文件的要求并结合工程特点制订。

2. 现场准备应根据现场施工条件和工程实际需要,准备现场生产、生活等临时设施。

3. 资金准备应根据施工进度计划编制资金使用计划。

1.5.1.2　施工准备工作计划

施工准备工作应有计划地进行,为便于检查、监督施工准备工作的进展情况,使各项施工准备工作的内容有明确的分工,有专人负责,并规定期限,可编制施工准备工作计划,并拟在施工进度计划编制完成后进行。其表格形式如表1-16所示。

表1-16　施工准备工作计划表

序号	准备工作项目	工程量		简要内容	负责单位或负责人	起止日期		备注
		单位	数量			日/月	日/月	

施工准备工作计划是编制单位工程施工组织设计时的一项重要内容。在编制年度、季度、月度生产计划中也应一并考虑并做好贯彻落实工作。

1.5.2　资源配置计划

单位工程施工进度计划编制确定以后,根据施工图纸、工程量计算资料、施工方案、施工进度计划等有关技术资料,着手编制劳动力配置计划,各种主要材料、构件和半成品配置计划及各种施工机械的配置计划。它们不仅是为了明确各种技术工人和各种技术物资的配置,而且还是做好劳动力与物资的供应、平衡、调度、落实的依据,也是施工单位编制月、季生产作业计划的主要依据之一。它们是保证施工进度计划顺利执行的关键。

1.5.2.1　劳动力配置计划

劳动力配置计划,主要是作为安排劳动力的平衡、调配和衡量劳动力耗用指标、安排生活福利设施的依据。

劳动力配置计划的编制方法是将施工进度计划表内所列各施工过程每天(或旬月)所需工人人数按工种汇总而得。其表格形式如表1-17所示。

表1-17　劳动力配置计划表

序号	工种名称	需要人数	××月			××月			备注
			上旬	中旬	下旬	上旬	中旬	下旬	

1.5.2.2　主要材料配置计划

主要材料配置计划,是备料、供料和确定仓库、堆场面积及组织运输的依据,其编制方法是将施工进度计划表中各施工过程的工程量,按材料名称、规格、数量、使用时间计算汇总而得。其表格形式如表 1-18 所示。

对于某分部分项工程是由多种材料组成时,应按各种材料分类计算,如混凝土工程应换算成水泥、砂、石、外加剂和水的数量列入表格。

表 1-18　主要材料配置计划表

序号	材料名称	规格	需要量		需要时间						备注
			单位	数量	××月			××月			
					上旬	中旬	下旬	上旬	中旬	下旬	

1.5.2.3　构件和半成品配置计划

建筑结构构件、配件和其他加工半成品的配置计划主要用于落实加工订货单位,并按照所需规格、数量、时间,组织加工、运输和确定仓库或堆场,可根据施工图和施工进度计划编制。其表格形式如表 1-19 所示。

表 1-19　构件和半成品配置计划表

序号	构件、半成品名称	规格	图号、型号	配置		使用部位	制作单位	供应日期	备注
				单位	数量				

1.5.2.4　施工机械配置计划

施工机械配置计划主要用于确定施工机械的类型、数量、进场时间,可据此落实施工机械来源,组织进场。其编制方法为将单位工程施工进度计划表中的每一个施工过程每天所需的机械类型、数量和施工日期进行汇总,即得施工机械配置计划。其表格形式如表 1-20 所示。

表 1-20　施工机械配置计划表

序号	机械名称	型号	配置		现场使用起止时间	机械进场或安装时间	机械退场或拆卸时间	供应单位
			单位	数量				

情境 1.6　施工现场平面布置图设计

表 1-21　工作任务表

能力目标	主讲内容	学生完成任务	评价标准	
通过学习,使学生了解单位工程施工现场平面布置图的设计依据、内容和原则,掌握施工现场平面布置图的设计步骤和主要设计方法,能够根据现场条件和施工方案做出施工现场平面布置图	介绍了单位工程施工现场平面布置图的设计依据、内容和原则,重点介绍了施工现场平面布置图的设计步骤和主要设计方法	根据本项目的基本条件,在学习过程中完成施工现场平面布置图的设计	优秀	能熟悉单位工程施工现场平面布置图的设计依据、内容和原则,能够根据现场条件和施工方案做出合理优化的施工现场平面布置图
			良好	能熟悉单位工程施工现场平面布置图的设计依据、内容和原则,能够根据现场条件和施工方案做出施工现场平面布置图
			合格	能熟悉单位工程施工现场平面布置图的设计依据、内容和原则,掌握施工现场平面布置图的设计步骤和主要设计方法

1.6.1　单位工程施工现场平面布置图的设计依据、内容和原则

施工现场平面布置图是在施工用地范围内,对各项生产、生活设施及其他辅助设施等进行规划和布置的设计图。施工现场平面布置图也叫施工平面图,它既是布置施工现场的依据,也是施工准备工作的一项重要依据,它是实现文明施工、节约并合理利用土地、减少临时设施费用的先决条件。因此,它是施工组织设计的重要组成部分。施工平面图不仅要在设计时周密考虑,而且还要认真贯彻执行,这样才会使施工现场井然有序,使施工顺利进行,从而保证施工进度,提高效率和经济效果。

一般单位工程施工平面图的绘制比例为 1:200~1:500。

1.6.1.1　设计依据

在进行施工平面图设计前,首先应认真研究施工方案,并对施工现场进行深入细致地勘察和分析,而后对施工平面图设计所需要的资料认真收集,使设计与施工现场的实际情况相符,从而使其确实起到指导施工现场平面和空间布置的作用。单位工程施工平面图设计所依据的主要资料有:

1. 建筑总平面图,现场地形图,已有和拟建建筑物及地下设施的位置、标高、尺寸(包括地下管网资料);

2. 施工组织总设计文件;

3. 自然条件资料:如气象、地形、水文及工程地址资料;

4. 技术经济资料:如交通运输、水源、电源、物质资源、生活和生产基地情况;

5. 各种材料、构件、半成品构件需要量计划;

6. 各种临时设施和加工场地数量、形状、尺寸;

7. 单位工程施工进度计划和单位工程施工方案。

1.6.1.2　设计内容

1. 已建和拟建的地上、地下的一切建筑物以及各种管线等其他设施的位置和尺寸。

2. 测量放线标桩位置、地形等高线和土方取、弃场地。

3. 自行式起重机械的开行路线及轨道布置,或固定式垂直运输设备的位置、数量。

4. 为施工服务的一切临时设施或建筑物的布置,如材料仓库和堆场;混凝土搅拌站;预制构件堆场、现场预制构件施工场地布置;钢筋加工棚、木工房、工具房、修理站、化灰池、沥青锅、生活及办公用房等。

5. 场内外交通布置。包括施工场地内道路(临时道路、永久性或原有道路)的布置,引入的铁路、公路和航道的位置,场内外交通联接方式。

6. 一切安全及防火设施的位置。

1.6.1.3　设计原则

1. 保证施工顺利进行的前提下,现场布置尽量紧凑,占地要省,不占或少占农田。

2. 在满足施工要求的条件下,尽可能地减少临时设施并充分利用原有的建筑物或构筑物,降低费用。

3. 合理布置施工现场的运输道路及各种材料堆场、仓库位置、各类加工厂和各种机具的位置,尽量缩短运距,从而较少或避免二次搬运。

4. 各种临时设施的布置,尽量便于工人的生产和生活。

5. 平面布置要符合劳动保护、环境保护、施工安全和防火要求。

根据上述基本原则并结合施工现场的具体情况,施工平面图的布置可有几种不同方案,通过技术经济比较,从中找出最合理、经济、安全、先进的布置方案。

1.6.2　单位工程施工现场平面布置图的设计步骤

单位工程施工平面图的设计步骤如图 1-48 所示。

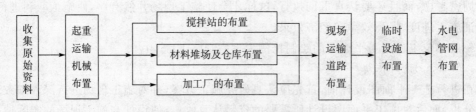

图 1-48　单位工程施工平面图的设计步骤

1.6.2.1　起重运输机械的布置

起重运输机械的位置直接影响搅拌站、加工厂及各种材料、构件的堆场或仓库等位置和道路、临时设施及水、电管线的布置等,因此,它是施工现场全局的中心环节,应首先确定。由于各种起重机械的性能不同,其布置位置亦不相同。

1. 固定式垂直运输机械的位置

固定式垂直运输机械有井架、龙门架、桅杆等,这类设备的布置主要根据机械性能、建筑物的平面形状和尺寸、施工段划分的情况、材料来向和已有运输道路情况而定。其布置原则是：充分发挥起重机械的能力，并使地面和楼面的水平运距最小。布置时应考虑以下几个方面：

（1）当建筑物各部位的高度相同时，应布置在施工段的分界线附近；当建筑物各部位的高度不同时，应布置在高低分界线较高部位一侧，以使楼面上各施工段的水平运输互不干扰。

（2）井架、龙门架的位置以布置在窗口处为宜，以避免砌墙留槎和减少井架拆除后的修补工作。

（3）井架、龙门架的数量要根据施工进度、垂直提升构件和材料的数量、台班工作效率等因素计算确定，其服务范围一般为 50～60 m。

（4）卷扬机的位置不应距离起重机械过近，以便司机的视线能够看到整个升降过程。一般要求此距离大于建筑物的高度，水平距外脚手架 3 m 以上。

2. 有轨式起重机的轨道布置

有轨式起重机的轨道一般沿建筑物的长向布置，其位置和尺寸取决于建筑物的平面形状和尺寸、构件自重、起重机的性能及四周施工场地的条件。通常轨道布置方式有两种：单侧布置、双侧布置（或环状布置）；当建筑物宽度较小、构件自重不大时，可采用单侧布置方式；当建筑物宽度较大，构件自重较大时，应采用双侧布置（或环形布置）方式。如图 1 - 49 所示。

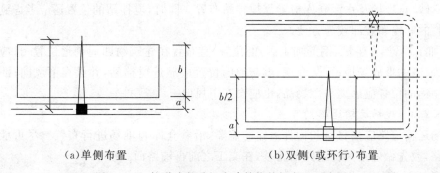

　　（a）单侧布置　　　　　　　　　　（b）双侧（或环行）布置

图 1 - 49　轨道式起重机在建筑物外侧布置示意图

轨道布置完成后，应绘制出塔式起重机的服务范围。它是以轨道两端有效端点的轨道中点为圆心，以最大回转半径为半径画出两个半圆，连接两个半圆，即为塔式起重机服务范围。塔式起重机服务范围之外的部分则称为"死角"。

在确定塔式起重机服务范围时，一方面要考虑将建筑物平面最好包括在塔式起重机服务范围之内，以确保各种材料和构件直接吊运到建筑物的设计部位上去，尽可能避免死角。如果确实难以避免，则要求死角范围越小越好，同时在死角上不出现吊装最重、最高的构件，并且在确定吊装方案时提出具体的安全技术措施，以保证死角范围内的构件顺利安装。为了解决这一问题，有时还将塔吊与井架或龙门架同时使用，但要确保塔吊回转时无碰撞的可能，以保证施工安全。另一方面，在确定塔式起重机服务范围时，还应考虑有较宽敞的施工用地，以便安排构件堆放及搅拌出料进入料斗后能直接挂钩起吊。主要临时道路也宜安排在塔吊服务范围之内。

3. 无轨自行式起重机的开行路线

无轨自行式起重机械分为履带式、轮胎式、汽车式三种起重机。它一般不用作水平运输和垂直运输,专用作构件的装卸和吊装。吊装时的开行路线及停机位置主要取决于建筑物的平面布置、构件自重、吊装高度和吊装方法等。

1.6.2.2　搅拌站、加工厂及各种材料、构件的堆场或仓库的布置

搅拌站、各种材料、构件的堆场或仓库的位置应尽量靠近使用地点或在塔式起重机服务范围之内,并考虑到运输和装卸的方便。

1. 当起重机的位置确定后,再布置材料、构件的堆场及搅拌站。材料堆放应尽量靠近使用地点,减少或避免二次搬运,并考虑运输及卸料方便。基础施工时使用的各种材料可堆放在基础四周,但不宜距基坑(槽)边缘太近,以防压塌土壁。

2. 当采用固定式垂直运输设备时,材料、构件堆场应尽量靠近垂直运输设备,以缩短地面水平运距;当采用轨道式塔式起重机时,材料、构件堆场以及搅拌站出料口等均应布置在塔式起重机有效起吊服务范围之内;当采用无轨自行式起重机时,材料、构件堆场及搅拌站的位置,应沿着起重机的开行路线布置,且应在起重臂的最大起重半径范围之内。

3. 预制构件的堆放位置要考虑到吊装顺序。先吊的放在上面,后吊的放在下面,预制构件的进场时间应与吊装就位密切配合,力求直接卸到其就位位置,避免二次搬运。

4. 搅拌站的位置应尽量靠近使用地点或靠近垂直运输设备。有时在浇筑大型混凝土基础时,为了减少混凝土运输,可将混凝土搅拌站直接设在基础边缘,待基础混凝土浇完后再转移。砂、石堆场及水泥仓库应紧靠搅拌站布置。同时,搅拌站的位置还应考虑到使这些大宗材料的运输和装卸较为方便。

5. 加工厂(如木工棚、钢筋加工棚)的位置,宜布置在建筑物四周稍远位置,且应有一定的材料、成品的堆放场地;石灰仓库、淋灰池的位置应靠近搅拌站,并设在下风向;沥青堆放场及熬制锅的位置应远离易燃物品,也应设在下风向。

1.6.2.3　现场运输道路的布置

现场运输道路应按材料和构件运输的需要,沿着仓库和堆场进行布置。尽可能利用永久性道路,或先做好永久性道路的路基,在交工之前再铺路面。

1. 施工道路的技术要求

(1)道路的最小宽度及最小转弯半径:通常汽车单行道路宽应不小于 3~3.5 m,转弯半径不小于 9~12 m,双行道路宽应不小 5.5~6.0 m,转弯半径不小于 7~12 m。

(2)架空线及管道下面的道路,其通行空间宽度应比道路宽度大 0.5 m,空间高度应大于 4.5 m。

2. 临时道路路面种类和做法

为排除路面积水,道路路面应高出自然地面 0.1~0.2 m,雨量较大的地区应高出 0.5 m 左右。道路两侧一般应结合地形设置排水沟,沟深不小于 0.4 m,底宽不小于 0.3 m。路面种类和做法如表 1-22 所示。

表 1-22　临时道路路面种类和做法

路面种类	特点及使用条件	路基土壤	路面厚度 (cm)	材料配合比
级配砾石路面	雨天能通车,可通行较多车辆,但材料级配要求严格	砂质土	10～15	体积比: 粘土:砂:石子=1:0.7:3.5 重量比:面层:粘土 13 %～15 %, 砂石料 85 %～87 % 底层:粘土 10 %,砂石混合料 90 %
		粘质土或黄土	14～18	
碎(砾)石路面	雨天能通车,碎砾石本身含土多,不加砂	砂质土	10～18	碎(砾)石>65 %,当地土含量≤35 %
		砂质土或黄土	15～20	
碎砖路面	可维持雨天通车,通行车辆较少	砂质土	13～15	垫层:砂或炉渣 4～5 cm 底层:7～10 cm 碎砖面层:2～5 cm 碎砖
		粘质土或黄土	15～18	
炉渣或矿渣路面	可维持雨天通车,通行车辆较少	一般土	10～15	炉渣或矿渣 75 %,当地土 25 %
		较松软时	15～30	
砂土路面	雨天停车,通行车辆较少	砂质土	10～20	粗砂 50 %,细砂、风砂和粘质土 50 %
		粘质土	15～30	
风化石屑路面	雨天停车,通行车辆较少	一般土	10～15	石屑 90 %,粘土 10 %
石灰土路面	雨天停车,通行车辆较少	一般土	10～13	石灰 10 %,当地土 90 %

3. 施工道路的布置要求

现场运输道路布置时应保证车辆行驶通畅,能通到各个仓库及堆场,最好围绕建筑物布置成一条环形道路,以便运输车辆回转、调头方便。要满足消防要求,使车辆能直接开到消火栓处。

1.6.2.4　行政管理、文化生活、福利用临时设施的布置

办公室、工人休息室、门卫室、开水房、食堂、浴室、厕所等非生产性临时设施的布置,应考虑使用方便,不妨碍施工,符合安全、卫生、防火的要求。要尽量利用已有设施或已建工程,必须修建时要经过计算,合理确定面积,努力节约临时设施费用。通常,办公室的布置应靠近施工现场,宜设在工地出入口处;工人休息室应设在工人作业区,宿舍应布置在安全的上风向;门卫、收发室宜布置在工地出入口处。具体布置时房屋面积可参考表 1-23。

1.6.2.5　水、电管网的布置

1. 施工供水管网的布置

施工供水管网首先要经过计算、设计,然后进行设置,其中包括水源选择、用水量计算(包括生产用水、机械用水、生活用水、消防用水等)、取水设施、贮水设施、配水布置、管径的计算等。

表 1-23　行政管理、临时宿舍、生活福利用临时房屋面积参考表

序号	临时房屋名称	单位	参考面积(m²)
1	办公室	m²/人	3.5
2	单层宿舍(双层床)	m²/人	2.6~2.8
3	食堂兼礼堂	m²/人	0.9
4	医务室	m²/人	0.06(≥30m²)
5	浴室	m²/人	0.10
6	俱乐部	m²/人	0.10
7	门卫、收发室	m²/人	6~8

(1)单位工程施工组织设计的供水计算和设计可以简化或根据经验进行安排,一般5000~10000 m²的建筑物,施工用水的总管径为 100 mm,支管径为 40 mm 或 25 mm。

(2)消防用水一般利用城市或建设单位的永久消防设施。如自行安排,应按有关规定设置,消防水管线的直径不小于 100 mm,消火栓间距不大于 120 m。布置应靠近十字路口或道边,距道边应不大于 2 m,距建筑物外墙不应小于 5 m,也不应大于 25 m,且应设有明显的标志,周围 3 m 以内不准堆放建筑材料。

(3)高层建筑的施工用水应设置蓄水池和加压泵,以满足高空用水的需要。

(4)管线布置应使线路长度短,消防水管和生产、生活用水管可以合并设置。

(5)为了排除地表水和地下水,应及时修通下水道,并最好与永久性排水系统相结合,同时,根据现场地形,在建筑物周围设置排除地表水和地下水的排水沟。

2. 施工用电线网的布置

施工用电的设计应包括用电量计算、电源选择、电力系统选择和配置。用电量包括电动机用电量、电焊机用电量、室内和室外照明容量等。如果是扩建的单位工程,可计算出施工用电总数请建设单位解决,不另设变压器;单独的单位工程施工,要计算出现场施工用电和照明用电的数量,选择变压器和导线的截面及类型。变压器应布置在现场边缘高压线接入处,距地面高度应大于 35 cm,在 2 m 以外的四周用高度大于 1.7 m 铁丝网围住,以确保安全,但不宜布置在交通要道口处。

必须指出,建筑施工是一个复杂多变的生产过程,各种材料、构件、机械等随着工程的进展而逐渐进场,又随着工程的进展而消耗、变动,因此,在整个施工生产过程中,现场的实际布置情况是在随时变动的。对于大型工程、施工期限较长的工程或现场较为狭窄的工程,就需要按不同的施工阶段分别布置几张施工平面图,以便能把在不同的施工阶段内现场的合理布置情况全面地反映出来。

情境 1.7　主要技术组织措施编制

表 1-24　工作任务表

能力目标	主讲内容	学生完成任务	评价标准	
学生了解施工管理计划的基本内容，掌握施工管理计划编制的一般步骤及主要要求；掌握房屋建筑工程主要施工技术组织措施的基本内容	施工管理计划的基本内容；房屋建筑工程主要施工技术组织措施的要求与一般内容	根据本项目的基本条件，在学习过程中完成主要技术组织措施的编制	优秀	了解施工管理计划的基本内容，并根据具体工程条件编制各项施工管理计划；能够根据工程特点编制房屋建筑工程施工技术组织措施
			良好	了解施工管理计划的基本内容，掌握施工管理计划编制的一般步骤；能够编制典型房屋建筑工程施工技术组织措施
			合格	了解施工管理计划的基本内容；熟悉房屋建筑工程主要施工技术组织措施的基本内容

1.7.1　施工管理计划与技术组织措施

1.7.1.1　施工管理计划的基本内容

施工管理计划在目前多作为管理和技术措施编制在施工组织设计中，这是施工组织设计必不可少的内容。施工管理计划涵盖很多方面的内容，可根据工程的具体情况加以取舍。在编制施工组织设计中，施工管理计划可单独成章，也可穿插在施工组织设计的相应章节中。

施工管理计划一般包括以下内容：

1. 进度管理计划

项目进度管理应按照项目施工的技术规律和合理的施工顺序，保证各工序在时间和空间上顺利衔接。

不同的工程项目其施工技术规律和施工顺序不同，即使是同一类工程项目，其施工顺序也难以做到完全相同。因此必须根据工程特点，按照施工的技术规律和合理的组织关系，解决各工序在时间和空间上的先后顺序和搭接关系，已达到保证质量、安全施工、充分利用空间、争取时间、实现经济合理安排进度的目的。

进度管理计划一般内容有以下几个方面：

(1)将总体进度计划进行一系列从总体到细部、从高层次到基础层次的层层分解，一直分解到在施工现场可以直接调度控制的分部分项工程或施工作业过程为止。通过阶段性目标的实现保证最终工期目标的完成。

(2)建立施工进度管理的组织机构并明确职责，制定相应管理制度。施工进度管理的组织机构是实现进度计划的组织保证，它既是施工进度计划的实施组织，又是施工进度计划的控制组织;既要承担进度计划实施赋予的生产管理和施工任务,又要承担进度控制目标,对进度控制负责,因此需要严格落实有关管理制度和职责。

(3)针对不同施工阶段的特点,制定进度管理的相应措施,包括施工组织措施、技术措施和合同措施等。

(4)建立施工进度动态管理机制,及时纠正施工过程中的进度偏差,并制定特殊情况下的赶工措施。

面对不断变化的客观条件,施工进度往往会产生偏差;当发生实际进度比计划进度超前或落后时,控制系统就要作出应有的反应:采取相应的措施,调整原来的计划,使施工活动在新的起点上按调整后的计划继续运行。如此循环往复,直至预期计划目标的实现。

(5)根据项目周边环境特点,制定相应的协调措施,减少外部因素对施工进度的影响。

项目周边环境是影响施工进度的重要因素之一,其不可控性大,必须重视诸如环境扰民、交通组织和偶发意外等因素,采取相应的协调措施。

2. 质量管理计划

施工单位应按照《质量管理体系要求》GB/T19001 建立本单位的质量管理体系文件。质量管理计划在施工单位质量管理体系的框架内编制。质量管理应按照 PDCA 循环模式,加强过程控制,通过持续改进提高工程质量。

质量管理计划一般内容有以下几个方面:

(1)应制定具体的项目质量目标,质量目标不低于工程合同明示的要求;质量目标应尽可能地量化和层层分解到最基层,建立阶段性目标。质量指标应具有可测量性。

(2)建立项目质量管理的组织机构并明确职责。

应明确质量管理组织机构中重要岗位的职责,与质量有关的各岗位人员应具备与职责要求匹配的相应知识、能力和经验。

(3)制定符合项目特点的技术保障和资源保障措施,通过可靠的预防控制措施,保证质量目标的实现。

应采取各种有效措施,确保项目质量目标的实现。这些措施包含但不局限于原材料、构配件、机具的要求和检验,主要的施工工艺、主要的质量标准和检验方法,夏期、冬期和雨期施工的技术措施,关键过程、特殊过程、重点工序的质量保证措施,成品、半成品的保护措施,工作场所环境以及劳动力和资金的保障措施等。

(4)建立质量过程检查制度,并对质量事故的处理作出相应的规定。

按质量管理八项原则中的过程方法要求,将各项活动和相关资源作为过程进行管理,建立质量过程检查、验收以及质量责任制等相关制度,对质量检查和验收标准作出规定,采取有效的纠正和预防措施,保障各工序和过程的质量。

3. 安全管理计划

目前大多数施工单位基于《职业健康安全管理体系规范》GB/T28001 通过了职业健康安全管理体系认证,建立了企业内部的安全管理体系。安全管理计划应在企业安全管理体系的框架内,针对项目的实际情况编制。

安全管理计划应包括以下内容:

(1)确定项目重要危险源,制定项目职业健康安全管理目标。

建筑施工安全事故(危害)通常分为七大类:高处坠落、机械伤害、物体打击、坍塌倒塌、火灾爆炸、触电和窒息中毒。

（2）建立有管理层次的项目安全管理组织机构并明确职责。

安全管理计划应针对项目具体情况,建立安全管理组织,制定相应的管理目标、管理制度、管理控制措施和应急预案等。

（3）根据项目特点,进行职业健康安全方面的资源配置。

（4）建立具有针对性的安全生产管理制度和职工安全教育培训制度。

（5）针对项目重要危险源,制定相应的安全技术措施;对达到一定规模的危险性较大的分部（分项）工程和特殊工种的作业应制订专项安全技术措施的编制计划。

（6）根据季节、气候的变化,制定相应的季节性安全施工措施。

（7）建立现场安全检查制度,并对安全事故的处理做出相应的规定。

4. 环境管理计划

施工现场环境管理越来越受到建设单位和社会各界的重视,同时各级地方政府也不断出台新的环境监管措施,环境管理计划已成为施工组织设计的重要组成部分。对于通过环境管理体系认证的施工单位,环境管理计划应在企业环境管理体系的框架内,针对项目的实际情况编制。

环境管理计划应包括以下内容:

（1）确定项目重要环境因素,制定项目环境管理目标。

一般来说,建筑工程常见的环境因素包括如下内容:

①大气污染;

②垃圾污染;

③建筑施工中施工机械发出的噪声和强烈的振动;

④光污染;

⑤放射性污染;

⑥生产、生活污水排放。

（2）建立项目环境管理的组织机构并明确职责。

（3）根据项目特点,进行环境保护方面的资源配置。

（4）指定现场环境保护的控制措施。

（5）建立现场环境检查制度,并对环境事故的处理做出相应的规定。

应根据建筑工程各阶段的特点,依据分部（分项）工程进行环境因素的识别和评价,并制定相应的管理目标、控制措施和应急预案。

5. 成本管理计划

成本管理计划应以项目施工预算和施工进度计划为依据编制。

成本管理计划应包括以下内容:

（1）根据项目施工预算,制定项目施工成本目标。

（2）根据施工进度计划,对项目施工成本目标进行分解。

（3）建立施工成本管理组织机构并明确职责,制定相应管理制度。

（4）采取合理的技术、组织和合同等措施,控制施工成本。

（5）确定科学的成本分析方法,制定必要的纠偏措施。

成本管理和其他施工目标管理类似,开始于确定目标,继而进行目标分解,组织人员配置,落实相关管理制度和措施,并在实施过程中进行纠偏,以实现预定的目标。

成本管理是与进度管理、质量管理、安全管理和环境管理等同时进行的,是针对整个项目目标系统所实施的管理活动的一个组成部分。在成本管理中,要协调好与进度、质量、安全和环境等的关系,不能片面强调成本节约。

6. 其他管理计划

其他管理计划宜包括绿色施工管理计划、防火保安管理计划、合同管理计划、组织协调管理计划、创优质工程管理计划、质量保修管理计划以及对施工现场人力资源、施工机具、材料设备等生产要素的管理计划等。

其他管理计划可根据项目的特点和复杂程度加以取舍。

各项管理计划的内容应有目标、组织机构、资源配置、管理制度和技术、组织措施等。

特殊项目的管理可在此基础上相应增加其他管理计划,以保证建筑工程的实施处于全面受控状态。

1.7.1.2 技术组织措施

技术组织措施是施工管理计划的一部分内容,目前施工组织设计中往往独立编制。

技术组织措施是指在技术和组织方面对保证工程质量、安全、节约和文明施工等方面所采用的方法。这些方法既有一定的规律性和通用性,又要根据工程项目特点具有一定的创造性和个性。

1. 质量保证措施

保证工程质量的关键是对施工组织设计的工程对象经常发生的质量通病制定防治措施,可以按照各主要分部分项工程提出的质量要求,也可以按照各工种工程提出的质量要求。保证工程质量的措施通常可以从以下方面考虑:

(1)确保拟建工程定位、放线、轴线尺寸、标高测量等准确无误的措施。

(2)为了确保地基土壤承载能力符合设计规定的要求而应采取的有关技术组织措施。

(3)各种基础、地下结构、地下防水施工的质量措施。

(4)确保主体承重结构各主要施工过程的质量要求;各种预制承重构件检查验收的措施;各种材料、半成品、砂浆、混凝土等检验及使用要求。

(5)对新结构、新工艺、新材料、新技术的施工操作提出质量措施或要求。

(6)冬、雨期施工的质量措施。

(7)屋面防水施工、各种抹灰及装饰操作中,确保施工质量的技术措施。

(8)解决质量通病措施。

(9)执行施工质量的检查、验收制度。

(10)提出各分部工程的质量评定的目标计划等。

2. 安全施工措施

安全施工措施应贯彻安全操作规程,对施工中可能发生的安全问题进行预测,有针对性地提出预防措施,杜绝施工中伤亡事故的发生。安全施工措施主要包括:

(1)提出安全施工宣传、教育的具体措施;对新工人进场上岗前必须作安全教育及安全操作的培训;

(2)针对拟建工程地形、环境、自然气候、气象等情况,提出可能突然发生自然灾害时有关施工安全方面的若干措施及具体的办法,以便减少损失,避免伤亡;

(3)提出易燃、易爆品严格管理及使用的安全技术措施;

(4)防火、消防措施;高温、有毒、有尘、有害气体环境下操作人员的安全要求和措施;

(5)土方、深坑施工,高空、高架操作,结构吊装、上下垂直平行施工时的安全要求和措施;

(6)各种机械、机具安全操作要求,交通、车辆的安全管理;

(7)各处电器设备的安全管理及安全使用措施;

(8)狂风、暴雨、雷电等各种特殊天气发生前后的安全检查措施及安全维护制度。

3. 降低成本措施

降低成本措施的制定应以施工预算为尺度,以企业(或基层施工单位)年度、季度降低成本计划和技术组织措施计划为依据进行编制。要针对工程施工中降低成本潜力大的(工程量大、有采取措施的可能性及有条件的)项目,充分开动脑筋,把措施提出来,并计算出经济效益和指标,加以评价、决策。这些措施必须是不影响质量且能保证安全的,它应考虑以下几方面:

(1)生产力水平是先进的;

(2)有精心施工的领导班子来合理组织施工生产活动;

(3)有合理的劳动组织,以保证劳动生产率的提高,减少总的用工数;

(4)物资管理的计划性,从采购、运输、现场管理及竣工材料回收等方面,最大限度地降低原材料、成品和半成品的成本;

(5)采用新技术、新工艺,以提高工效,降低材料耗用量,节约施工总费用;

(6)保证工程质量,减少返工损失;

(7)保证安全生产,减少事故频率,避免意外工伤事故带来的损失;

(8)提高机械利用率,减少机械费用的开支;

(9)增收节支,减少施工管理费的支出;

(10)工程建设提前完工,以节省各项费用开支。

降低成本措施应包括节约劳动力、材料费、机械设备费用、工具费、间接费及临时设施费等措施。一定要正确处理降低成本、提高质量和缩短工期三者的关系,对措施要计算经济效果。

4. 现场文明施工措施

(1)施工现场的围挡与标牌,出入口与交通安全,道路畅通,场地平整;

(2)暂设工程的规划与搭设,办公室、更衣室、食堂、厕所的安排与环境卫生;

(3)各种材料、半成品、构件的堆放与管理;

(4)散碎材料、施工垃圾运输,以及其他各种环境污染,如搅拌机冲洗废水、油漆废液、灰浆水等施工废水污染,运输土方与垃圾、白灰堆放、散装材料运输等粉尘污染,熬制沥青、熟化石灰等废气污染,打桩、搅拌混凝土、振捣混凝土等噪声污染;

(5)成品保护;

(6)施工机械保养与安全使用;

(7)安全与消防。

1.7.2　本项目的技术组织措施

1.7.2.1　施工质量保证措施

1. 质量体系的建立

(1)为确保本工程施工质量达到现行施工及验收规范的合格工程标准,并创市优质工程,建立了以项目经理为首,以项目质安组为主体,公司总工程师、质量安全科、监理、市质量监督总站实施逐级监督,公司各职能部门、各专业科室积极配合的多层次质量管理保证体系,全面控制每一个分项、分部工程质量。

(2)按 GB/T19001—2000 系列标准,根据公司质量保证体系的要求,结合本工程的实际情况,建立由公司总工程师领导、项目技术负责人负责的质量管理机构,使整个质量保证体系协调运作,工程的质量始终处于受控状态。

(3)实行目标管理,进行目标分解,按单位工程、分部工程、分项工程把责任落实到相应的部门和人员。

(4)积极开展质量管理(QC)小组的活动,工人、技术人员、项目领导"三结合",针对技术质量关键组织攻关,并积极做好 QC 成果的推广应用工作。

2. 质量管理组织措施

(1)各分项工程质量管理严格执行"三检制"(即自检、互检和交接检、专业检),隐蔽工程作好隐、预检记录,质检员作好复检工作并请甲方、监理、市质检站代表验收。

(2)专业工长作好每一次的技术交底工作,严格按图施工,不得任意更改原设计图纸,遇有疑难问题必须和甲方、监理、设计单位协商解决。

(3)各种不同类型、不同型号的材料要分别堆放整齐,钢筋在运输和储存时,必须保留标牌,按批分类,同时应避免锈蚀和污染。

(4)电焊工必须经考试合格后才能上岗作业,焊缝厚度、长度必须符合设计要求,做到不咬肉、不夹渣、无砂眼。

(5)加强成品、半成品保护工作,如钢筋在绑扎以后,要及时在过往通道上铺垫木板防止踩踏,浇筑混凝土和绑扎钢筋交叉施工时,一定注意施工方向和顺序。

(6)工程在交付使用后一年内提供无偿保修,并由有关领导到建设单位回访,听取用户对工程质量的意见,为进一步改进施工质量提供依据。

3. 施工过程的质量控制

(1)施工准备过程的质量控制

①技术文件准备。根据公司质量保证手册、程序文件,结合本工程的实际情况,编制施工组织设计及单项施工方案,编写作业指导书和质量检验计划。

②管理文件准备。编制项目质量保证计划,明确质量职责,确定项目创优计划,制定相应的质量制度。

③图纸会审。在施工前必须进行图纸会审,找出图纸差错,提出改进意见,查看施工手册和条件是否符合,能否满足设计技术要求,对关键工序、特殊工序,如预应力钢筋混凝土工程、钢筋焊接工程、卫生间渗漏工程、屋面防水工程等,均应制定专门的技术措施和控制办法。

④对材料供应商进行评估和审核,建立合格的供应商名册,选择与本公司多次合作且信

誉可靠的供应商。材料进场必须有出厂合格证,对进场原材料的检验应由材料员及试验员负责,材料员负责材料的外观物理性能检验,试验员负责材料的化学性能检验,经检验合格后方可留用。

⑤拟订材料计划,做好材料进场的准备工作。材料进场后应做好标记,注明品种、规格、数量、进场日期,进场原材料应分类堆码整齐、规则,特殊材料进行专人专处保管。

⑥合理配备施工机械,保证工程施工进度和工程质量。

⑦采用质量预控法,把质量管理由事后检查转变为事前控制,达到"预防为主"的目的。

(2)施工过程中的质量控制

①严格按施工图纸和施工技术规范的要求进行施工,并认真按公司质量体系文件之《项目质量控制程序》运作,严格抓好施工中产品和工艺质量的控制。

②各分项工程施工前,施工员应对作业班组进行详细的技术交底、质量交底,明确分项工程质量要求以及操作时应注意的事项。

③在分项工程施工过程中,施工员应根据施工与验收规范的要求随时检查分项工程质量,工程施工中严格执行"三检制"。检查不合格的要进行整改,然后再复查,直到合格为止。

④质检员对工程的质量检查和核定按照规范进行。

⑤做好成品保护,下道工序的操作者即为上道工序的成品保护者,后续工序不得以任何借口损坏前一道工序的产品。

⑥单位工程完成后,由项目资料员整理全部工程技术资料,并填写《质量保证资料核查表》,由公司技术负责人组织人员对工程的观感进行评定,并填写《单位工程质量综合评定表》,签字盖章后送当地质监站、监理单位、业主进行核定。

⑦及时准确地收集质量保证资料,并做好整理归档工作,为整个工程积累原始准确的质量档案。

4. 重点质量保证措施

(1)模板工程质量保证技术措施

①模板安装必须要有足够的强度、刚度和稳定性,拼缝严密,模板最大拼缝宽度应控制在 1.5 mm 以内。

②为了提高工效,保证质量,模板重复使用时应编号定位,清理干净模板上砂浆,刷隔离剂,使混凝土达到不掉角、不脱皮、表面光洁。

③精心处理柱、梁、板交接处的模板拼装,做到稳定、牢固、不漏浆。

④固定在模板上的预埋件和预留孔洞均不得遗漏,安装必须牢固,位置准确,其允许偏差均应控制在允许值内。

⑤对抗渗有要求的混凝土,模板必须在 7 天以后才能拆模。

(2)钢筋工程质量保证措施

①进入施工现场的钢筋必须要有出厂证明书或试验报告单、标牌,由材料员和质检员按照规范标准分批抽检验收,合格后方能加工使用。

②钢筋的规范、数量、品种、型号均应符合图纸要求,绑扎成形的钢筋骨架不得超出规范规定的允许偏差范围。

③钢筋的接头焊接必须按设计要求和规范标准进行焊接和搭接,钢筋焊接的质量符合《钢筋焊接及验收规范》规定。

④为了保证楼板施工时,上、下层钢筋位置准确,在梁中部区域每 3 m 加设支撑和混凝土垫块,保证上层钢筋网不踩踏和变形。

⑤独立柱钢筋固定方法:插筋前,在上、下层钢筋网上放置一定位箍筋并与底板筋点焊连接,插筋放置后再在底面标高以上 800 mm 处扎三道箍筋将柱插筋予以固定。

⑥混凝土浇筑时,对钢筋尤其是柱的插筋用经纬仪进行跟踪测量,发现问题及时纠正。

(3)混凝土工程质量保证措施

①选择质量可靠的商品混凝土供应站的混凝土,确保混凝土的质量。

②混凝土配合比按设计要求进行试配,该工程由常州市中心试验室来完成。

③混凝土浇筑若遇雨天时,应及时调整混凝土配合比,并做好已浇混凝土保护。

④混凝土浇筑前,模板内部应清洗干净,严禁踩踏钢筋,踩踏变形的钢筋应及时地在浇注前复位。下落的混凝土不得发生离析现象,应保证好混凝土表面层养护工作,由专人负责。

⑤对班组进行施工技术交底,浇捣实行挂牌制,谁浇捣的混凝土部位,就由谁负责混凝土的浇捣质量,要保证混凝土的质量达到内实外光。

(4)其他质量措施

①对主要的分项工程(模板、钢筋、混凝土)实行质量预控。

②严格质量检查验收,各班组在自检、互检的基础上进行交接检查,上道工序不合格决不允许进行下道工序施工。

③所有隐蔽工程都应按规定填写隐蔽工程记录,并以监理、市质检站及施工单位三方共同签字认可之后,才能进行下道工序施工。

④每层放线均采用经纬仪测量放线,不得借用下层轴线或用线坠往上引线,以防柱子位移,每层放线后坚持作好复检。

5. 进场材料质量保证措施

本工程的材料采购及进场检验复测,均按照公司 ISO1900—2000《质量手册》的相关要求严格执行,确保进场材料质量符合相关要求。

(1)材料采购质量保证措施

①项目部材料员、质检员根据工程项目的实际需要,对 B 类物资供应商进行质量信誉、社会信誉、供货能力等资料的收集调查工作,填写《供应商评定表》,报公司材料设备科备案审批,经批准后采购(若供应商列在公司 B 类合格供应商名单中,直接选用,如在名单之外,须按上述方式评审)。

②项目部材料员按工程材料实际用量编制工程主要材料采购加工计划表,A 类物资填写《工程主要材料用量计划表》,项目经理批准后上报业主材料科,由业主统一采购及时供货,B 类物资项目材料员负责采购。

③项目部材料员,对 B 类物资的采购合同必须建立台账,填写《物资合同台账》。

(2)材料进场检验制度及措施

①项目材料员对施工进场物资,必须进行检验,取样员取样试验(包括业主提供的物资),并填写收货物资检验试验记录。若检验和验证与要求不符,材料员必须及时通知责任方,由责任方负责对物资进行复检、验证。

②项目施工员编制材料检验试验计划,项目技术负责人审核批准,材料员和取样员负责

实施。本项目确定的试验单位为:常州市建设工程质量检验测试中心。送验单须填清送验物资名称、数量、使用部位等有关内容,见证员签字。对要求必须试验的物资,不经试验均不能投入施工中去。

③对须检验试验的物资,由材料员做好物资的状态标识。不合格品予以隔离,按《不合格品控制程序》填写不合格品记录。

④对紧急放行物资,经项目经理批准,可紧急放行,材料员作好标识,进行跟踪,填好紧急放行记录,以便追溯。

1.7.2.2　施工安全保证措施

1. 安全生产保证体系

我们结合本工程的规模,决定成立以项目经理为首的安全生产管理小组,配置 1 名专职安全员,下设 2~3 名经培训合格的安全工从事安全防护工作。各生产班组设兼职安全员从事安全情况监督与信息反馈工作,从而建立起一套完整有效的安全管理体系。

安全生产小组每周进行一次全面的安全检查,对检查的情况予以通报,严格奖罚,对发现的问题,落实到人,限期整改。

2. 安全生产技术措施

(1)建立以项目经理为组长,技术负责人、专职安全员为副组长,工长为组员的项目安全生产领导小组,坚持例会制度。

(2)认真做好三级安全教育工作,不参加者坚决不准进场。

(3)每一分部分项工程施工前必须由专业工长下达书面安全技术交底,班组履行签字手续后才能施工。

(4)每天早晨上班前提前 15 分钟参加工种安全交底会,不参加的职工当天不准上班,按旷工处理。

(5)外架搭设应按照操作规范进行,水平每隔 7 m,竖向每隔 4 m 设一拉结点。

(6)外架四周设封闭安全栏杆,并用密目安全网封闭,每隔三层还要固定一道水平网。

(7)楼层内部要做好"四口"防护,300 mm × 300 mm 以内洞口上设固定盖板,超过 300 mm × 300 mm 的洞口在施工过程中增加 Φ6 双向钢筋网,在工程完工前割除。

(8)不准擅自拆除施工现场安全防护设施及外架安全防护网、拉结杆。

(9)拆除模板必须由施工技术员同意,操作时应按顺序分段进行,严禁猛撬、硬砸或大面积拉倒。

(10)不准在外架上堆放材料。

(11)每周五组织一次由项目经理、主管工长、质检员、安全员参加的质量安全、文明施工大检查;每两周按照《施工现场安全管理规定》,对工地进行一次全面检查,对安全隐患立即整改。

(12)多人抬运钢筋时,起、落、转、停动作必须一致,人工上下传递不得在同一垂直线上。

(13)使用电动工具(如手电钻、手电锯、圆盘锯)前检查安全装置是否完好,运转是否正常,使用时严格按操作规程作业。

(14)高空作业时,操作工具和余料应放稳妥,防止坠落伤人。

(15)操作平台应牢固,严禁站在脚手架栏杆、阳台栏板、新砌砌体墙等不稳妥平台上操作。

(16)起吊钢筋下方严禁站人,必须待起吊钢筋离地 1 m 以后再靠近就位支撑和解钩。

(17)特殊工种必须做到持证上岗,学徒工不得独立作业。

(18)电焊机上设防雨盖,下设防潮垫,一二次电源接头处要有防护装置,二次线使用接线柱,一次电源采用橡胶套电缆或穿塑料软管,长度≥3 m。

(19)开关箱内部和顶部装防火板,一机一闸,熔丝不得用其他金属代替。

(20)现场高、低压设备及线路严格按施工组织设计安装和架设。

(21)井架要安装高度限值装置,吊栏要设置防坠落装置,卸料平台要设防护门。

(22)塔吊、井架、钢管脚手架必须设消雷器,塔机桅杆、塔帽、平衡臂上设置长明的安全信号灯。

(23)塔机在吊运完后把吊钩起升到安全高度(距桅杆 2.5 m)。

(24)塔吊作业时需明确地通知对方操作及指挥人员,夜间施工尽量不排塔机进行吊运工作。

(25)电工应定期检查用电装置及其保护器件是否完好,保证现场安全用电,安排现场巡查,及时纠正班组违章操作。

(26)严禁酒后上岗和带病上岗。

(27)发现安全隐患及时向工长、安全员汇报。

(28)做好安全宣传教育工作,提高工人安全意识。

(29)各项安全防护措施一定要到位,具体还要做到以下几个方面:

①做好结构外架的围护工作,过道、搅拌机,钢筋、木工加工厂处搭设防护棚,防止高空落物。立面要全部用密目式尼龙网封闭。

②结构内部的垂直通道,包括电梯井、各类管道井等,要全部封闭,上下楼梯在与业主协商后,有选择地封闭。

③利用西侧大门作为施工的主要通道,施工机械安排在建筑物之间,钢筋加工,模板工场安排在北面,其他则按照施工平面图进行布置。

3. 分项工程安全生产措施

(1)钢筋工程安全技术措施

①钢筋加工:机械必须设置防护装置,注意每台机械必须一机一闸并设漏电保护开关。操作人员必须持证上岗,熟识机构性能和操作规程。

②钢筋安装:

a. 搬运钢筋时,要注意前后方向有无碰撞危险或被钩持料物,特别是避免碰挂周围和上下方向的电线。人工抬运钢筋,上户卸料要注意安全。

b. 起吊或安装钢筋时,应和附近高压线路或电源保持一定安全距离,在钢筋林立的场所,雷雨时不准操作和站人。

c. 在高空安装钢筋应选好位置站稳,系好安全带。

③钢筋对焊:

a. 对焊前应清理钢筋与电极表面污泥、铁锈,使电极接触良好,以免出现"打火"现象。

b. 对焊完毕不要过早松开夹具,连接头处高温时不要抛掷钢筋接头,不准往高温接头上浇水;较长钢筋对接应安置台架上。

c. 对焊机选择参数,包括功率和二次电压应与对焊钢筋时相匹配,电极冷却水的温度不得超过 40 ℃,机身应接地良好。

　　d. 闪光火花飞溅的要有良好的防护安全设施。

　　④钢筋电弧焊:

　　a. 焊机必须接地良好,不准在露天雨水的环境下工作。

　　b. 焊接施工场所不能使用易燃材料搭设,现场高空作业必须系好安全带,按规定佩戴防护用品。

　　(2)回填土工程安全技术措施

　　①装载机作业范围不得有人平土。

　　②打夯机工作前,应检查电源线是否有缺陷和漏电,机械运转是否正常,机械是否装置漏电开关保护,按一机一开关安装,机械不准带病运转,操作人员应戴绝缘手套。

　　(3)金属扣件双排脚手架搭设工程安全技术措施

　　①搭设金属扣件双排脚手架,特别用于高层建筑的,必须严格按国家《建筑安装安全技术规程》、《建筑双排钢管脚手架施工规定》和施工组织设计的要求进行设计和搭设。

　　②搭设前应严格进行钢管的筛选,凡严重锈蚀、薄壁、严重弯曲及裂变的杆件不宜采用。

　　③严重锈蚀、变形,螺栓螺纹已损坏的扣件不宜采用。

　　④脚手架的基础除按规定设置外,必须做好排水处理。

　　⑤钢管脚手架座立于槽钢上的,必须有地杆连接保护;普通脚手架立杆必须设底座保护。

　　⑥不宜采用承插式钢管做底步立杆交错之用。

　　⑦所有扣件紧固力矩,应达到 4～5 kg·m。

　　⑧同一立面的小横杆,应对等交错设置,同时立杆上下对直。

　　⑨斜杆接长,不宜采用对接扣件。应采用叠交方式,二只回转扣件接长,搭接距离视二只扣件间隔不少于 0.4 mm。

　　⑩钢管脚手架的拉墙杆,不宜采用铅丝攀拉,必须使用埋件形式的钢性材料。

　　(4)模板工程安全技术措施

　　①现场施工人员必须戴好安全帽,高空作业人员必须佩带安全带,并应系牢。

　　②经医生检查认为不适宜高空作业的人员,不得进行高空作业。

　　③工作前应先检查使用的工具是否牢固,扳手等工具必须用绳链系挂在身上,钉子必须放在工具袋内,以免掉落伤人。工作时要思想集中,防止钉子扎脚和空中滑落。

　　④安装与拆除以上的模板,应搭脚手架,并设防护栏杆,防止上下在同一垂直面操作。

　　⑤高空结构模板的安装与拆除,事先应有切实的安全措施。

　　⑥遇六级以上的大风时,应暂停室外的高空作业,雪霜雨后应先清扫施工现场,略干不滑时再进行工作。

　　⑦二人抬运模板时要互相配合,协同工作。传递模板、工具应用运输工具或绳子系牢后升降,不得乱抛。组合钢模板装拆时,上下应有人接应。钢模板及配件应随装拆随运送,严禁从高处掷下。高空拆模时,应有专人指挥,并在下面标出工作区,用绳子和红白旗加以围栏,暂停人员过往。

　　⑧不得在脚手架上堆放大批模板等材料。

　　⑨支撑、牵杠等不得搭在门窗框和脚手架上。通路中间的斜撑、拉杆等应设在 1.8 m

以上。

⑩支模过程中,如需中途停歇,应将支撑、搭头、柱头板等钉牢。拆模间歇时,应将已活动的模板、牵杠、支撑等运走或妥善堆放,防止因踏空、扶空而坠落。

⑪模板上有预留洞者,应在安装后将洞口盖好。混凝土板上的顶留洞,应在模板拆除后即将洞口盖好。

⑫拆除模板一般用长撬棒,人不许站在正在拆除的模板上,在拆除楼板模板时,要注意整块模板掉下,尤其是用定型模板做平台模板时,更要注意,拆模人员要站在门窗洞口外拉支撑,防止模板突然全部掉落伤人。

⑬在组合钢模板上架设的电线和使用电动工具,应用 36V 低压电源或采取其他有效的安全措施。

⑭装、拆模板时禁止使用 2×4 木料、钢模板作立人板。

⑮高空作业要搭设脚手架或操作台,上、下要使用梯子,不许站立在墙上工作;不准站在大梁底模上行走。操作人员严禁穿硬底鞋及高跟鞋作业。

⑯装拆模板时,作业人员要站立在安全地点进行操作,防止上下在同一垂直面工作;操作人员要主动避让吊物,增强自我保护和相互保护的安全意识。

⑰拆模必须一次性拆清,不得留下无撑模板。拆下的模板要及时清理,堆放整齐。

(5)砌筑工程安全技术措施

①在操作之前必须检查操作环境是否符合安全要求,道路是否畅通,机具是否完好牢固,安全设施和防护用品是否齐全,经检查符合要求后才可施工。

②砌基础时,应检查和经常注意基坑土质变化情况,有无崩裂现象,堆放砖块材料应离开坑边 1 m 以上。当深基坑装设挡板支撑时,操作人员应设梯子上下,不得攀跳,运料不得碰撞支撑,也不得踩踏砌体和支撑上下。

③墙身砌体高度超过地坪 1.2 m 时,应搭设脚手架,在一层以上或高度超过 4 m 时,采用里脚手架必须支搭安全网,采用外脚手架应设护身栏杆挡脚笆加立网封闭后才可砌筑。

④脚手架上堆料量不得超过规定荷载,堆砖高度不得超过 3 皮侧砖。

⑤在楼层施工时,堆放机械、砖块等物品不得超过使用荷载,如超过荷载时,必须经过验算采取有效加固措施后方可进行堆放和施工。

⑥不准站在墙顶上做划线、刮缝和清扫墙面或检查大角垂直等工作。

⑦不准用不稳固的工具或物体在脚手板面垫高操作,更不准在未经过加固的情况下,在一层脚手架上随意再叠加一层。脚手板不允许有空头现象,不准用 2×4 厚木料或钢模板作立人板。

⑧砍砖时应面向墙内打,注意碎砖跳出伤人。

⑨用于垂直运输的吊笼、绳索具等,必须满足负荷要求,牢固无损,吊运时不得超载,并须经常检查,发现问题及时修理。

⑩砖料运输车辆两车前后距离平道上≮2 m,坡道上≮10 m,装砖时要先取高处后取低处,防止倒塌伤人。

⑪在同一垂直面内上下交叉作业时,必须设置安全隔板,操作人员必须戴好安全帽。

⑫人工垂直向上或往下(深坑)传递砖块,架子上的站人板宽度应≮60 cm。

⑬本工程认真遵守消防规范。

4．洞口临边防护措施

（1）临边洞口防护。所有临边洞口如管道井、楼梯口通道口及施工井架进出料口等均设围护栏杆及双层隔离棚。边长 250 以上的洞口，加盖防护。

（2）垂直施工层楼面四周设斜挑网。顶层脚手架高出一步架，脚手与墙面拉接。

（3）采用在柱或梁上预埋钢管硬拉锚，拉锚数量应符合规范要求。

（4）脚手架与墙面间的间距每两层用小平网进行封闭。

（5）在施工中脚手架必须高出该层一步架，无脚手架的悬空作业必须用好安全带。

5．工地消防技术措施

施工现场制定切实可行的安全防火措施，如出现我方责任事故，将承担一切损失，并愿处以 1000 元的罚金。

本工程认真遵守消防规范。施工现场布置相互贯通的 4.5 m 宽施工通道，兼做消防通道。现场主要位置、易燃材料堆场、主要用电设备均布置消防灭火器材，辅房楼层、搅拌站、厕所均设有出水口，配合消防用水。

职工宿舍严禁私拉乱布线路，严禁私自使用电炉。

6．施工现场安全事故处理应急预案

项目部根据工程特点及自身组织机构，制订施工安全应急预案，建立应急指挥管理网络图，明确应急总指挥责任人，并按责任分工明确责任人，做到事故发生时，应急指挥及时到位，按应急预案程序处理协调有续，将事故损失降到最低点。

施工过程中，项目部加强外来民工的管理工作，及时作好外来民工的造册登记和体检，并采取措施保持劳动力队伍的相对稳定，避免人员频繁流动。教育职工相关常识，配合市政府作好各类传染病的预防工作。施工上岗人员均须经过体检并持有《健康证》，办理《卫生许可证》。

施工现场安全事故应急预案

（1）应急组织机构框图如图 1-50 所示。

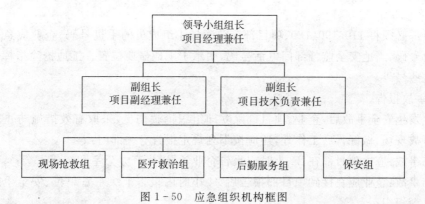

图 1-50 应急组织机构框图

（2）应急组织

应急领导小组：项目经理为该小组组长，主管安全生产的项目副经理、技术负责人为副组长。

现场抢救组：项目部安全部负责人为组长，安全部全体人员为现场抢救组成员。

医疗救治组：项目部医务室负责人为组长，医务室全体人员为医疗救治组成员。

后勤服务组:项目部后勤部负责人为组长,后勤部全体人员为后勤服务组成员。

保安组:项目部保安部负责人为组长,全体保安员为组员。

应急组织的分工及人数应根据事故现场需要灵活调配。

应急领导小组职责:建设工地发生安全事故时,负责指挥工地抢救工作,向各抢救小组下达抢救指令任务,协调各组之间的抢救工作,随时掌握各组最新动态并做出最新决策,第一时间向110、119、120、企业救援指挥部、当地政府安监部门、公安部门求援或报告灾情。平时应急领导小组成员轮流值班,值班者必须住在工地现场,手机24小时开通,发生紧急事故时,在项目部应急组长抵达工地前,值班者即为临时救援组长。

现场抢救组职责:采取紧急措施,尽一切可能抢救伤员及被困人员,防止事故进一步扩大。

医疗救治组职责:对抢救出的伤员,视情况采取急救处置措施,尽快送医院抢救。

后勤服务组职责:负责交通车辆的调配,紧急救援物资的征集及人员的餐饮供应。

保安组职责:负责工地的安全保卫,支援其他抢救组的工作,保护现场。

(3)救援器材

①医疗器材:担架、氧气袋、塑料袋、小药箱;

②抢救工具:一般工地常备工具即基本满足使用即可;

③照明器材:手电筒、应急灯、36V以下安全线路、灯具;

④通讯器材:电话、手机、对讲机、报警器;

⑤交通工具:工地常备一辆值班面包车,该车值班时不应跑长途;

⑥灭火器材:灭火器日常按要求就位,紧急情况下集中使用。

(4)应急知识培训

应急小组成员在项目安全教育时必须附带接受紧急救援培训。

培训内容:伤员急救常识、灭火器材使用常识、各类重大事故抢险常识等,务必使应急小组成员在发生重大事故时能较熟练地履行抢救职责。

(5)通信联络

项目部必须将110、190、120、项目部应急领导小组成员的手机号码、企业应急领导组织成员手机号码、当地安全监督部门电话号码,明示于工地显要位置。工地抢险指挥及保安员应熟知这些号码。

(6)事故报告

工地发生安全事故后,企业、项目部除立即组织抢救伤员,采取有效措施防止事故扩大和保护事故现场,做好善后工作外,还应按下列规定报告有关部门:

轻伤事故:应由项目部在24小时内报告企业领导、生产办公室和企业工会;

重伤事故:企业应在接到项目部报告后24小时内报告上级主管单位、安全生产监督管理局和工会组织;

重伤三人以上或死亡一至二人的事故:企业应在接到项目部报告后4小时内报告上级主管单位、安全监督部门、工会组织和人民检察机关,填报《事故快报表》,企业工程部负责安全生产的领导接到项目部报告后4小时应到达现场;

死亡三人以上的重大、特别重大事故:企业应立即报告当地市级人民政府,同时报告市安全生产监督管理局、工会组织、人民检察机关和监督部门,企业安全生产第一责任人(或委托人)应在接到项目部报告后 4 小时内到达现场；

急性中毒、中暑事故：应同时报告当地卫生部门；

易爆物品爆炸和火灾事故：应同时报告当地公安部门。

员工受伤后，轻伤的送工地现场医务室医治，重伤、中毒的送医院救治。因伤势过重抢救无效死亡的，企业应在 8 小时内通知劳动行政部门处理。

1.7.2.3　文明施工管理措施

1. 现场文明布置

(1)场容场貌

①工地入口处设醒目的"五牌一图"。即：工程概况牌，管理人员名单及监督电话牌，消防保卫牌，安全生产牌，文明施工牌和施工现场平面图。

②施工道路坚实、平整、清洁不积水，运输道路畅通，车载不撒、泼、滴、漏，经常清扫保洁。

③冲洗石子及清洗砂浆机，混凝土拌和机的泥水经沉淀池沉淀后排出，保证下水道通畅。

④施工现场开挖排水沟，有组织排水，做到场内不积水。

⑤施工人员做到工完料尽场地清，随做随清，当天做当天清。

⑥建筑材料及周转材料按品种、规格堆放整齐，并挂标志，明确责任人。

⑦在业主划定的施工区域内砖砌临时围墙，高 1.8 m，用纸筋石灰粉白。

⑧主要通道，人行道，如办公、宿舍、食堂等处铺设水泥地面，便于清洁。

(2)工地卫生

①施工区与生活区分开，划分卫生包干区域，明确责任人并以标牌显示。

②生活垃圾与建筑垃圾分开堆放，并有专人定期收运出场外业主指定地点。

③严禁高空抛扔垃圾及物料。每幢楼各设一处临时垃圾道，用于楼层垃圾清理，垃圾道用旧模板制作，规格 600×600，分节制作便于安装拆除。

④食堂配置纱门、纱窗、纱罩，食物生熟不得混放，餐具认真消毒，炊事员必须无传染病，并定期体检合格，持证上岗。

⑤工地设水冲式男女厕所，并由专人打扫、保洁、消灭蚊蝇。

⑥职工宿舍搭设应宽敞，使用双层床，并按施工班次分开居住，避免干扰。生活用品排放整齐，教育职工，做好个人卫生和公共卫生。

⑦工地设有保健药箱，请医生每周两次进行巡回医疗。

⑧落实"除四害"措施，定期投毒饵灭鼠，喷雾灭蚊蝇。

(3)文明建设

①书写工整醒目的宣传标语口号，振奋职工为建设优质、安全和文明工地努力工作。

②布置项目部办公室，各项规章制度、工程质量、安全生产、生产进度等图表上墙。

③建成职工活动室，为职工学习、开会、娱乐提供场所，活动室内设置黑板报等宣传阵地。

④配合做好社会综合治理工作，施工人员办理"暂住证"、"就业证"和"健康证"，做到手续齐全。

⑤工地禁止赌博、迷信活动和宗派活动，发现违法苗头及时制止。

（4）安全生产

①认真落实施工组织设计中安全保证中的全部条款。

②木工间、油料库等防火处设立明显的防火标识。

③加强"洞口临边"的防护栏架设，即：楼梯口、电梯口、预留洞口和通道口。

④用电实行三相五线制，做到电箱标准，配置规范，用电设备，机具接地，三级配电，二级保护，一机一闸，不使用倒顺开关。

（5）防止施工噪音扰民措施

①合理安排施工作业时间，尽量避免夜间施工。

②施工噪音应控制在环保部门规定的范围内，发生超标应事先与环保部门洽商，取得认可。

③特殊情况夜间施工时（如抢进度浇混凝土），应事先向周围居民做好解释工作，同时教育职工夜间作业不大声喧哗，操作时避免不必要的金属碰撞声，做到轻拿轻放。

（6）环境保护

本工程坐落在主干道路旁，车辆人流量大，施工时必须特别注意环境保护。

①施工场地采用全封闭管理及防护，进出道口浇硬地坪。

②生活用炉灶禁止用烟煤，采用煤气灶和电力蒸饭车。

③场外运土、运垃圾在"特管办"的许可下，选择在夜间施工，确保土方不随车滴漏，如发生及时清扫马路。

④不损坏市政道路上的公共设施。

⑤材料场外运输避开交通高峰时间，砂石等松散材料运输采取遮盖等措施。

2. 针对小区特点的文明施工管理措施

（1）针对小区施工特点对进场施工的全体人员进行有针对性教育，严禁在小区内抽烟，不论何人，发现一起处罚一起。

（2）全体施工人员服从小区保卫、治安的管理，出现纠纷首先批评施工人员，根据纠纷原由及情节做相应处罚。

（3）全体施工人员必须严格遵守小区各项规章制度，不得衣冠不整在小区穿行，不得大声喧哗和追逐打闹，不得影响小区正常的生活秩序。

（4）在施工材料运输过程中，注意避让小区进出车辆和行人，将安全放在首位。

（5）混凝土浇筑前，发出告示，提醒路过行人注意，并寻求谅解和支持。

3. 建筑垃圾处理措施

本工程坐落在主干道路旁，车辆人流量大，施工时必须特别注意环境保护。

①施工现场设置集中垃圾站，施工中建筑垃圾集中并分类堆放，统一外运。

②钢筋、模板加工及各工序施工，加强环保管理，及时清理，做到活完场清。

③制定相应奖惩制度，安排专人每日清扫现场，并认真落实。

1.7.2.4　施工进度保证措施

1. 组织保证措施

（1）选派技术力量强、管理水平高、善打硬仗的施工队伍进入工地施工。

（2）公司各职能部门都必须全心全意为基层服务，经常深入工地帮助解决现场施工中的一切问题。

（3）全力突击施工主体，给装饰提供充足的时间，确保装饰质量。

（4）配足技术力量、施工人员，分班连续施工。

（5）提前做好施工准备，一旦合同生效，立即投入紧张的施工状态。

（6）组织春节加班，同时增发加班工资和提高福利待遇，加快施工进度。

（7）本公司有五个项目经理部驻市内施工，公司办事处设在市郊，为加快施工进度，公司随时可调配人员及物资支援本工程施工，确保进度计划如期完成。

2. 技术保证措施

（1）能预先制作的构件、材料先行加工，如钢筋根据图纸及翻样清单进行下料制作成型。

（2）利用智能施工管理软件配合施工进度管理，采用立体交叉的作业穿插施工，合理安排内外工序施工，避免风雨天气产生待工现象。

（3）投入良好、足够的机械设备及充足的周转材料，如配足模板、钢管周转使用。

（4）保证资金到位，使职工有良好的工作情绪。材料及时供应。

（5）施工外脚手采用悬挑脚手架，确保地面附属工程正常施工。

（6）加强施工工序管理，使土建与水电安装密切配合，避免前后干扰，减少交叉污染、返工。

（7）预先编制施工材料的采购、加工计划，确保材料按进度检验进场，避免停工待料。

1.7.2.5　关键工序的施工方法

1. 墙面粉刷防止空鼓裂缝的施工措施

抹灰中常见的质量通病及原因分析

（1）门窗洞口、踢脚板、墙柱等处抹灰空鼓、裂缝，其主要原因如下：

①门窗框两边塞灰不严，墙体预埋木砖间距过大或木砖松动，经门窗开关振动，在门窗框周边处产生空鼓、裂缝。

处理办法：设专人负责门窗框缝堵塞。

②基层清理不干净或处理不当，墙面浇水不透，抹灰后，砂浆中的水分很快被基层（或底灰）吸收。

处理办法：认真清理和提前浇水。

③基底偏差较大，一次抹灰过厚，干缩率较大。

处理办法：分层找平，每遍厚度值为 7～9 mm。

④配制砂浆和原材料质量不好或使用不当，必须针对不同基层配制不同的砂浆，同时加强对原材料的使用管理工作。

（2）抹灰面层起泡，有抹纹。主要原因有：

①抹完面层灰后，灰浆还未收水就压光，因而出现起泡现象。

处理办法：适时掌握压光时间。

②底灰过分干燥，又没有浇透水，抹面层灰后，水分很快被底层吸去，因而来不及压光，故残留抹纹。

（3）抹灰表面不平，阴阳角不垂直，不方正。主要是抹灰前吊垂直，套方以及作灰饼不认真。

（4）门窗洞口、墙面、踢脚板、墙裙等面灰接碴明显或颜色不一致，主要是由于操作时施工缝留设位置不当。

处理办法:施工缝尽量留在分格条、阴角处或门窗框边。

(5)管道抹灰不平。主要是工作不认真细致,没有分层找平、压光。

2. 柱与梁节点施工

(1)钢筋。结构柱梁交接处的钢筋密集,为保证质量应特别认真进行施工,梁的钢筋在柱筋的内侧,箍筋做成开口的两片安装后电焊焊牢,此处为核心受力区设计的箍筋不能减少。

钢筋绑扎时考虑振动棒的插入距离,避免因振捣困难浇混凝土时撬动钢筋,造成钢筋移位,影响工程质量。

(2)模板。柱梁接头处模板历来是框架结构体系施工的难点。如模板支立不能保证混凝土浇筑时的压力需要,就会造成胀模、歪斜、咬肉等质量问题。为了保证柱梁接头质量,我们将采用定制模板,即根据本工程柱梁实际尺寸,特别设计制作出柱梁接头模板,在接缝处贴胶带纸密缝防止漏浆。本方法用于施工中,能确保柱梁接头符合质量要求。

(3)混凝土的浇灌及振捣。由于钢筋密集,浇混凝土时应分层浇灌混凝土,分层振捣密实。

3. 预制空心板防止开裂措施

(1)板缝支模、钢管支撑

因为板缝控制在 20～30 mm,采用预制好的底模安装于板底,为防止在浇筑混凝土时模板沉降或变形,间距 800 mm 用钢管竖向进行支撑。

(2)清洗板缝

灌缝前先对板缝进行彻底清洗,去除板边积灰及杂质,用钢丝刷刷洗,最后用 5 ％～10 ％的纯碱液刷洗。保持灌缝前板边混凝土的湿润 24h 以上。

(3)刷素水泥浆

灌缝时板缝内刷水灰比为 0.4～0.5 的素水泥浆一道,增加界面粘结力。

(4)灌缝

①灌缝混凝土强度等级不低于 C20,且不低于预制空心板混凝土的强度等级,参考配合比为:水泥∶砂子∶石子=1∶0.8∶2.2,水灰比 0.4,坍落度 3～5 cm,粗骨料粒径 5～12 mm,洁净中砂。

②分两层浇筑,采用微型振动棒将混凝土振密实,浇筑至板面平,但不收光而是搓毛。

(5)混凝土养护

须派专人对板缝进行养护。根据季节的不同采取相应的养护方法,保证混凝土强度按时达到预期强度。夏季定期洒水,保持混凝土湿润,防止暴晒;冬季浇筑完毕用塑料薄膜或草帘进行覆盖。养护期间严防踩踏及堆载。

(6)板端浇筑混凝土

浇筑前认真清理好板端灰尘与杂物,并用水冲刷干净,使细石混凝土与板、墙或梁有很好的结合。短向板将板端伸出胡子筋整理成 45 度角互相交叉;长向板则将锚固筋绑扎,用一根 Φ12 通长筋,把每块板板端伸出的钢筋与另一块板板端的钢筋逐根绑扎。浇筑与灌缝混凝土相同等级标号的混凝土。

(7)拆模

混凝土强度达到设计强度等级标准值 80 ％以上方可拆模。灌缝工序要隔层施工,最好隔两层。一是防止从上边板缝中掉东西;二是避免刚灌好的板缝被推车来回碾压形成施工荷载及震动影响板缝质量。

(8)穿管线板缝按设计配筋,按照现浇板带处理。

1.7.2.6　工程成品保护

1. 成品保护职责

(1)材料员:对进场的原材料、构配件、制成品进行保护。

(2)班组负责人:对上道工序产品进行保护,本道工序产品交付前进行保护。

(3)项目经理:组织对完工的工程成品进行保护。

(4)项目生产负责人:制订成品保护措施或方案,对保护不当的方法制定纠正措施,督促有关人员落实保护措施

2. 成品保护的内容

(1)施工过程的工序产品:模板、支撑、提升架、混凝土砌体、半成品、钢筋、埋件等。

(2)装饰过程中的工序产品:屋面、橱卫间的防水层,顶棚、墙面、楼地面装饰层、外墙饰面、塑钢门窗、楼梯饰面及扶手等。

(3)安装过程中的工序产品:消防箱、配电箱、插座、开关、空调风口、卫生洁具、厨房器具、灯具、阀门、水嘴、设备配件、仪器仪表等。

3. 成品保护方法

(1)预制成品保护

①木、铝、木扶手等木、铝制品、装饰用成品堆放在室内场地;钢筋制品、混凝土构件及金结制品,预埋件等可堆放在室外。要求地基平整、干净、牢固、干燥、排水通风良好、无污染。

②成品堆放控制:分类、分规格,堆放整齐、平直、下垫木;叠层堆放,上、下垫木;水平堆放,上下一致,防止变形损坏;侧向堆放,除垫木外加撑脚,防止倾覆。成品堆放地做好防霉、防污染、防锈蚀措施,成品上不让堆放其他物件。

③成品运输:做到车厢清洁、干燥,装车高度、宽度、长度符合规定,堆放科学合理;超长构件成品,配置超长架进行运输。装卸车做到轻装轻卸,捆扎牢固,防止运输及装卸散落、损坏。

(2)现浇钢筋混凝土工程成品保护

①钢筋绑扎成型的成品质量保护

a. 钢筋按图绑扎成型完工后,将多余钢筋,扎丝及垃圾清理干净。

b. 接地及预埋等焊接做到没有咬口、烧伤钢筋。

c. 木工支模及安装预留、预埋、混凝土浇筑时,做到不随意弯曲、拆除钢筋。

d. 基础、梁、板绑扎成型完工的钢筋上,后续工种、施工作业人员无任意踩踏或重物堆置,以免钢筋弯曲变形。

e. 木工支模在钢筋绑扎成型后完工、作业面上的垃圾及时清理干净。

f. 模板隔离剂无污染钢筋,如发现污染及时清洗干净。

g. 水平运输车道按方案铺设,做到不直接搁置在钢筋面上。

②模板保护

a. 模板支模成活后及时将全部多余材料及垃圾清理干净。

b. 安装预留、预埋在支模时配合进行,任意拆除模板及重锤敲打模板、支撑,以免影响

质量。

c. 模板侧模堆靠钢筋等重物,以免倾斜、偏位,影响模板质量。

d. 禁止平台模板面上集中堆放重物。

e. 混凝土浇筑时,不准用振动棒等,撬动模板及埋件,混凝土反锹入模,以免模板因局部荷载过大造成模板受压变形。

f. 水平运输车道,直接搁置在侧模上。

g. 模板安装后,派专人值班保护,进行检查、校正,以确保模板安装质量。

③混凝土成品保护

a. 混凝土浇筑完成将散落在模板上的混凝土清理干净并按方案要求进行覆盖保护。雨期施工混凝土成品,按雨期要求进行覆盖保护。

b. 混凝土终凝前,上人作业,按方案规定确保间隔时间和养护期。

c. 楼层面混凝土面上按作业程序分批进场施工作业材料,分散均匀尽量轻放,集中堆放。

d. 下道工序施工的或堆放的油漆、酸类等物品,用桶装放置,施工操作时,对混凝土面进行覆盖保护。

e. 禁止随意开槽打洞,安装应在混凝土浇筑前做好预留预埋。

f. 混凝土面上临时安置施工设备应垫板,并作好防污染覆盖措施,防止机油污染。

g. 重锤重物击打混凝土面。

h. 混凝土承重结构模板达到规定强度后拆除。

(3)砌体成品质量保护

①需要预留埋的管道铁件、门窗框同砌体有机配合,做好预留预埋工作。

②砌体完成后按标准要求进行养护。有雨期间施工按要求进行覆盖保护,保证砌体成品质量。

③砌体完成后及时清理干净,保证外观质量。

④禁止随意开槽打洞,重物重锤击撞。

⑤起拱砌体的模板支撑,保证砌体达到要求强度后拆除。

(4)楼地面成品保护

①地砖等块料面层的楼地面,设置保护栏杆,到成品达到规定强度后拆除,成活后建筑垃圾及多余材料及时清理干净。

②水泥砂浆、地砖、花岗岩等硬块料贴在楼地面,不允许放带棱角硬材料及易污染的油、酸、漆、水泥等物料。

③下道工序进场施工,对施工范围楼地面进行覆盖保护,对油漆料、砂浆操作面下楼面铺设防污染塑料布。操作架的钢管设垫板,钢管扶手挡板等硬物应轻放,不准抛敲撞击楼地面。

④注意清洁卫生,高层建筑在楼层内指定位置设置临时垃圾道,以确保清洁卫生。

⑤禁止在楼地面就地生火。

(5)门窗成品质量保护

①木门框安装后,按规定设置拉档,以免门框变形。

②运输车道进出口的门框两边钉槽型防护挡板,同小车高度一致,以免小车碰坏门框。

③确保塑钢门窗框塑料保护膜完好,禁止随意拆除。

④利用门窗框销头,作架子横挡使用。

⑤窗口进出材料设置保护挡板,覆盖塑料布防止压坏、碰伤、污染。

⑥施工墙面油漆涂料时,对门窗进行覆盖保护。作业脚手架搭设与拆除时,禁止碰撞压门窗。禁止随意在门窗上敲击、涂写,或打钉、挂物。门窗开启时,按规定扣好风钩、门碰。

(6)装饰成品质量保护

①所有室内外,楼上楼下、厅堂、房间,每一装饰面成活后,均按规定清理干净,进行成品质量保护工作。

②禁止在装饰成品上涂写、敲击、刻划。

③作业架子拆除时注意防止碰撞钢管,脚手板要轻放。

④门窗要及时关闭开启以保持室内通风干燥,风雨天门窗要关严,防止装饰后霉变。

⑤小心用火、用水,防止装饰成品被污染或受潮变色。

⑥高层建筑按层对装饰成品进行专人值班保管。

⑦因工作需要进房检查、测试、调试时,须换穿工作鞋,防止泥浆污染装饰成品。

(7)屋面防水成品保护

①防水施工完工后,屋面需清理干净,做到屋面干净,排水畅通。

②禁止在防水屋面上堆放材料、什物、机具。

③禁止在防水屋面上用火及敲打。

④因收尾工作需要在防水屋面上作业时,应先设置好防护木板、铁皮覆盖等保护设施,保证散落材料及垃圾及时清理干净。电焊工作做好防火隔离。

⑤因设计变更,需要在已完防水屋面上增加或更换安装设备时,应事先做好防水屋面成品质量保护措施。作业完毕以后及时清理现场,并进行质量检查复验。如有损坏及时修补,确保防水质量。

(8)交工前成品保护措施

①为确保工程质量美观,达到用户的满意度,项目施工管理班子应根据工程大小及楼层高低,在装饰安装分区或分层完成成活后,专门组织专职人员负责成品质量保护,值班巡察,做好成品保护工作;

②成品保护值班人员应按指定的保护区或楼层范围进行值班保护工作;

③成品保护专职人员,按施工组织设计或项目质量保证计划中规定的成品保护职责、制度办法,做好保护范围内的所有成品检查保护工作;

④专职成品保护值班人员的工作应到竣工验收,办理移交手续后终止;

⑤在工程未办理竣工验收移交手续前,任何人不准在工程内使用房间、设备及其他一切设施。

1.7.2.7 季节性施工措施

1. 冬季施工措施

当室外日平均气温连续5天稳定低于5℃时,即进入冬期施工。应密切注意天气预报,做好防止气温突然下降的防冻措施。

(1)作好冬期施工的技术、物资准备,以适应冬期施工的要求。

(2)混凝土的冬期施工:

①尽量避开冰、雪天气浇筑混凝土,因为本地区冰雪天气较少。

②对已浇筑的混凝土进行保温。在施工前准备保温材料,常用的有草帘、麻袋、塑料薄膜等,一旦发生冻、雪天气将已浇筑的混凝土进行覆盖保温,以防冻害。

对于刚浇筑的混凝土,采用先盖一层塑料薄膜后盖草帘,草帘的层数以最低气温而定,0 ℃时盖1～2层,－5 ℃时盖2～3层。白天气温回升时掀开草帘吸热,晚上再覆盖保温。在迎风面增设挡风材料,如用旧油毡、水泥袋等。

③当气温低于0 ℃时,不得浇水养护,以免冻结。

④根据实际情况,可提高混凝土的强度等级,提高混凝土的早期强度。

⑤采用掺入早强剂和防冻剂,对于钢筋混凝土宜采用无氯盐类防冻剂。对于是否采用防冻剂和早强剂根据情况而定,选择的方案要事先报业主和监理审批。

2. 雨季施工措施

(1)雨季前的施工准备

①雨季到来之前,施工单位有关部门在所属范围内进行一次全面检查,组织力量检查施工现场的排水情况,检查临时设施的防漏,对原有排水系统进行整修加固,必要时应增加排水设施,保证水流畅通,在施工场地周围应防止地面水流入场内。

②应保证现场运输道路畅通,路面应根据需要加铺炉渣、砂砾或其他防滑材料,必要时应加高加固路基。

③编制雨季施工计划,制定出具体措施,安排好不利于在雨季施工的项目,赶到雨季前或雨季后施工。

④对材料仓库要进行全面检查、维修,特别是水泥仓库四周必须排水良好,做到屋面不漏雨,墙面不渗水,地面不返潮。钢材应放在干燥地方,且要有防雨措施,防止钢材锈蚀。防水保温材料应存放在干燥的地方,不得受潮雨淋。露天放置的材料,不得浸在水中,以防流失浪费。

⑤塔吊、井字架等要按《施工现场临时用电安全技术规范》设置避雷装置,并经常检查性能是否良好,不合格的要及时修理;现场使用的搅拌机械及各种机具应搭设雨棚,混凝土、砂浆运输机械应加设防雨罩或覆盖;根据工程情况,准备必要的排水机具和材料,对机电设备线路随时检查绝缘和防雨情况,检查零线、接地是否符合要求,并按规定设置漏电保护器。

(2)雨季施工原则

在施工中要先抢基础、结构,先室外、后室内,小雨不停工、大雨转室内,以达到缩短工期,提高经济效益的目的。

①土方工程

a. 雨季施工的工作面不宜过大,应逐段逐片地分期完成,重要的或特殊的土方工程,应尽量在雨季前完成。

b. 雨季施工中应保证工程质量和安全施工的技术措施,并应随时掌握气候变化情况。

c. 雨季开挖基坑(槽)或管沟时,应注意边坡稳定,必要时,可适当放缓边坡坡度或设置支撑,施工时应加强对边坡和支撑的检查。

d. 基坑(槽)边坡堆置各类建筑材料时,应按规定距离堆置。各类施工机械距基坑(槽)边坡边的距离,应根据设备重量,基坑(槽)边坡的支护、土质情况确定,并不得小于1.5 m。

e. 机械开挖土方时,作业人员不得进入机械作业范围内进行清理或找坡作业。

f. 雨季开挖基坑(槽)或管沟时,应在坑(槽)外侧围以土堤或开挖水沟,防止地面水流入。基坑(槽)开挖后,应及时进行地下结构和安装工程施工,在施工过程中,应随时检查坑(槽)壁的稳定情况。

g. 填方施工中,取土、运土、铺填、压实等各道工序应连续进行,雨前应及时压实已填土层或将表面压光,并作成一定坡度,以利排除雨水。

②砖石工程

a. 雨季施工不得使用过湿的砖石,避免砂浆流淌,影响砌体质量;雨后继续施工时,应复核砌体垂直度。

b. 雨季施工应防止雨水冲刷砂浆,砂浆的稠度应适当减少,每日砌筑高度不宜超过 1.2 m,收工时应覆盖砌体表面。

c. 砂浆应随拌随用,水泥砂浆或水泥混合砂浆必须在最高气温超过 30 ℃时,搅拌后 2 小时和 3 小时内使用完毕。

③混凝土工程

a. 及时掌握天气预报,合理安排现浇混凝土施工工序,做好防雨和养护措施工作。

b. 需连续浇筑混凝土的工程,应事先做好防雨措施,并定时测辅料含水量,及时调整混凝土配合比,严格调整配合比,严格控制坍落度,确保混凝土质量。

c. 加强对模板支撑系统、构件堆放支撑部位的检查,其支脚处必须坚实牢固,必要时加大承压面积,以防止支撑变形下沉、倾斜。

d. 在雨季施工时应有防雨措施,下雨时不宜露天浇灌混凝土。未下雨而露天浇灌的混凝土,也要及时覆盖,以防雨水冲刷。要特别注意露天料场砂石含水量的变化,调整水灰比,确保混凝土的强度,混凝土车应加覆盖。

e. 为保证混凝土初凝前有充分的时间进行浇筑,混凝土搅拌结束后,至浇筑完毕后经历的时间,不应超过规定的时间。当气温低于 25 ℃时,C30 以内混凝土,不超过 2 小时,C30 以上混凝土,不超过 1.5 小时;当气温高于 25 ℃时,则应相应缩减 0.5 小时。

(3)雨季施工注意事项

①对雨淋后的砖,如含水量较大的要晾干后再使用。

②对暴雨、大雨冲刷严重的砌体要拆除重砌。

③对新浇筑的混凝土要有相应措施,严防大雨冲刷,否则应经有关部门鉴定或处理后才能继续施工。

④雨后对模板和支撑要进行认真检查,特别要注意支撑的底部是否有松动沉降现象,以便及时采取措施。

⑤雨后施工的砂石含水量要测试,以便及时调整配合比。

⑥对施工的原材料要有可靠的保证措施,在雨季到来前各施工现场要有足够的干原材料,以便雨后能保证施工。严禁水泥露天存放,注意做好原材料的防水、防潮工作。

⑦高温天热要加强对现浇混凝土的养护工作,硅酸盐水泥、普通硅酸盐水泥和矿渣硅酸盐水泥拌制的混凝土不得少于 7 昼夜;掺用缓凝型外加剂或有抗渗要求的混凝土不得小于 14 昼夜;浇水次数应能保持混凝土具有足够的湿润状态,严防出现干裂现象。如发现有干裂现象,严重的要禁止使用。

⑧雨后要及时对脚手架安全网的架设、塔吊路基、井字架底座、缆风绳和地锚进行周密

细致的检查,发现问题,及时处理。

3. 夏季施工措施

夏季施工应调节作息时间,避开中午高温阶段。施工时应及时供应茶水到施工操作层,以防工作人员中暑。暑期施工,更应注意安全。由于天气炎热劳动强度大,人易疲劳,高空作业更应注意,如果感觉不适应,立即诊治,以防事故的发生。

加强初浇混凝土的浇水覆盖养护,防止混凝土表面干缩裂缝。

1.7.2.8 环保及夜间施工措施

1. 环境保护措施

(1)粉尘控制措施

①施工现场场地硬化和绿化,经常洒水和浇水,减少粉尘污染。

②禁止在施工现场焚烧有毒、有害和有恶臭气味的废旧材料。

③装卸有粉尘的材料时,应洒水湿润和在仓库内进行。

④严禁向建筑物外抛掷垃圾,所有垃圾装袋运走。现场主出入口处设有洗车台位,运输车辆必须冲洗干净后方能离场上路行驶;装运建筑材料、土石方、建筑垃圾及工程渣土的车辆,应派专人清扫道路及冲洗,保证行驶途中不污染道路和环境。

⑤严格执行《土石方运输车辆管理的若干规定》。

(2)噪音控制措施

①施工中采用低噪音的工艺和施工方法。

②建筑施工作业的噪音可能超过建筑施工现场的噪音限值时,公司应在开工前向建设行政主管部门和环保部门申报,核准后方能施工。

(3)环境美化措施

利用空地植树种花,绿化美化环境。

(4)废水排放控制措施

①大门处设置车辆冲洗平台(6000×12000),平台四周设排水暗沟,沟宽200,上盖由Φ28钢筋加工成的铁箅,铁箅涂刷蓝色防锈漆。另外设有沉砂池,池的尺寸为500×500×600。工地现场的车辆出工地前,轮胎、车身须冲洗干净。为了杜绝运输中泥浆、散体、流体、物料撒漏而污染市政道路,门口设专人检查自卸车装土量,若有超载,则要求车辆卸掉多余土后方可出工地。

②场内临时设施的地面、主要施工路面、通道等实现硬底化,道路坚实,平整畅通,地面无积水、泥浆。场地硬地化一律用C20、厚100 mm的混凝土。

(5)施工现场靠围墙设有明沟、暗沟组成的完善的平面排水系统,排水沟采用120厚红砖砌筑,沟宽500,25 mm砂浆抹面。施工现场设沉淀池,污水、废水须经沉淀后,才能排入市政管网。

2. 夜间施工及防扰民措施

(1)合理安排施工工序,将施工噪音较大的工序安排到白天进行,如标准层混凝土的浇筑、模板的支设、砂浆的生产等;在夜间尽量少安排施工作业,减少噪音的产生。对混凝土的浇筑施工根据结构伸缩缝分区分段浇筑,尽量争取在早上开始浇筑,当晚10时前施工完毕。

混凝土浇筑前及时与小区沟通,避开学生考试时段。

(2)在施工场地外围进行噪音监测,对于一些产生噪音的施工机械,应采取有效的措施,减少噪音,如切割金属和锯模板的场地均搭设工棚以屏蔽噪音。模板拆除严禁抛掷,应轻放并分类堆放。

(3)注意夜间照明灯光的投射,在施工区内进行作业封闭,尽量降低光污染。

(4)施工区周围事先张贴布告等宣传材料,取得在校师生谅解。

(5)施工区周围显著位置悬挂醒目的安全标志牌,提醒路过人注意安全。

(6)设置必要的安全围栏及护棚,确保路过人身安全。

情境 1.8　文件整理、排版和打印

表 1-25　工作任务表

能力目标	主讲内容	学生完成任务	评价标准	
学生根据施工组织设计编制要求对文件进行整理,主要是文件的章节划分,插图、插表的编号,插入的计算公式编号等;按照出版物的要求对施工组织设计文件进行排版设计,包括字体、字号、段落、行距、页眉、页脚、目录、封面等	施工组织设计文件整理的内容、要求;施工组织设计文件排版、打印的要求	对本项目的施工组织设计文件进行规范整理;对本项目的施工组织设计文件进行规范排版和打印(预览)	优秀	能独立熟练完成施工组织设计文件整理、排版、打印工作
			良好	能独立完成施工组织设计文件整理、排版、打印工作
			合格	能在指导下完成施工组织设计文件整理、排版、打印工作

项目 2　框架结构房屋建筑工程施工组织

【学习目标】

本项目以框架结构房屋建筑工程为项目载体,在项目1的基础上,进一步学习编制施工方案、单代号网络计划、横道图流水进度计划的编制,编制框架结构房屋建筑工程施工组织设计。

通过本项目的学习,要求学生:

1. 掌握施工组织设计的编制基本资料的收集;

2. 掌握框架结构施工部署与施工方案编制;

3. 掌握施工平面布置图设计;

4. 掌握施工进度计划。

【项目描述】

工程概况

1. 工程建设概况

××电力生产调度楼工程为全框架结构,建筑面积为 13000 m^2,总投资为 3680 万元。本工程为地下 1 层,地上 18 层,各层层高和用途如表 2-1 所示。

表 2-1　各层层高和用途

层次	层高/m	用途
地下室	4.3	水池泵房
1~3 层	4.8	商场、营业厅、会议室
4~12 层	3.3	办公室、接待室
13~17 层	3.3	电力生产调度中心
18 层	5.6	电力生产调度中心

工期:2001 年 1 月 1 日开工,2002 年 3 月 2 日竣工。合同工期为 15 个月。

2. 建筑设计特点

内隔墙:地下室为粘土实心砖,地上为轻质墙(泰柏板)。

防水:地下室地板、外墙做刚性防水,屋面为柔性防水。

楼地面:1~3 层为花岗岩地面,其余均为柚木地板。

外装饰:正立面局部设隐框蓝玻璃幕墙,其余采用白釉面砖及马赛克。

天棚装饰:全部采用轻钢龙骨石膏板及矿棉板吊顶。

内墙装饰:1~3 层为墙纸,其余均为乳胶漆。

门窗:入口门为豪华防火防盗门,分室门为夹板门,外门窗为白色铝合金框配白玻璃。

3. 结构设计特点

基础采用 Φ750 mm 钻孔灌注桩承载,桩基础已施工完成多年,原设计时无地下室,故桩顶高程为-2.00 m,现增加地下室一层,基础底高程为-6.08 m,底板厚1.45 m,灌注桩在开挖后尚需进行动测检验,合格后方可继续施工。地下室为全现浇钢筋混凝土结构,全封闭外墙形成箱形基础,混凝土强度等级为C40,抗渗等级P8。

工程结构类型为框架剪力墙结构体系,抗震设防烈度为7度,相应框架梁、柱均按二级抗震等级设计。外墙采用190厚非承重粘土空心砖墙。

4. 工程施工特点

(1)地基条件差,地下水位高,利用原已施工的$\Phi750$ mm钻孔灌注桩尚需进行动测,桩间挖土效率低,截桩工程量大。

(2)五层以下及箱形基础混凝土强度等级为C50,原材料质量要求高。由于水泥用量大,底板大体积混凝土温度裂缝控制难度大。

(3)工期紧,且跨两个冬季。

(4)水源、电源。

水源由城市自来水管网引入,电源由场外引入场内变压器。

情境 2.1　收集基本资料

表 2-2　工作任务表

能力目标	主讲内容	学生完成任务	评价标准	
通过学习训练,使学生学会收集编制施工组织设计所需的基本资料	着重介绍了房屋建筑(单位)工程施工组织设计的编制依据	根据本项目的基本条件,在学习过程中完成编制施工组织设计所需的基本资料的收集工作	优秀	能根据具体工程项目,独立收集编制施工组织设计所需的全部基本资料
			良好	能根据具体工程项目,独立收集编制施工组织设计所需的主要基本资料
			合格	能根据具体工程项目,在指导下收集编制施工组织设计所需的基本资料

编制房屋建筑(单位)工程施工组织设计需要收集的基本资料主要有以下几个方面的内容:

1. 上级主管单位和建设单位(或监理单位)对本工程的要求

如上级主管单位对本工程的范围和内容的批文及招投标文件,建设单位(或监理单位)提出的开竣工日期、质量要求、某些特殊施工技术的要求、采用何种先进技术,施工合同中规定的工程造价,工程价款的支付、结算及交工验收办法,材料、设备及技术资料供应计划等。本项目有关资料如下:

《××电力生产调度楼施工合同》

××电力生产调度楼工程《施工招标文件》

××电力生产调度楼工程《标前答疑纪要》

××电力生产调度楼工程《工程量清单》

2. 经过会审的施工图

包括单位工程的全部施工图纸、会审记录及构件、门窗的标准图集等有关技术资料。对于较复杂的工业厂房，还要有设备、电器和管道的图纸。

3. 建设单位对工程施工可能提供的条件

如施工用水、用电的供应量，水压、电压能否满足施工要求，可借用作为临时设施的房屋数量，施工用地等。

4. 本工程的资源供应情况

如施工中所需劳动力、各专业工人数，材料、构件、半成品的来源，运输条件、运距、价格及供应情况，施工机具的配备及生产能力等。

5. 施工现场的勘察资料

如施工现场的地形、地貌，地上与地下障碍物，地形图和测量控制网，工程地质和水文地质，气象资料和交通运输道路等。

6. 工程预算文件及有关定额

应有详细的分部、分项工程量，必要时应有分层分段或分部位的工程量及预算定额和施工定额。

7. 工程施工协作单位的情况

如工程施工协作单位的资质、技术力量、设备安装进场时间等。

8. 有关的国家规定和标准

如施工及验收规范、质量评定标准及安全操作规程等。如本项目施工组织设计编制的国家及行业有关规定、标准如下：

《建筑施工组织设计规范》(GB/T50502—2009)

《混凝土结构工程施工质量验收规范》(GB50204—2002)

《建筑地面工程施工质量验收规范》(GB50209—2002)

《屋面工程质量验收规范》(GB50207—2002)

《建筑装饰装修工程施工质量验收规范》(GB50210—2002)

《建筑地基基础工程施工质量验收规范》(GB50202—2002)

《冷轧扭钢筋砼技术规程》(JBJ115—97)

《钢筋焊接及验收规范》(GBJ202—83)

《砌体工程施工质量验收规范》(GB50203—2002)

《施工现场临时用电安全技术规范》(JGJ46—88)

《建筑施工安全检查标准》(JGJ59—99)

《建筑施工高处作业安全技术规范》(JGJ80—91)

《龙门架及井架物料提升机安全技术规范》(JGJ88—92)

《建筑工程施工质量验收统一标准》(GB50300—2001)

9. 有关的参考资料及类似工程施工组织设计实例

情境 2.2　施工部署与施工方案设计

表 2-3　工作任务表

能力目标	主讲内容	学生完成任务	评价标准	
通过学习,使学生学会编制框架结构房屋建筑工程施工方案	介绍了框架结构房屋建筑工程施工方案主要解决的问题和主要内容	根据本项目的基本条件,在学习过程中完成施工方案设计	优秀	能够根据具体工程条件编制合理的施工方案
			良好	能够编制一般框架结构房屋建筑工程的施工方案
			合格	掌握了框架结构房屋建筑工程的施工方案的编制内容

2.2.1　框架结构房屋建筑工程施工部署与施工方案

2.2.1.1　框架结构房屋建筑工程施工部署与施工方案的内容

框架结构房屋建筑工程施工部署与施工方案的内容与项目 1 中对应内容大致相同。但由于项目结构形式不同,导致工程对应工作内容有差异。就施工部署与施工方案方面来说,主要表现在施工顺序和主要施工方法上的不同。

2.2.1.2　多层全现浇钢筋混凝土框架结构房屋的施工顺序

钢筋混凝土框架结构多用于多层民用房屋和工业厂房,也常用于高层建筑。这种房屋的施工,一般可划分为基础工程、主体结构工程、围护工程和装饰工程等四个阶段。图 2-1 即为 n 层现浇钢筋混凝土框架结构房屋施工顺序示意图。

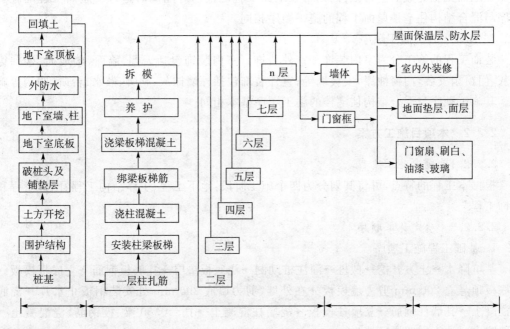

图 2-1　多层现浇钢筋混凝土框架结构房屋施工顺序示意图(地下室一层、桩基础)

注:主体二—n 层的施工顺序同一层

　　1. 基础工程施工顺序

　　多层全现浇钢筋混凝土框架结构房屋的基础一般可分为有地下室和无地下室基础工程。若有地下室一层，且房屋建造在软土地基时，基础工程的施工顺序一般为：桩基→围护结构→土方开挖→破桩头及铺垫层→地下室底板→地下室墙、柱（防水处理）→地下室顶板→回填土。

　　若无地下室，且房屋建造在土质较好的地区时，基础工程的施工顺序一般为：挖土→垫层→基础（扎筋、支模、浇混凝土、养护、拆模）→回填土。

　　在多层框架结构房屋的基础工程施工之前，和混合结构房屋一样，也要先处理好基础下部的松软土、洞穴等，然后分段进行平面流水施工。施工时，应根据当地的气候条件，加强对垫层和基础混凝土的养护，在基础混凝土达到拆模要求时及时拆模，并提早回填土，从而为上部结构施工创造条件。

　　2. 主体结构工程的施工顺序（假定采用木制模板）

　　主体结构工程即全现浇钢筋混凝土框架的施工顺序为：绑柱钢筋→安柱、梁、板模板→浇柱混凝土→绑扎梁、板钢筋→浇梁、板混凝土。柱、梁、板的支模、绑筋、浇混凝土等施工过程的工作量大，耗用的劳动力和材料多，而且对工程质量和工期也起着决定性作用。故需把多层框架在竖向上分成层，在平面上分成段，即分成若干个施工段，组织平面上和竖向上的流水施工。

　　3. 围护工程的施工顺序

　　围护工程的施工包括墙体工程、安装门窗框和屋面工程。墙体工程包括砌砖用的脚手架的搭拆，内、外墙砌筑等分项工程。不同的分项工程之间可组织平行、搭接、立体交叉流水施工。屋面工程、墙体工程应密切配合，如在主体结构工程结束之后，先进行屋面保温层、找平层施工，待外墙砌筑到顶后，再进行屋面油毡防水层的施工。脚手架应配合砌筑工程搭设，在室外装饰之后、做散水坡之前拆除。内墙的砌筑顺序应根据内墙的基础形式而定，有的需在地面工程完成后进行，有的则可在地面工程之前与外墙同时进行。屋面工程的施工顺序与混合结构住宅楼屋面工程的施工顺序相同。

　　4. 装饰工程的施工顺序

　　装饰工程的施工分为室内装饰和室外装饰。室内装饰包括天棚、墙面、楼地面、楼梯等抹灰，门窗扇安装，门窗油漆，安玻璃等；室外装饰包括外墙抹灰、勒脚、散水、台阶、明沟等施工。其施工顺序与混合结构住宅楼的施工顺序基本相同。

2.2.2　本项目施工方案

2.2.2.1　确定施工流程

　　根据本工程的特点，可将其划分为四个施工阶段：地下工程、主体结构工程、围护工程和装饰工程。

2.2.2.2　确定施工顺序

　　1. 基础工程施工顺序

　　基坑降水→土方开挖→截桩→灌注桩动测→浇底板垫层→扎底板钢筋→立底板模板→在底板顶悬立 200 mm 剪力墙模板→在外墙、剪力墙底 200 mm 处安装钢板止水片→浇底板混凝土→扎墙柱钢筋→立墙柱模板→浇墙柱混凝土→扎±0.00 梁、板钢筋、浇混凝土→外墙防水→地下室四周回填土。

2. 主体结构施工顺序

在同一层中:弹线→绑扎墙柱钢筋、安装预埋件→立柱模、浇柱混凝土→立梁、板及内墙模板→浇内墙混凝土→绑扎梁、板钢筋→浇梁、板混凝土。

3. 围护工程的施工顺序

包括墙体工程(搭设脚手架、砌筑墙体、安装门窗框)、屋面工程(找平层、防水层施工、隔热层)等内容。

不同的分项工程之间可组织平行、搭接、立体交叉流水作业,屋面工程、墙体工程、地面工程应密切配合,外脚手架的架设应配合主体工程的施工,并在做散水之前拆除。

4. 装饰工程施工顺序

施工流向为:室外装饰自上而下;室内同一空间装饰施工顺序为天棚→墙面→地面;内外装饰同时进行。

2.2.2.3　施工方法及施工机械

1. 施工降水与排水

(1)施工降水

①本工程地下室混凝土底板尺寸位 25.6 m×25.8 m,现有地面高程为▼ 14.8 m,基底开挖高程为▼ 9.62 m,开挖深度 5.17 m,地下水位位于地表下 0.5～1.0 m,属潜水型。根据工程地质报告,计划采用管井降水。计划管井深 13.0 m,管井直径 0.8 m,滤水管直径 0.6 m。经设计计算管井数为 8 个,滤水管长度为 3.03 m。管井沿基坑四周布置,可将地下水位降至基坑底部以下 1.0 m。

②管井的构造。下部为沉淀管,上部为不透水混凝土管,中部为滤水管。滤水管采用 $\phi 600$ mm 混凝土无砂管,外包密眼尼龙砂布一层;在井壁与滤水管之间填 5～10 mm 的石子作为反滤料,在井壁与不透水混凝土管之间用粘土球填实。

③降水设备及排水管布置。降水设备采用 QY－25 型潜水泵 10 台,8 台正常运行,2 台备用。该设备流量为 15 m^3/h,扬程为 25m,出水管直径为 2 英寸。井内排水管采用直径为 2 英寸的橡胶排水管,井外排水管网的布置,可根据市政下水道的位置采用就近布置与下水道相连的方案。

④管井的布置。如图 2-2 所示。

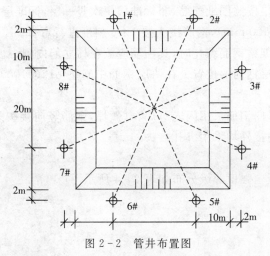

图 2-2　管井布置图

（2）施工排水

本工程因基础挖深大，基础施工期较长，故要考虑因雨雪天而引起的地表水的排水问题。可在基坑四周开挖截水沟，在基坑底部四周布置环向排水沟，并设置集水井由潜水泵排至基坑上截水沟，再排至市政下水道。

2. 土方工程

地下室土方开挖深度约 5.0 m 左右，分两层开挖，开挖边坡采用 1∶1。土方除部分留在现场做回填土外，其余用自卸汽车运至场外。第一层开挖深度约 1.5 m，位于灌注桩顶上，用反铲挖掘机开挖；第二层开挖深度约 3.5 m，为桩间掏土，采用机械与人工配合的施工方法施工，机械挖桩之间的土，人工清理桩周围的土。机械施工时要精心，不能碰桩和钢筋。

3. 截桩与动测检验

对于桩上部的截除，采用人工施工，配以空压机、风镐等施工机具，以提高截桩效率。桩截除后，用 Q25t 汽车吊出基坑，装汽车运至弃桩处。

截桩完毕后，及时聘请科研单位对桩基进行动测检验。

4. 混凝土结构工程

（1）模板工程

①地下室底板模：采用钢模板，外侧用围檩加斜撑固定，内侧用短钢筋点焊在底板钢筋上。

②地下室外墙模板：采用九合板制作，背枋用木方，围檩用 2 根 ϕ48 钢管和止水螺杆组成，内面用活动钢管顶撑在底板上用预埋钢筋固定，外侧活动钢管顶撑。

③内墙模板：内墙模板在绑扎钢筋前先支立一面模板，待扎完钢筋后再支另一面，其材料和施工方法同地下室外墙。墙两侧均用活动钢管顶撑支撑，采用 ϕ20PVC 管内穿 ϕ12 钢螺杆拉结，以便螺杆的周转使用。

④柱模及梁板模采用夹板、木方现场支立。

（2）钢筋工程

①底板钢筋。地下室底板为整体平板结构，沿墙、柱轴线双向布置钢筋形成暗梁。绑扎时暗梁先绑，板钢筋后穿。施工时采用 ϕ32 钢筋和∟75×8 角钢支架对上层钢筋进行支撑固定。

②墙、柱钢筋。严格按照图纸配筋，非标准层每次竖一层，标准层均为每次竖两层；内墙全高有三次收缩（每次 100 mm），钢筋接头按 1∶6 斜度进行弯折。

③梁、板钢筋。框架梁钢筋绑扎时，其主筋应放在柱立筋内侧。板筋多为双层且周边悬挑长度较大，为固定上层钢筋的位置。在两层钢筋中间垫 ϕ12@1000 mm 自制钢筋马凳以保证其位置准确。

④钢筋接头。水平向钢筋采用闪光对焊、电弧焊，钢筋竖向接头采用电渣压力焊。ϕ20以下钢筋除图纸要求焊接外均采用绑扎接头。

（3）混凝土工程

本工程各楼层混凝土强度等级分布如表 2-4 所示。

表 2-4　各楼层结构混凝土强度等级

强度等级	剪力墙与柱	梁与板
C50	地下室底板至 5 层	—
C40	6～8 层	—
C30	9～18 层	1～18 层
C20	构造柱、圈梁和过梁	

①材料。采用 52.5 级普通硅酸盐水泥；砂石骨料的选用原则是，就地取材，要求质地坚硬、级配良好，石子的含泥量控制在 1 % 以下，砂中的含泥量控制在 3 % 以下，细度模数在 2.6～2.9 之间；外加剂采用 AJ－G1 高效高强减水剂，掺量为水泥重量的 4 %。

材料进场后应做下列试验：水泥体积安定性、强度等检验；砂细度检验；石子压碎指标、级配试验；外加剂与水泥的适应性试验。

②C50 混凝土的配合比如表 2-5 所示。

表 2-5　C50 大体积混凝土配合比

| 材料名称 | 水泥 | 砂 | 石 | 水 | AJ－G1 |
	kg	kg	kg	kg	kg
材料用量	482	550	1285	164	19.28
配合比	1	1.14	2.66	0.34	0.04

③混凝土。由于混凝土浇筑量大，故选用两台 JS500 型强制式搅拌机搅拌，砂石料用装载机上料、两台 PL800 型配料机电脑自动计量，减水剂由专人用固定容器投放。混凝土运输采用一台 QTZ40D 型塔吊，以确保计量准确，快速施工，保证浇筑质量。

④混凝土浇筑。在保证结构整体性的原则下，根据减少约束的要求，混凝土底板的浇筑确定采用阶梯式分层（≤500 mm）浇筑法施工，用插入式振捣器振捣，表面用平板振动器振实。由于底板混凝土的强度等级为 C50，且属于大体积混凝土，混凝土内部最高温度大，为防止混凝土表面出现温度裂缝，通过热工计算，决定采用在混凝土表面和侧面覆盖二层草袋和一层塑料薄膜进行保温，可确保混凝土内外温差小于 25 ℃。为进一步核定数据，本工程设置了 9 个测温区测定温度，测温工作由专人负责每 2h 测一次，同时测定混凝土表面大气温度，测温采用热电偶温度计，最后整理存档。

对于墙、柱混凝土，应分层浇捣，底部每层高度不应超过 400 mm、时间间隔 0.5 h，用插入式振捣器振捣。

对于梁、板混凝土的浇筑，除采用插入式振捣器振捣外，还采用钢制小马凳作为厚度控制的标志，马凳间距为 2500 mm，表面用平板振动器振实，然后整平扫毛。

在施工缝处继续浇筑混凝土时，必须待以浇筑的混凝土强度达到 1.2 MPa，清除浮浆及松动的石子，然后铺与混凝土中砂浆成分相同的水泥砂浆 50 mm，仔细振捣密实，使新旧混凝土结合紧密。

⑤混凝土养护。底板大体积混凝土表面和侧面覆盖二层草袋和一层塑料薄膜进行保温 14d，其他梁、板、柱、墙混凝土浇水养护 7d。养护期间应保证构件表面充分湿润。

5. 脚手架工程

(1)外脚手架

1～3层外墙脚手架直接从夯实的地面上搭设。

4～18层外墙脚手架,经方案比较后,决定采用多功能提升外脚手架体系。

①脚手架部分。为双挑外脚手架,采用 φ48 普通钢管扣成,脚手架全高四层楼高(即13.2 m),共八步,每步高 1650 mm。第一步用钢管扣件搭成双排承重桁架,两端支承在承力架上,脚手架有导向拉固圈及临时拉结螺栓与建筑物相连。

②提升部分。提升机具采用 10t 电动葫芦 16 台,提升速度为 60～100 mm/min,提升机安架在斜拉式三脚架上,承力三脚架与框架梁、柱紧固,形成群机提升体系。

③安装工艺。预埋螺栓→承力架安装并抄平→立杆→安装承重架上、下弦管并使下弦管在跨中起拱 30 mm→桁架斜横管→桁架横距间三把剪刀撑→桁架上、下弦杆处水平撑→逐步搭设上面六步普通脚手架→铺跳板,设护栏及安全网。

④提升。作好提升前技术准备、组织准备、物资准备、通讯联络准备工作,向操作人员做好技术交底和安全交底;在提升前拆除提升机上部一层之内两跨间连接的短钢管,挂好倒链,拉紧吊钩;然后再拆除承力架、拉杆与结构柱、梁间的紧固螺栓,并拆除临时拉固螺栓;最后由总指挥按监视员的报告统一发令提升,提升到位后安装螺栓和拉杆,并把承力架和提升机吊至上层固定好为下次提升做好准备。提升一层约在 1.5～2h 完成。

(2)内脚手架:采用工具式脚手架。

6. 砌体工程

外墙一律采用 190 mm 厚非承重粘土空心砖砌筑,每日砌筑高度小于或等于 2.4 m。砌体砌到梁底一皮后应隔天再砌,并采用实心砖砌块斜砌塞紧。

砌块砌筑时应与预埋水、电管相配合,墙体砌好后用切割机在墙体上开槽安装水、电管,安装好后用砂浆填塞,抹灰前加铺点焊钢丝网(出槽≥100 mm)。

所有砌块在与钢筋混凝土墙、柱接头处,均需在浇筑混凝土时预埋圈、过梁插筋及墙拉结筋,门窗洞口、墙体转角处及超过 6 m 长的砌块墙每隔 3 m 设一道构造柱以加强整体性。

所有不同墙体材料连接处抹灰前加铺宽度≥300 mm 的点焊网,以减少因温差而引起的裂缝。

7. 防水工程

(1)地下室底板防水

防水层做在承台以下、垫层以上的迎水面,施工时待 C15 混凝土垫层做好 24 h 后清理干净,用"确保时"涂料与洁净的砂按 1:1.5 调成砂浆抹 15 mm 厚防水层,施工时基底应保持湿润。防水层施工后 12 h 做 25 mm 厚砂浆保护层。

(2)地下室外墙防水

①基层处理。地下室外墙应振捣密实,混凝土拆摸后应进行全面检查,对基层的浮物、松散物及油污用钢丝刷清除掉,孔洞、裂缝先用凿子剔成宽 20 mm、深 25 mm 的沟,用 1:1"确保时"砂浆补好。

②施工缝处理。沿施工缝开凿 20 mm 宽,25 mm 深的槽,用钢丝刷刷干净,用砂浆填补后抹平,12 h 后用聚氨酯涂料刷两遍做封闭防水。

③止水螺杆孔。先将固定模板用的止水螺杆孔周围开凿成直径 50 mm、深 20 mm 的槽

穴,处理方法同施工缝。

④防水层。在冲洗干净后的墙上(70 ％的湿度)用"确保时"与水按 1：0.7 调成浆液涂刷第一遍防水层;3 h 后用"确保时"与水按 1：0.5 配成稠浆刮补气泡及其他孔隙处,再用"确保时"与水按 1：1 浆液涂刷第二遍防水层;4～6 h 后用"确保时"1：0.7 浆液涂刷第三遍防水层;3 h 后用"确保时"1：0.5 稠浆刮补薄弱的地方,接着用"确保时"1：1 浆液涂刷第四遍防水;6 h 后用 107 胶拌素水泥喷浆,然后做 25 mm 厚砂浆保护层。以上各道工序完成后,视温度用喷雾养护,以保证质量。

⑤屋面防水。屋面防水必须待穿屋面管道装完后才能开始,其做法是先对屋面进行清理,然后做砂浆找平层,待找平层养护两昼夜后刷"确保时"(1：1)涂料两遍,4 周刷至电梯屋面机房墙及女儿墙上 500 mm。

8. 屋面工程

屋面按要求做完防水及保护层后即做 1：8 水泥膨胀珍珠岩找坡层,其坡向应明显。找坡层做好养护,3 d 开始做面层找平层,然后做防水层。

9. 楼地面工程

(1)准备工作

①检查水泥地面有无空鼓现象,如有先返修;

②认真清理砂浆面层上的浮灰、尘砂等;

③选好地板,对色差大的板块予以剔除。

(2)铺帖

①胶粘剂配合比为 107 胶：普通硅酸盐水泥：高稠度乳胶＝0.8：1：10,胶粘剂应随配随用;

②用湿毛巾清除板块背面灰尘;

③铺帖过程中,用刷子均匀铺刷粘结混合液,每次刷 0.4 m,厚 1.5 mm 左右,板块背面满刷胶液,两手用力挤压,直至胶液从接缝中挤出为止;

④板块铺帖时留 5 mm 的间隙,以避免温度、湿度变化引起板块膨胀而起鼓;

⑤每铺完一间,封闭保护好,3 d 后才能行人,且不得有冲击荷载;

⑥严格控制磨光时间,在干燥气候下,7 d 左右可开磨,阴雨天酌情延迟。

10. 门窗工程

(1)铝合金门窗

外墙刮糙完成后开始安装铝合金框。安装前每樘窗下弹出水平线,使铝窗安装在一个水平标高上;在刮完糙的外墙上吊出门窗中线,使上下门窗在一条垂直线上。框与墙之间缝隙采用沥青砂浆或沥青麻丝填塞。

(2)隐框玻璃幕墙

工艺流程:放线→固定支座安装→立梃和横梁安装→结构玻璃装配组件安装→密封及四周收口处理→检查及清洁。

①放线及固定支座安装。幕墙施工前放线检查主体结构的垂直与平整度,同时检查预埋铁件的位置标高,然后安装支座。

②立梃和横梁安装。立梃骨架安装从下向上进行,立梃骨架接长,用插芯接件穿入立梃骨架中连接,立梃骨架用钢角码连接件与主体结构预埋件先点焊连接,每一道立梃安装好后

用经纬仪校正,然后满焊作最后固定。横梁与立梃骨架采用角铝连接件。

③玻璃装配组件的安装。玻璃装配组件的安装由上往下进行,组件应相互平齐、间隙一致。

④装配组件的整封。先对密封部位进行表面清洁处理,达到组件间表面干净,无油污存在。

放置泡沫杆时考虑不应过深或过浅。注入密封耐候胶的厚度取两板间胶缝宽度的一半。密封耐候胶与玻璃、铝材应粘节牢固,胶面平整光滑,最后撕去玻璃上的保护胶纸。

11. 装饰工程

(1)顶棚抹灰

采用刮水泥腻子代替水泥砂浆抹灰层,其操作要点:

①基层清理干净,凸出部分的混凝土凿除,蜂窝或凹进部分用 1:1 水泥砂浆补平,露出顶棚的钢筋头、铁钉刷两遍防锈漆;

②沿顶棚与墙阴角处弹出墨线作为控制抹灰厚度的基准线,同时可确保阴角的顺直;

③水泥腻子用 42.5 级水泥:107 胶:石粉:甲基纤维素＝1:0.33:1.66:0.08(重量比)专人配置,随配随用;

④批刮腻子两遍成活,第一遍为粗平,厚 3 mm 左右,待干后批刮第二遍,厚 2 mm 左右;

⑤7d 后磨砂纸、细平、进行油漆工序施工。

(2)外墙仿石饰面

①材料

仿石砖:规格为 40 mm×250 mm×15 mm,表面为麻面,背面有凹槽,两侧边呈波浪形。

克拉克胶粘剂:超弹性石英胶粘剂(H40),外观为白色或灰色粉末,有高度粘合力。

粘合剂(P6)为白色胶状物,用来加强胶粘剂的粘合力,增强防水用途。

填补剂(G)为彩色粉末,用来填 4～15 mm 的砖缝,有优良的抗水性、抗渗性及抗压性。

②基层处理:清理干净墙面,空心砖墙与混凝土墙交接处在抹灰前铺 300 mm 宽点焊网,凿出混凝土墙上穿螺杆的 PVC 管,用膨胀砂浆填补,在混凝土表面喷素浆水泥(加 3 % 的 107 胶)。

③砂浆找平:在房屋阴阳角位置用经纬仪从顶部到底部测定垂直线,沿垂直线做标志。

抹灰厚度宜控制在 12 mm 以内,局部超厚部分加铺点焊网,分层抹灰。为防止空鼓,在抹灰前满刷 YJ—302 混凝土界面剂一遍,1:2.5 水泥砂浆找平层完成后洒水养护 3 d。

④镶贴仿石砖

a. 选砖。按砖的颜色、大小、厚薄分选归类。

b. 预排。在装好室外铝窗的砂浆基层上弹出仿石砖的横竖缝,并注意窗间墙、阳角处不得有非整砖。

c. 镶贴。砂浆养护期满达到基本干燥,即开始贴仿石砖,仿石砖应保持干燥但应清刷干净,镶贴胶浆配比为 H40:P6:水＝8:1:1。镶贴时用铁抹子将胶浆均匀地抹在仿石砖背面(厚度 5 mm 左右),然后贴于墙面上。仿石砖镶贴必须保持砖面平整,混合后的胶浆须在 2h 内用完,粘结剂用量为 4～5 kg/m²。

d. 填缝。仿石砖贴墙后 6 h 即可进行,填缝前砖边保持清洁,填缝剂与水的比例为 G:水＝5:1。填缝约 1h 后用清水擦洗仿石砖表面,填缝剂用量 0.7 kg/m²。

12. 施工机具设备

主要施工机具如表 2-6 所示。

表 2-6　主要施工机具一览表

序号	机具名称	规格型号	单位	数量	计划进场时间	备注
1	塔吊	QTZ40D	台	1	2001.2	
2	双笼上人电梯	SCD100/100	台	1	2001.4	
3	井架(配 3t 卷扬机)	角钢 2×2 m	套	2	2001.4	
4	QY25 型水泵	扬程 25 m	台	10	2001.1	
5	水泵	扬程 120 m	台	1	2001.4	
6	对焊机	B11—01	台	1	2001.1	
7	电渣压力焊机	MHS—36A	台	3	2001.1	
8	电弧焊机	交直流	台	3	2001.1	
9	钢筋弯曲机	WJ—40	台	4	2001.1	
10	钢筋切断机	QJ—40	台	2	2001.1	
11	强制式搅拌机	JS—500	台	1	2001.2	
12	砂石配料机	PL800	套	1	2001.2	
13	砂浆搅拌机	150L	台	1	2001.2	
14	平板式振动器	2.2kw	台	2	2001.2	
15	插入式振动器	1.1kw	台	8	2001.1	
16	木工刨床	HB300—15	台	1	2001.1	
17	圆盘锯		台	3	2001.1	

情境 2.3　施工进度计划编制

表 2-7　工作任务表

能力目标	主讲内容	学生完成任务	评价标准	
通过学习,使学生掌握单代号网络计划技术、流水作业的原理、流水施工参数,从而学会用单代号网络图、横道图编制房屋建筑工程施工进度计划	介绍了单代号网络图的绘制及时间参数的计算。着重介绍了流水施工作业的原理、方法、流水参数的确定、流水作业的组织方式等	根据本项目的基本条件,在学习过程中完成施工进度计划编制,并能进行调整优化	优秀	能掌握单代号网络图的绘制及时间参数的计算,流水作业的原理和方法,能用单代号网络图和横道图编制房屋建筑工程施工进度计划
			良好	能掌握单代号网络图的绘制及时间参数的计算,流水作业的原理和方法,能用横道图编制房屋建筑工程施工进度计划
			合格	能掌握单代号网络图的绘制及时间参数的计算,流水作业的原理和方法

2.3.1　流水施工

2.3.1.1　流水施工基本概念

1. 施工组织方式

流水施工又叫流水作业,它与一般工业流水生产线的作业方式原理相似,是组织产品生产过程中科学理想的方法。流水施工方式将产品的生产过程合理分解、科学组织,能使施工连续、均衡地进行,节省工期,降低生产成本,提高经济效益。

除流水施工方式外,常见的施工组织方式还有依次施工和平行施工。

现有三幢相同的建筑物的基础施工,施工过程为挖土、垫层、基础混凝土和回填土。每个施工过程在每段上的作业时间均为 1 d。每个施工过程所对应的施工人员分别为 6、12、10、8,分别采用三种组织方式施工,并加以比较。

(1)依次施工

依次施工也称顺序施工,是指各施工队依次开工、依次完成的一种施工组织方式,如图 2-3、图 2-4 所示。

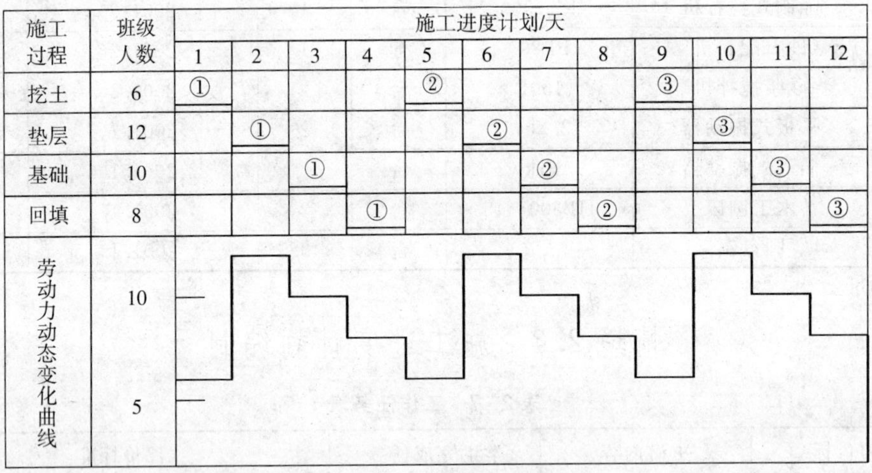

图 2-3　按幢(或施工段)依次施工

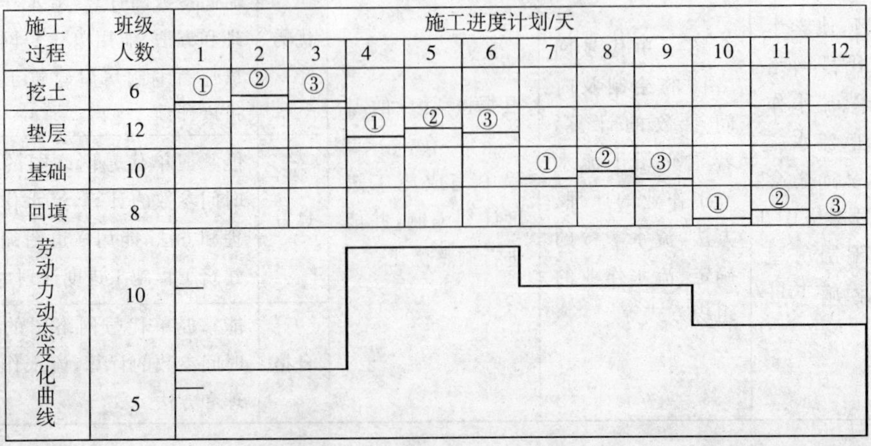

图 2-4　按施工过程依次施工

由图 2-3、图 2-4 可以看出，依次施工是按照单一的顺序组织施工，现场管理比较简单，单位时间内投入的劳动力等物资资源比较少，有利于资源供应的组织工作，适用于规模较小、工作面有限的工程。但是，由于各专业施工队的作业不连续或工作面有间歇，时空关系没有处理好，导致工期拉得很长。

（2）平行施工

平行施工是指所有的三幢房屋（或同一施工过程）同时开工、同时完工的一种组织方式，如图 2-5 所示。

由图 2-5 可以看出，平行施工的总工期大大缩短，但是各专业施工队的数目成倍增加，单位时间内投入的劳动力等资源以及机械设备也大大增加，资源供应的组织工作难度剧增，现场组织管理相当困难。该方法通常只用于工期十分紧迫的施工项目，并且工作面须满足要求以及资源供应有保证。

（3）流水施工

流水施工是将三幢房屋按照一定的时间依次搭接，各流水段上陆续开工、陆续完工的一种组织方式，如图 2-6 所示。由图可以看出，各专业施工队的作业是连续的，不同施工过程尽可能地平行搭接，充分利用了工作面，时空关系处理得比较恰当，工期较为合理。流水施工组织方式吸取了前面两种施工方式的优点，克服了它们的缺点，是一种比较科学的施工组织方式。

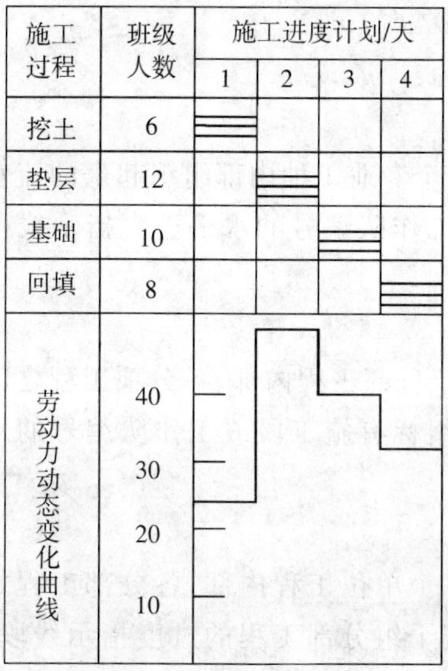

图 2-5　平行施工

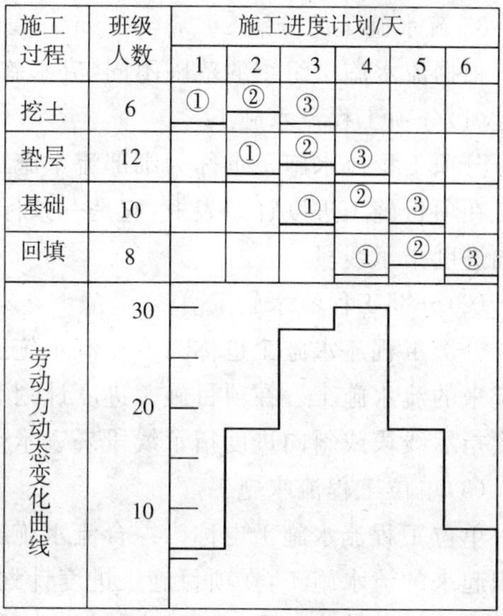

图 2-6　流水施工

2. 流水施工的组织条件及表达方式

（1）流水施工的组织条件

①划分施工段（批量产品）；

②划分施工过程（多工序）；

③每个施工过程组织独立的施工班组；

④主要（导）施工过程施工要连续、均衡；

⑤相邻施工过程间尽可能地组织平行搭接。

（2）流水施工的表达形式

①横道图。即甘特图,亦称水平图表,其形式见图2-3~图2-6。它的优点是简单、直观、清晰明了。

②斜线图。亦称垂直图表,其形式见图2-7。斜线图以斜率形象地反映各施工过程的施工节奏性(速度)。

③网络图。其形式见情境1.4和后续内容,网络图的优点在于逻辑关系表达清晰,能够反映出计划任务的主要矛盾和关键所在,并可利用计算机进行参数计算、目标优化和控制调整等全面地管理。

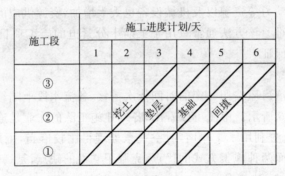

图2-7　用斜线图表达的流水施工

3. 流水施工的分级

根据流水施工组织的范围不同,流水施工通常可分为:

（1）分项工程流水施工

分项工程流水施工也称为细部流水施工。它是在一个专业工种内部组织起来的流水施工。在项目施工进度计划表上,它是一条标有施工段或工作队编号的水平进度指示线段或斜向进度指示线段。

（2）分部工程流水施工

分部工程流水施工也称为专业流水施工,它是在一个分部工程内部、各分项工程之间组织起来的流水施工。在项目施工进度计划表上,它由一组标有施工段或工作队编号的水平进度指示线段或斜向进度指示线段来表示。

（3）单位工程流水施工

单位工程流水施工也称为综合流水施工。它是在一个单位工程内部、各分部工程之间组织起来的流水施工,在项目施工进度计划表上,它是若干组分部工程的进度指示线段,并由此构成一张单位工程施工进度计划。

（4）群体工程流水施工

群体工程流水施工亦称为大流水施工。它是在一个单位工程之间组织起来的流水施工。反映在项目施工进度计划上,是一张项目施工总进度计划。

2.3.1.2　流水施工参数

为了表达或描述流水施工在施工工艺、空间布置和时间安排上所处的状态而引入的一些参数,称为流水施工参数,包括工艺参数、空间参数和时间参数。

1. 工艺参数

(1)施工过程数(n)

施工过程是指用来表达流水施工在工艺上开展层次的相关过程。其数目的多少与施工计划的性质和作用、施工方案、劳动力组织与工程量的大小等因素有关。

(2)流水强度(V)

流水强度是指某施工过程在单位时间内所完成的工程数量。分为如下两种：

①机械施工过程的流水强度

$$V = \sum N_i P_i \tag{2-1}$$

式中，N——投入施工过程的某种机械台数；

P——投入施工过程的某种机械产量定额。

②人工操作施工过程的流水强度

$$V = \sum N_i P_i \tag{2-2}$$

式中，N——投入施工过程的专业工作队人数；

P——投入施工过程的工人的产量定额。

2. 空间参数

(1)工作面(a)

工作面是指某专业工种进行施工作业所必需的活动空间。主要工种工作面的参考数据如表 2-8 所示。

表 2-8 主要工种工作面的参考数据

工作项目	工作面大小	工作项目	工作面大小
砌砖基础	7.6 m/人	预制钢筋混凝土柱、梁	3 m²/人
砌砖墙	8.5 m/人	预制钢筋混凝土板	1.9 m²/人
现浇混凝土柱	2.45 m2/人	卷材屋面	18.6 m²/人
现浇混凝土梁	3.2 m²/人	门窗安装	11 m²/人
现浇混凝土板	5.3 m²/人	内墙抹灰	18.5 m²/人
混凝土地面及面层	40 m²/人	外墙抹灰	16 m²/人

(2)施工段(m)

为了实现流水施工,通常将施工项目划分为若干个相等的部分,即施工段。施工段数目的多少将直接影响流水施工的效果,合理地划分施工段应遵守以下原则：

①施工段的数目及分界要合理；

②各施工段上的劳动量应大致相等；

③满足各专业工种对工作面的要求；

④建筑(构筑)物为若干层时,施工段的划分要同时考虑平面方向和竖直方向。

应特别指出,当存在层间关系时 m 需满足：$m \geq n$。

3. 时间参数

(1)流水节拍(t_i)

各专业施工班组在某一施工段上的作业时间称为流水节拍,用 t_i 表示。流水节拍的大小可以反映施工速度的快慢、节奏感的强弱和资源消耗的多少。

流水节拍的确定,通常可以采用以下方法:

①定额计算法

$$t_i = Q_i/S_iR_iN_i = P_i/R_iN_i \qquad (2-3)$$

式中,Q_i——施工过程 i 在某施工段上的工程量;

S_i——施工过程 i 的人工或机械产量定额;

R_i——施工过程 i 的专业施工队人数或机械台班;

N_i——施工过程 i 的专业施工队每天工作班次;

P_i——施工过程 i 在某施工段上的劳动量。

②经验估算法

$$t = (a+4c+b)/6 \qquad (2-4)$$

式中,a——最长估算时间;

b——最短估算时间;

c——正常估算时间。

③工期计算法

根据工期倒排进度,确定某施工过程的工作持续时间 D_i;

确定某施工过程在某施工段上流水节拍 t_i

$$t_i = D_i/m \qquad (2-5)$$

需要说明一下,在确定流水节拍时应考虑以下几点:

a. 满足最小劳动组合和最小工作面的要求;

b. 工作班制要适当;

c. 机械的台班效率或台班产量的大小;

d. 先确定主导工程的流水节拍;

e. 计算结果取整数。

(2)流水步距(B)

流水步距是指相邻两个施工过程先后进入第一个施工段开始施工的时间间隔,用 $B_{i,i+1}$ 表示。流水步距可反映出相邻专业施工过程之间的时间衔接关系。通常,当有 n 个施工过程,则有 $n-1$ 个流水步距值。流水步距在确定时,需注意以下几点:

①要满足相邻施工过程之间的相互制约关系;

②保证各专业施工班组能够连续施工;

③以保证质量和安全为前提,对相邻施工过程在时间上进行最大限度地、合理地搭接。

(3)间歇时间(Z)

根据工艺、技术要求或组织安排而留出的等待时间,按其性质,分为技术间歇 t_j 和组织间歇 t_z。

（4）搭接时间（t_d）

前一个工作队未撤离，后一施工队即进入该施工段。两者在同一施工段上同时施工的时间称为平行搭接时间，以 t_d 表示。

（5）流水工期（T_L）

自参与流水的第一个队组投入工作开始，至最后一个队组撤出工作面为止的整个持续时间。

$$T_L = \sum B + T_n \qquad\qquad (2-6)$$

式中，B——流水步距；

　　T_n——最后一个施工过程作业时间。

2.3.1.3　流水施工的基本方式

1. 全等节拍流水

所有施工过程在任意施工段上的流水节拍均相等，也称固定节拍流水。根据其有无间歇时间或搭接时间，而将全等节拍流水分为无间歇全等节拍流水和有间歇全等节拍流水。

（1）无间歇全等节拍流水

①特点

a. $t_i = t$（常数）；

b. $B_{i,i+1} = t_i = t$（常数）；

c. 专业工作队数目等于施工过程数，即 $N = n$；

d. 各专业工作队均能连续施工，工作面没有停歇。

②工期计算

a. 不分层施工

$$T_L = \sum B + T_n = (n-1)t + mt = (m+n-1)t$$

式中，T_L——流水施工工期；

　　m——施工段数；

　　n——施工过程数；

　　t——流水节拍。

b. 分层施工

$$T_L = (m \times r + n - 1)t$$

式中，r——施工层数；其他含义同前（见图 2-8）。

（2）有间歇全等节拍流水

①特点

a. $t_i = t$（常数）；

b. $B_{i,i+1}$ 与 t_i 未必相等；

c. 专业工作队数目等于施工过程数，即 $N = n$；

d. 有间歇或同时有搭接时间。

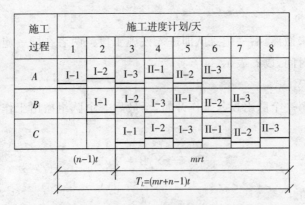

图 2-8　分层施工

注:表中 Ⅰ、Ⅱ 分别表示两相邻施工层编号

②工期计算

a. 不分层施工

$$T_L = \sum B + T_n = (n-1)t + Z_1 - \sum t_d + mt = (m+n-1)t + Z_1 - \sum t_d$$

式中,Z_1——层内间歇时间之和($Z_1 = \sum t_{j1} + \sum t_{z1}$);

$\sum t_d$——搭接时间之和;其他意义同前。

说明:$\sum t_{j1}$、$\sum t_{z1}$ 分别为层内技术间歇时间和层内组织间歇时间,详见图 2-9。

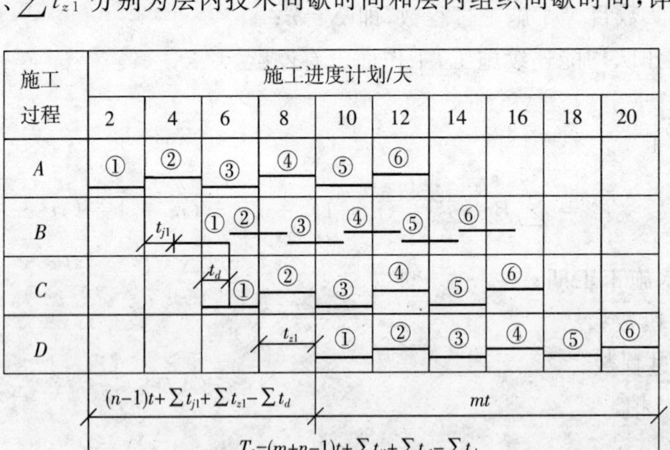

施工过程	施工进度计划/天									
	2	4	6	8	10	12	14	16	18	20
A	①	②	③	④	⑤	⑥				
B		t_{j1}	① ②	③	④	⑤	⑥			
C			t_d ①	②	③	④	⑤	⑥		
D				t_{z1} ①	②	③	④	⑤	⑥	

$(n-1)t+\sum t_{j1}+\sum t_{z1}-\sum t_d$　　　　　　mt

$T_L=(m+n-1)t+\sum t_{j1}+\sum t_{z1}-\sum t_d$

图 2-9　有间歇不分层施工计划

b. 分层施工

$$T_L = \sum B + T_n = (n-1)t + Z_1 - \sum t_d + mrt = (mr+n-1)t + Z_1 - \sum t_d$$

或 $T_L = (nr-1)t + Z_1 + Z_2 - \sum t_d + mt = (m+nr-1)t + Z_1 + Z_2 - \sum t_d$

式中,Z_1——层内间歇时间之和($Z_1 = \sum t_{j1} + \sum t_{z1}$);

Z_2——层间间歇时间之和($Z_2 = \sum t_{j2} + \sum t_{z2}$);

其他意义同前。

说明：t_{z1} 为层内组织间歇时间；t_{j2} 为层间技术间歇时间；t_{z2} 为层间组织间歇时间，如图 2 - 10、图 2 - 11 所示。

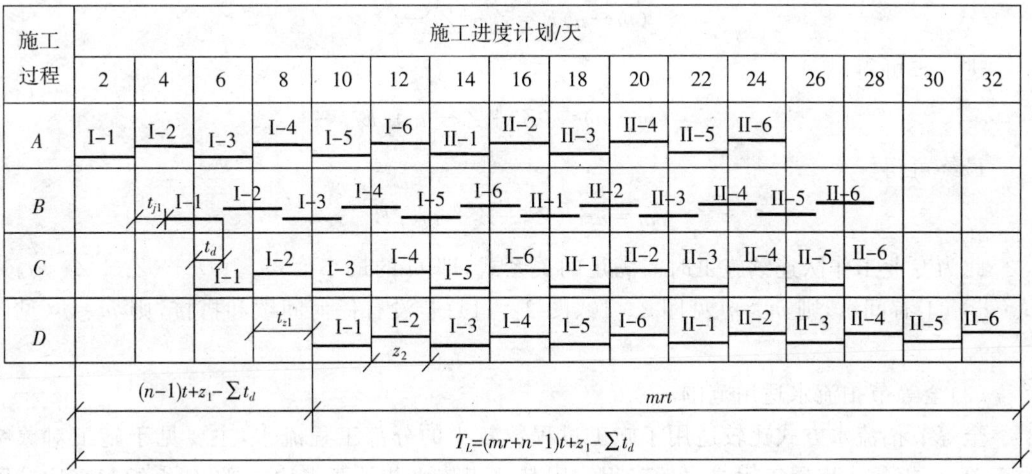

图 2 - 10　有间歇分层施工计划（水平排列）

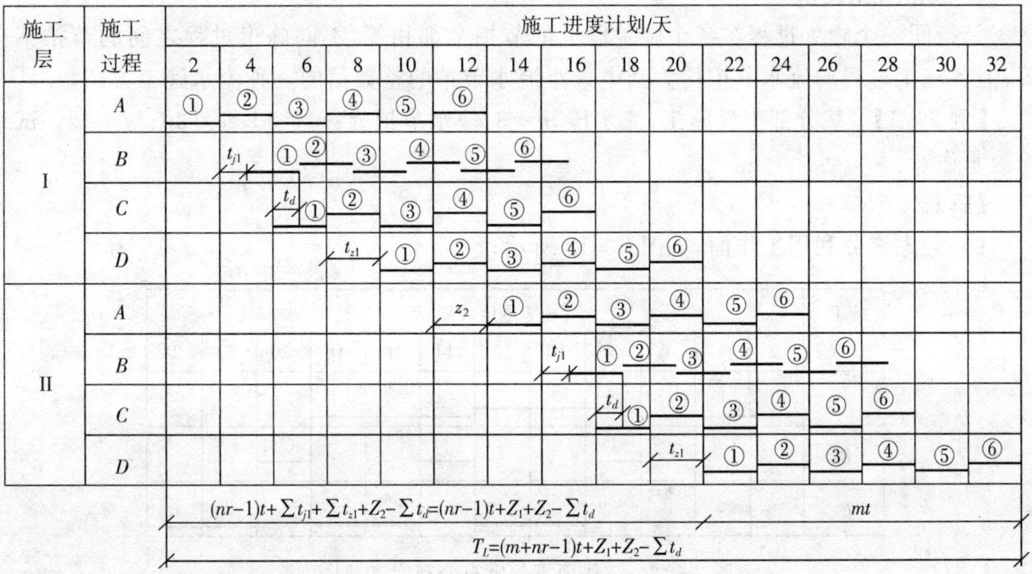

图 2 - 11　有间歇分层施工计划（竖向排列）

c. 分层施工时 m 与 n 之间的关系讨论

由图 2 - 10 可以看出，当 $r=2$ 时，有

$$T_L = (mr + n - 1)t + Z_1 - \sum t_d = (2m + n - 1)t + t_{j1} + t_{z1} - t_d$$
$$= (m + nr - 1)t + Z_1 + Z_2 - \sum t_d$$
$$= (m + 2n - 1) + 2t_{j1} + 2t_{z1} + Z_2 - 2t_d$$

可得等式

$$(2m + n - 1)t + t_{j1} + t_{z1} - t_d = (m + 2n - 1) + 2t_{j1} + 2t_{z1} + Z_2 - 2t_d$$

即 $(m-n)t=t_{j1}+t_{z1}+Z_2-t_d=Z_1+Z_2-t_d$

将 $B=t$ 代入上式,得到

$$(m-n)B=Z_1+Z_2-t_d$$

进一步可得

$$(m-n)=(Z_1+Z_2-t_d)/B$$

最终可得

$$m=n+(Z_1+Z_2-t_d)/B$$

此为专业工作队连续施工时需满足的关系式,即 m 的最小值 $m_{min}=n+(Z_1+Z_2-t_d)/B$。若施工有间歇,则 $m>n$(见图 2-10、图 2-11);若没有任何间歇和搭接,则 $m=n$(见图 2-8)。

(3)全等节拍流水适用范围

全等节拍流水方式比较适用于施工过程数较少的分部工程流水,主要见于施工对象结构简单、规模较小房屋工程或线性工程。因其对于流水节拍要求比较严格,组织起来比较困难,所以实际施工中应用不是很广泛。

2. 成倍节拍流水

是指同一个施工过程在各个施工段上的节拍全都相等,不同施工过程之间的节拍不全等,但各施工过程的流水节拍均为其中最小流水节拍的整数倍的一种流水施工方式。

【例 2-1】 某分部工程施工,流水段 $m=3$,流水节拍为:$t_A=6d$;$t_B=2d$;$t_C=4d$。试组织流水作业。

【解】

(1)考虑充分利用工作面,如图 2-12 所示;

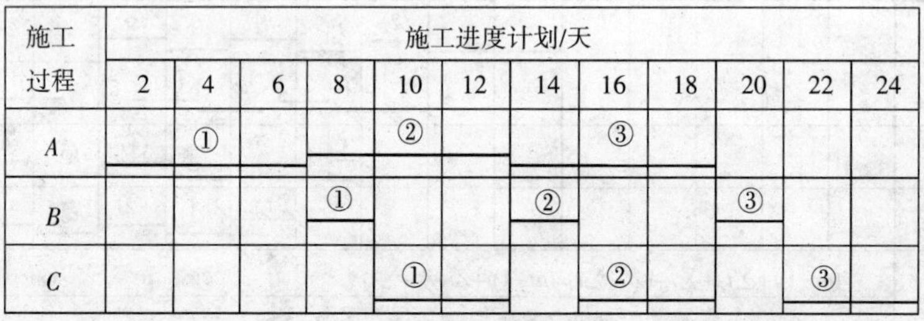

施工过程	施工进度计划/天											
	2	4	6	8	10	12	14	16	18	20	22	24
A		①			②			③				
B				①			②			③		
C					①			②			③	

图 2-12 工作面不停歇充分利用(工期短)

(2)考虑施工队施工连续,如图 2-13 所示;

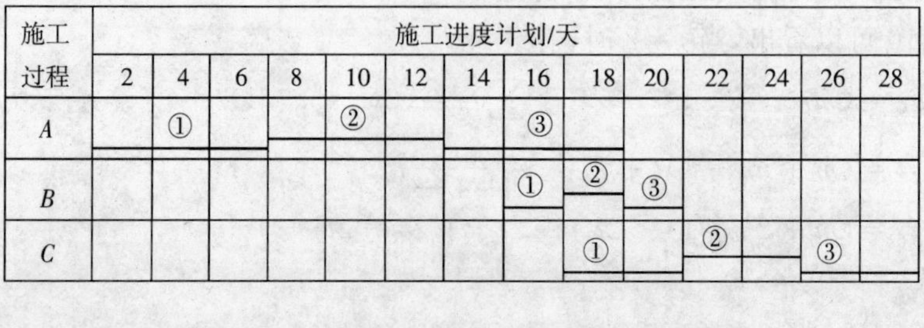

施工过程	施工进度计划/天													
	2	4	6	8	10	12	14	16	18	20	22	24	26	28
A		①			②			③						
B						①		②		③				
C								①		②		③		

图 2-13 施工队不停歇施工连续(工期长)

（3）考虑工作面及施工均连续（即成倍节拍流水），如图 2-14 所示。

施工过程		施工进度计划/天							
		2	4	6	8	10	12	14	16
A	A1	①	②	③					
	A2		①	②	③				
	A3			①	②	③			
B					①	②	③		
C	C1					①	②	③	
	C2						①	②	③

图 2-14　成倍节拍流水

（1）成倍节拍流水施工方式的特点

①同一个施工过程的流水节拍全都相等；

②各施工过程之间的流水节拍不全等，但为某一常数的倍数；

③若无间歇和搭接时间流水步距 B 彼此相等，且等于各施工过程流水节拍的最大公约数 K_b（即最小流水节拍 $t_{\min}$）；

④需配备的专业工作队数目 $N = \sum t_i / t_{\min}$ 大于施工过程数 n；

⑤各专业施工队能够连续施工，施工段没有间歇。

（2）成倍节拍流水施工的计算

①不分层施工（如图 2-14 所示）

流水工期　　　　　　$T = (m + N - 1)t_{\min} + Z - \sum t_d$

②分层施工

$$m_{\min} = N + (Z_1 + Z_2 - t_d)/B$$

$$T = (m \times r + N - 1)t_{\min} + Z_1 - \sum t_d$$

式中，Z——间歇时间；

　　Z_1——层内间歇时间；

　　Z_2——层间间歇时间；

　　t_d——搭接时间。

（3）【例 2-1】计算过程

【解】　根据题意可组织成倍节拍流水

①计算流水步距　$B = K_b = t_{\min} = 2d$

②计算专业工作队数　$N_i = t_i / t_{\min}$

$$N_A = t_A / t_{\min} = 6/2 = 3 \text{ 个}；N_B = 1 \text{ 个}；N_C = 2 \text{ 个}$$

所以　　　　　　$N = \sum t_i / t_{\min} = (3 + 2 + 1) = 6 \text{ 个}$

③计算工期

$$T = (m + N - 1)t_{\min} + Z - \sum t_d = (3 + 6 - 1) \times 2 = 16\mathrm{d}$$

④绘制施工进度计划表,如图 2-14 所示。

(4)成倍节拍流水施工方式的适用范围

从理论上讲,很多工程均具备组织成倍节拍流水施工的条件,但实际工程若不能划分成足够的流水段或配备足够的资源,则不能采用该施工方式。

成倍节拍流水施工方式比较适用于线性工程(如道路、管道等)的施工。

3. 异节拍流水

异节拍流水施工是指同一施工过程在各个施工段的流水节拍相等,不同施工过程之间的流水节拍既不完全相等,又不互成倍数的一种流水施工方式。

【例 2-2】 某分部工程有 A、B、C、D 四个施工过程,分三段施工,每个施工过程的节拍值分别为 3 d、2 d、3 d、2 d。试组织流水施工。

【解】

由流水节拍的特征可以看出,既不能组织全等节拍流水施工也不能组织成倍节拍流水施工。

(1)考虑施工队施工连续施工计划见图 2-15;

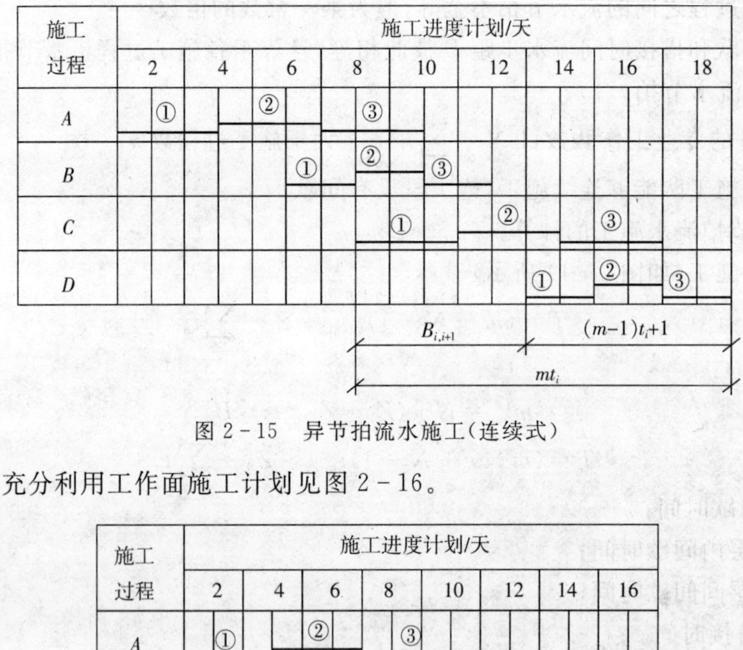

施工过程	施工进度计划/天								
	2	4	6	8	10	12	14	16	18
A	①		②		③				
B			①	②		③			
C					①		②		③
D							①	②	③

图 2-15　异节拍流水施工(连续式)

(2)考虑充分利用工作面施工计划见图 2-16。

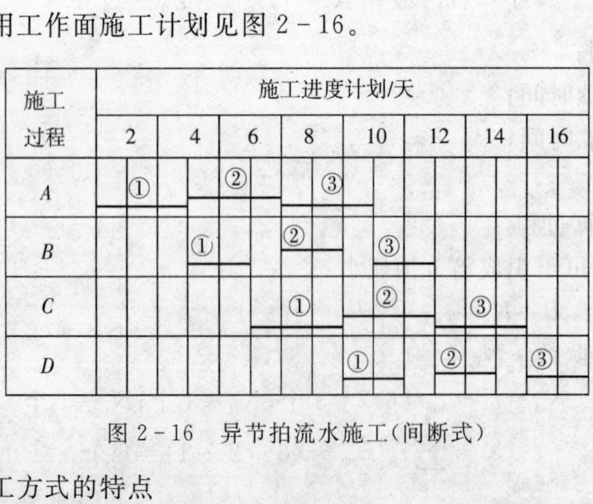

施工过程	施工进度计划/天							
	2	4	6	8	10	12	14	16
A	①		②		③			
B		①		②		③		
C				①		②		③
D					①		②	③

图 2-16　异节拍流水施工(间断式)

(1)节拍流水施工方式的特点

通过上述示例可以得出异节拍流水的特点:

①同一施工过程流水节拍值相等;

②不同施工过程之间流水节拍值不完全相等,且相互间不完全成倍比关系(即不同于成倍节拍);

③专业工程队数与施工过程数相等(即 $N=n$)。

(2)流水步距的确定

对于图 2-16 所示间断式异节拍流水施工方式,流水步距的确定比较简单。而对于图 2-15 所示连续式异节拍流水施工方式,其流水步距的确定则有些复杂,可分两种情形进行:

①当 $t_i \leqslant t_{i+1}$ 时,$B_{i,i+1}=t_i$

②当 $t_i > t_{i+1}$ 时,$B_{i,i+1}=mt_i-(m-1)t_{i+1}$

说明:这里所说的是不含间歇时间和搭接时间的情形,若有则需将它们考虑进去(加上间歇时间,减去搭接时间),此处不再赘述。

(3)流水工期的确定(连续式)

$$T = \sum B_{i,i+1} + mt_n + Z - \sum t_d \qquad (2-7)$$

(4)【例 2-2】计算过程

【解】 根据题意知该施工方式为异节拍流水施工。

①确定流水步距(此处为连续式流水)

$$B_{A,B}=mt_A-(m-1)t_B=3\times3-2\times2=5d$$
$$B_{B,C}=t_B=2d;B_{C,D}=3\times3-2\times2=5d。$$

②确定流水工期

$T=(5+2+5)+3\times2=18$ d

③绘制施工计划(见图 2-15)

(5)异节拍流水施工方式的适用范围

异节拍流水施工方式对于不同施工过程的流水节拍限制条件较少,因此在计划进度的组织安排上比全等节拍和成倍节拍流水施工灵活得多,实际应用更加广泛。

4. 无节奏流水

无节奏流水是指同一施工过程在各施工段上的流水节拍不完全相等的一种流水施工方式。

【例 2-3】 某 A、B、C 三个施工过程,分三段施工,流水节拍值见下表。试组织流水施工。

施工过程＼施工段	①	②	③
A	1	4	3
B	3	1	1
C	5	1	3

【解】 由流水节拍的特征可以看出,不能组织有节奏流水施工。施工计划如图 2-17 所示。

(1)无节奏流水施工方式的特点

通过上述示例可以得出无节奏流水的特点:

①同一施工过程流水节拍值未必全等；

②不同施工过程之间流水节拍值不完全相等；

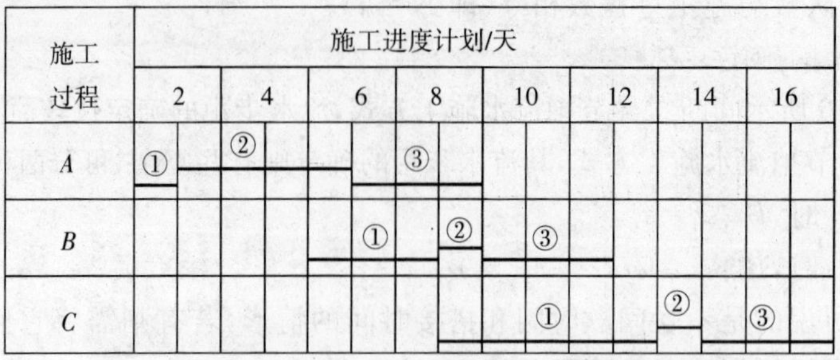

施工过程	施工进度计划/天							
	2	4	6	8	10	12	14	16
A	①	②		③				
B			①	②	③			
C					①		②	③

图 2-17　无节奏流水施工

③专业工程队数与施工过程数相等（即 $N=n$）；

④各专业施工队能够连续施工，但施工段可能有闲置。

（2）流水步距的确定

用潘特考夫斯基法求流水步距，即"累加－斜减－取大差"法，以例 2-3 为例，进行求解。

①累加（流水节拍值逐段累加）

累加结果如下表所示。

A	1	5	8
B	3	4	7
C	5	6	9

②斜减（错位相减）

A－B	1	5	8	
	－	3	4	7
	1	2	4	－7

B－C	3	4	7	
	－	5	6	9
	3	－1	1	－9

③取大差

$$B_{A,B}=\max\{1,2,4,-7\}=4$$

$$B_{B,C}=\max\{3,-1,1,-9\}=3$$

（3）流水工期的确定

仍以例 2-3 为例，进行求解。

$$T = \sum B_{i,i+1} + T_n = (4+3) + 9 = 16\text{d}$$

于是,可以绘出施工计划,如图 2-17 所示。

(4)无节奏流水施工方式的使用范围

无节奏流水施工方式的流水节拍没有时间约束,在施工计划安排上比较自由灵活,因此能够适应各种结构各异、规模不等、复杂程度不同的工程,具有广泛的应用性。在实际施工中,该施工方式比较常见。

2.3.2　单代号网络计划

2.3.2.1　单代号网络图的组成

和双代号网络图一样,单代号网络图也是由节点、箭线和线路 3 个要素组成。

1. 节点

单代号网络图中的每一个节点表示一项工作,节点宜用圆圈或矩形表示。节点所表示的工作名称、持续时间和工作代号等应标注在节点内,如图 2-18 所示。

单代号网络图中一般的工作节点,有时间或资源的消耗。但是,当网络图中出现多项没有紧前工作的工作节点或多项没有紧后工作的工作节点时,应在网络图的两端分别设置虚拟的起点节点(S_t)或虚拟的终点节点(F_{in})。

单代号网络图中的节点必须编号。编号标注在节点内,其号码可间断,但严禁重复,箭线的箭尾节点编号应小于箭头节点的编号,一项工作必须有唯一的一个节点及相应的一个编号。

图 2-18　单代号网络图中工作表示法

2. 箭线

单代号网络图中箭线仅用于表达逻辑关系,且无虚箭线。

由于单代号网络图中没有虚箭线,所以单代号网络图绘制比较简单。

3. 线路

和双代号网络图一样,单代号网络图自起点节点向终点节点形成若干条通路。同样,持续时间最长的线路是关键线路。

2.3.2.2　单代号网络图的绘制

1. 绘制规则

单代号网络图的绘制规则与双代号网络图基本相同。主要的不同之处是单代号网络图可能要增加虚拟的起点节点(St)或终点节点(Fin)。

2. 绘图方法

(1)正确表达逻辑关系,常见的逻辑关系表示方法如表 2-9 所示;

(2)箭线不宜交叉,否则采用过桥法;

(3)其他同双代号网络图绘图方法。

表 2-9　单代号网络图常见的逻辑关系表示方法

序号	工作间的逻辑关系	单代号网络图
1	A 完成后进行 B，B 完成后进行 C。	$A \rightarrow B \rightarrow C$
2	A 完成后进行 B 和 C	$A \rightarrow B$；$A \rightarrow C$
3	A 和 B 完成后进行 C	$A \rightarrow C$；$B \rightarrow C$
4	A、B 完成后进行 C 和 D	A、$B \rightarrow C$、D
5	A 完成后，进行 C；A、B 完成后进行 D	$A \rightarrow C$；A、$B \rightarrow D$
6	A、B 完成后，进行 D；A、B、C 完成后，进行 E；D、E 完成后，进行 F	A、$B \rightarrow D$；A、B、$C \rightarrow E$；D、$E \rightarrow F$
7	A、B 活动分成三段流水	$A1 \rightarrow A2 \rightarrow A3$；$A1 \rightarrow B1 \rightarrow B2 \rightarrow B3$；$A2 \rightarrow B2$；$A3 \rightarrow B3$
8	A 完成后，进行 B；B、C 完成后，进行 D	$A \rightarrow B \rightarrow D$；$C \rightarrow D$

【例 2 - 4】　根据下表提供的工作及逻辑关系，试绘制单代号网络图。

工作	A	B	C	D	E	F	G
紧后工作	B、C、D	E	G	—	F、G	—	—

绘制结果如图 2-19 所示。

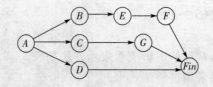

图 2-19　单代号网络图

2.3.2.3　单代号网络计划时间参数计算

单代号网络计划时间参数的计算应在确定各项工作的持续时间之后进行。时间参数的计算顺序和计算方法基本上与双代号网络计划时间参数的计算相同,单代号网络计划图上计算法时间参数的标注形式如图 2 - 20 所示。

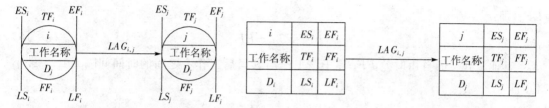

图 2 - 20　单代号网络图时间参数标注形式

1. 单代号网络计划时间参数的计算

(1)工作最早开始时间和最早完成时间

单代号网络计划中各项工作的最早开始时间和最早完成时间的计算应从网络计划的起点节点开始,从左向右顺着箭线方向依次逐项计算。

网络计划的起点节点的最早开始时间为零。如起点节点的编号为 1,则:

$$ES_i = 0 (i = 1) \tag{2-8}$$

工作的最早完成时间等于该工作的最早开始时间加上其持续时间:

$$EF_i = ES_i + D_i \tag{2-9}$$

除起点节点工作外,工作的最早开始时间等于该工作的各个紧前工作的最早完成时间的最大值。如工作 j 的紧前工作的代号为 i,则:

$$ES_j = \max[EF_i] \tag{2-10}$$

或

$$ES_j = \max[ES_i + D_i] \tag{2-11}$$

(2)网络计划的计算工期 T_c

T_c 等于网络计划的终点节点 n 的最早完成时间 EF_n,即:

$$T_c = EF_n \tag{2-12}$$

(3)相邻两项工作之间的时间间隔 $LAG_{i,j}$

相邻两项工作 i 和 j 之间的时间间隔 $LAG_{i,j}$,等于紧后工作 j 的最早开始时间 ES_j 和本工作的最早完成时间 EF_i 之差,即:

$$LAG_{i,j} = ES_j - EF_i \tag{2-13}$$

(4)工作总时差 TF_i

工作 i 的总时差 TF_i 应从网络计划的终点节点开始,逆着箭线方向依次逐项计算。

网络计划终点节点 n 的总时差 TF_n,如计划工期等于计算工期,其值为零,即:

$$TF_n = T_p - EF_n = 0 \tag{2-14}$$

其他工作 i 的总时差 TF_i 等于该工作的各个紧后工作 j 的总时差 TF_j 加该工作与其

紧后工作之间的时间间隔 $LAG_{i,j}$ 之和的最小值,即:

$$TF_i = \min[TF_j + LAG_{i,j}] \qquad (2-15)$$

(5)工作自由时差 FF_i

网络计划终点节点 n 的自由时差 FF_i 等于计划工期 T_P 减去该工作的最早完成时间 EF_n,即:

$$FF_n = T_P - EF_n \qquad (2-16)$$

其他工作 i 的自由时差 FF_i 等于该工作与其紧后工作 j 之间的时间间隔 $LAG_{i,j}$ 最小值,即:

$$FF_i = \min[LAG_{i,j}] \qquad (2-17)$$

(6)工作的最迟开始时间和最迟完成时间

网络计划终点节点 n 的最迟完成时间 LF_n 应按网络计划的计划工期确定,即:

$$LF_n = T_P \qquad (2-18)$$

其他工作 i 的最迟完成时间 LF_i 等于该工作的最早完成时间 EF_i 加上其总时差 TF_i 之和,即:

$$LF_i = EF_i + TF_i \qquad (2-19)$$

工作 i 的最迟开始时间 LS_i 等于该工作的最早开始时间 ES_i 加上其总时差 TF_i 之和,即:

$$LS_i = ES_i + TF_i \qquad (2-20)$$

或

$$LS_i = LF_i - D_i \qquad (2-21)$$

2. 关键工作和关键线路的确定

(1)关键工作:总时差最小的工作是关键工作。

(2)关键线路的确定按以下规定:从起点节点开始到终点节点均为关键工作,且所有工作的时间间隔为零的线路为关键线路。

3. 单代号网络计划时间参数计算示例

【例 2-5】 已知网络计划如图 2-21 所示,若计划工期等于计算工期,试计算各项工作的六个时间参数并确定关键线路,标注在网络计划上。

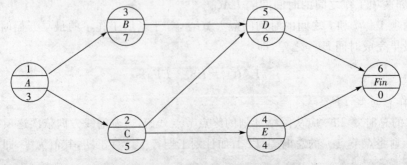

图 2-21 某单代号网络计划

【解】 (1)计算各项工作的最早开始时间和最早完成时间

$ES_1 = 0 \qquad EF_1 = ES_1 + D_1 = 0 + 3 = 3$

$ES_2 = EF_1 = 3 \qquad EF_2 = ES_2 + D_2 = 3 + 5 = 8$

$ES_3 = EF_1 = 3 \qquad EF_3 = ES_3 + D_3 = 3 + 7 = 10$

$ES_4 = EF_2 = 8 \qquad EF_4 = ES_4 + D_4 = 8 + 4 = 12$

$ES_5 = \max[EF_2, EF_3] = \max[8, 10] = 10 \qquad EF_5 = ES_5 + D_5 = 10 + 6 = 16$

$ES_6 = \max[EF_4, EF_5] = \max[12, 16] = 16 \qquad EF_6 = ES_6 + D_6 = 16 + 0 = 16$

已知计划工期等于计算工期,故有:$T_P = T_c = EF_6 = 16$

(2)计算相邻两项工作之间的时间间隔 $LAG_{i,j}$

$LAG_{1,2} = ES_2 - EF_1 = 3 - 3 = 0$

$LAG_{1,3} = ES_3 - EF_1 = 3 - 3 = 0$

$LAG_{2,4} = ES_4 - EF_2 = 8 - 8 = 0$

$LAG_{2,5} = ES_5 - EF_2 = 10 - 8 = 2$

$LAG_{3,5} = ES_5 - EF_3 = 10 - 10 = 0$

$LAG_{4,6} = ES_6 - EF_4 = 16 - 12 = 4$

$LAG_{5,6} = ES_6 - EF_5 = 16 - 16 = 0$

(3)计算工作的总时差 TF_i

已知计划工期等于计算工期:$T_P = T_c = 16$,故终点节点⑥的总时差为零,即:

$TF_6 = 0$

其他工作总时差为:

$TF_5 = TF_6 + LAG_{5,6} = 0 + 0 = 0$

$TF_4 = TF_6 + LAG_{4,6} = 0 + 4 = 4$

$TF_3 = TF_5 + LAG_{3,5} = 0 + 0 = 0$

$TF_2 = \min[(TF_4 + LAG_{2,4}), (TF_5 + LAG_{2,5})] = \min[(4+0), (0+2)] = 2$

$TF_1 = \min[(TF_2 + LAG_{1,2}), (TF_3 + LAG_{1,3})] = \min[(2+0), (0+0)] = 0$

(4)计算工作的自由时差 FF_i

已知计划工期等于计算工期:$T_P = T_c = 16$,故终点节点⑥的自由时差为:

$FF_6 = T_P - EF_6 = 16 - 16 = 0$

$FF_5 = LAG_{5,6} = 0$

$FF_4 = LAG_{4,6} = 4$

$FF_3 = LAG_{3,5} = 0$

$FF_2 = \min[LAG_{2,4}, LAG_{2,5}] = \min[0, 2] = 0$

$FF_1 = \min[LAG_{1,2}, LAG_{1,3}] = \min[0, 0] = 0$

(5)计算工作的最迟开始时间 LS_i 和最迟完成时间 LF_i

$LS_1 = ES_1 + TF_1 = 0 + 0 = 0 \qquad LF_1 = EF_1 + TF_1 = 3 + 0 = 3$

$LS_2 = ES_2 + TF_2 = 3 + 2 = 5 \qquad LF_2 = EF_2 + TF_2 = 8 + 2 = 10$

$LS_3 = ES_3 + TF_3 = 3 + 0 = 3 \qquad LF_3 = EF_3 + TF_3 = 10 + 0 = 10$

$LS_4 = ES_4 + TF_4 = 8 + 4 = 12 \qquad LF_4 = EF_4 + TF_4 = 12 + 4 = 16$

$LS_5 = ES_5 + TF_5 = 10 + 0 = 10 \qquad LF_5 = EF_5 + TF_5 = 16 + 0 = 16$

$LS_6 = ES_6 + TF_6 = 16 + 0 = 16 \qquad LF_6 = EF_6 + TF_6 = 16 + 0 = 16$

(6)关键工作和关键线路的确定

根据计算结果,总时差为零的工作:A、B、D 为关键工作。

从起点节点①节点开始到终点节点⑥节点均为关键工作,且所有工作之间时间间隔为零的线路:①—③—⑤—⑥为关键线路,用双箭线标示在图 2-22 中。

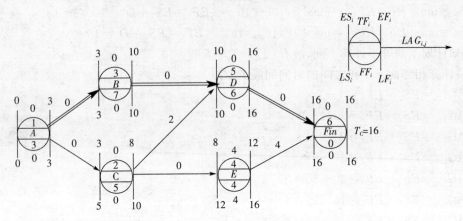

图 2-22　单代号网络计划图上计算法示例

2.3.2.4　单代号搭接网络计划

1. 基本概念

在上述单代号网络图中,工作之间的关系都是前面工作完成后,后面工作才能开始,这也是一般网络计划的正常连接关系。而在实际施工中,为充分利用工作面,前一工序完成一个施工段后,后一工序就可与前一工序搭接施工,称为搭接关系,如图 2-23 所示。

要表示这一搭接关系,一般单代号网络图如图 2-24 所示。如果施工段和施工过程较多,绘制出的网络图的节点、箭线会更多,计算也较为麻烦。为了简单直接地表达这种搭接关系,使编制网络计划得以简化,以节点表示工作、时距箭线表达工作间的逻辑关系,形成单代号搭接网络计划,如图 2-25(a)所示。

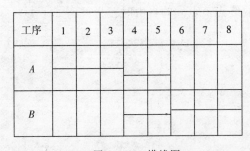

图 2-23　横线图

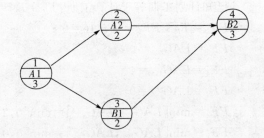

图 2-24　一般单代号网络图

2. 搭接关系

在单代号搭接网络图中,绘制方法、绘制规则同一般单代号网络图相同,不同的是工作间的搭接关系用时距关系表达。时距就是前后工作的开始或结束之间的时间间隔,可表达出五种搭接关系:

（1）开始到开始的关系（$STS_{i,j}$）

前面工作的开始到后面工作开始之间的时间间隔，表示前项工作开始后，要经过 STS 时距后，后项工作才能开始。如图 2-25（a）所示，某基坑挖土（A 工作）开始 3 天后，完成了一个施工段，垫层（B 工作）才可开始。

（2）结束到开始的关系（$FTS_{i,j}$）

前面工作的结束到后面工作开始之间的时间间隔，表示前项工作结束后，要经过 FTS 时距后，后项工作才能开始。如图 2-25（b）所示，某工程窗油漆（A 工作）结束 3 天后，油漆干燥了，再安装玻璃（B 工作）。

当 FTS 时距等于零时，即紧前工作的完成到本工作的开始之间的时间间隔为零，这就是一般单代号网络图的正常连接关系，所以，我们可以将一般单代号网络图看成是单代号搭接网络图的一个特殊情况。

（3）开始到结束的关系（$STF_{i,j}$）

前面工作的开始到后面工作结束之间的时间间隔，表示前项工作开始后，经过 STF 时距后，后项工作必须结束。如图 2-25（c）所示，某工程梁模板（A 工作）开始后，钢筋加工（B 工作）何时开始与模板没有直接关系，只要保证在 10 天内完成即可。

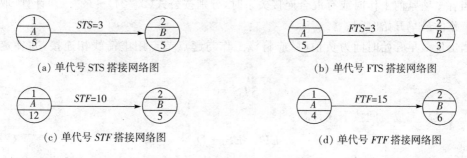

(a) 单代号 STS 搭接网络图　　　　　　　　　　(b) 单代号 FTS 搭接网络图

(c) 单代号 STF 搭接网络图　　　　　　　　　　(d) 单代号 FTF 搭接网络图

图 2-25

（4）结束到结束的关系（$FTF_{i,j}$）

前面工作的结束到后面工作结束之间的时间间隔，表示前项工作结束后，经过 FTF 时距后，后项工作必须结束。如图 2-25（d）所示，某工程楼板浇筑（A 工作）结束后，模板拆除（B 工作）安排在 15 天内结束，以免影响上一层施工。

（5）混合连接关系

在搭接网络计划中除了上面的四种基本连接关系之外，还有一种情况，就是同时由 STS、FTS、STF、FTF 四种基本连接关系中两种以上来限制工作间的逻辑关系。

3. 单代号搭接网络的计算

单代号搭接网络计划计算与前述一般单代号网络计划的计算原理基本相同。

（1）单代号搭接网络图时间参数的计算

①计算工作的最早开始时间和最早完成时间

工作最早开始时间和最早完成时间的计算应从网络计划的起点节点开始，顺着箭线方向依次进行。

一般搭接网络的起点为虚节点，故与网络计划起点节点相联系的工作，其最早开始时间为零，即：

$$ES_i = 0 \tag{2-22}$$

与网络计划起点节点相联系的工作,其最早完成时间应等于其最早开始时间与持续时间之和,即:

$$EF_i = D_i \tag{2-23}$$

其他工作的最早开始时间和最早完成时间应根据时距按下列公式计算:

相邻时距为 STS 时,

$$ES_j = ES_i + STS_{i,j} \tag{2-24}$$

相邻时距为 FTF 时,

$$ES_j = ES_i + D_i + FTF_{i,j} - D_j \tag{2-25}$$

相邻时距为 STF 时,

$$ES_j = ES_i + STF_{i,j} - D_j \tag{2-26}$$

相邻时距为 FTS 时,

$$ES_j = ES_i + D_i + FTS_{i,j} \tag{2-27}$$

当有多项紧前工作时或有混合连接关系时,分别按公式(2-24)~(2-27)计算,取最大值为工作的最早开始时间。

当出现最早开始时间为负值时,应将该工作与起点节点用虚箭线相连接,并确定其时距为:

$$STS = 0 \tag{2-28}$$

工作最早完成时间按下式计算:

$$EF_j = ES_j + D_j \tag{2-29}$$

当出现有最早完成时间的最大值的中间工作时,应将该工作与终点节点用虚箭线相连接,并确定其时距为:

$$FTF = 0 \tag{2-30}$$

②网络计划的计算工期 T_c。

一般搭接网络的终点为虚节点,T_c 等于网络计划的终点节点 n 的最早完成时间 EF_n,即:

$$T_c = EF_n \tag{2-31}$$

③相邻两项工作之间的时间间隔 $LAG_{i,j}$

相邻两项工作在满足时距外,如还有多余的时间间隔,则按下列公式计算:

相邻时距为 STS 时,如 $ES_j > ES_i + STS_{i,j}$,则时间间隔为:

$$LAG_{i,j} = ES_j - (ES_i + STS_{i,j}) \tag{2-32}$$

相邻时距为 FTF 时,$EF_j > EF_i + FTF_{i,j}$,则时间间隔为:

$$LAG_{i,j} = EF_j - (EF_i + FTF_{i,j}) \tag{2-33}$$

相邻时距为 STF 时,$EF_j > ES_i + STF_{i,j}$,则时间间隔为:

$$LAG_{i,j} = EF_j - (ES_i + STF_{i,j}) \tag{2-34}$$

相邻时距为 FTS 时，$ES_j > EF_i + FTS_{i,j}$，则时间间隔为：

$$LAG_{i,j} = ES_j - (EF_i + FTS_{i,j}) \tag{2-35}$$

当相邻两项工作存在混合连接关系时，分别按公式(2-32)~(2-35)计算，取最小值为工作的时间间隔。

当相邻两项工作无时距时，为一般单代号网络，按公式(2-35)计算：

$$LAG_{i,j} = ES_j - EF_i$$

④工作总时差 TF_i

工作 i 的总时差 TF_i 应从网络计划的终点节点开始，逆着箭线方向依次逐项计算。

网络计划终点节点 n 的总时差 TF_n，如计划工期等于计算工期，其值为零，按公式 2-14 计算：

$$TF_n = T_p - EF_n = 0$$

其他工作 i 的总时差 TF_i 等于该工作的各个紧后工作 j 的总时差 TF_j 加该工作与其紧后工作之间的时间间隔 $LAG_{i,j}$ 之和的最小值，按公式(2-15)计算：

$$TF_i = \min[TF_j + LAG_{i,j}]$$

⑤工作自由时差 FF_i

网络计划终点节点 n 的自由时差 FF_i 等于计划工期 T_P 减去该工作的最早完成时间 EF_n，按公式(2-16)计算：

$$FF_n = T_P - EF_n$$

其他工作 i 的其自由时差 FF_i 等于该工作与其紧后工作 j 之间的时间间隔 $LAG_{i,j}$ 最小值，按公式(2-17)计算：

$$FF_i = \min[LAG_{i,j}]$$

⑥工作的最迟开始时间和最迟完成时间

网络计划终点节点 n 的最迟完成时间 LF_n 应按网络计划的计划工期确定，按公式(2-18)计算：

$$LF_n = T_P$$

其他工作 i 的最迟完成时间 LF_i 等于该工作的最早完成时间 EF_i 加上其总时差 TF_i 之和，按公式(2-19)计算：

$$LF_i = EF_i + TF_i$$

工作 i 的最迟开始时间 LS_i 等于该工作的最早开始时间 ES_i 加上其总时差 TF_i 之和，按公式(2-20)~(2-21)计算：

$$LS_i = ES_i + TF_i$$

或　　　　　　　　　　　　$$LS_i = LF_i - D_i$$

(2)关键工作和关键线路的确定

①关键工作。总时差最小的工作是关键工作。

②关键线路的确定按以下规定：从起点节点开始到终点节点均为关键工作，且所有工作的时间间隔为零的线路为关键线路。

（3）单代号搭接网络计划时间参数计算示例

【例 2-6】　已知网络计划如图 2-26 所示，若计划工期等于计算工期，试计算各项工作的六个时间参数并确定关键线路，标注在网络计划上。

【解】　（1）计算各项工作的最早开始时间和最早完成时间

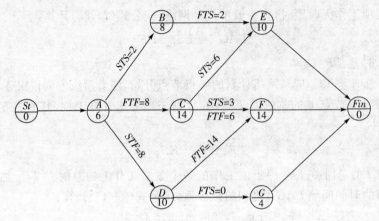

图 2-26　某工程单代号搭接网络计划

$$ES_{st}=0 \qquad EF_{st}=0$$

$$ES_A=EF_{st}=0 \qquad EF_A=ES_A+D_A=0+6=6$$

$$ES_B=ES_A+STS_{A,B}=0+2=8 \qquad EF_B=ES_B+D_B=2+8=10$$

$$EF_C=EF_A+FTF_{A,C}=6+8=14 \qquad ES_C=EF_C-D_C=14-14=0$$

$$EF_D=ES_A+STF_{A,D}=0+8=8 \qquad ES_D=EF_D-D_D=8-10=-2$$

由于 D 工作的 $ES_D=-2$，应加虚箭线与起点节点相连，$STS=0$：

$$ES_D=ES_{st}+STS_{st,D}=0+0=0 \qquad EF_D=ES_D+D_D=0+10=10$$

由于 E 工作有两个紧前工作，应分别计算取大值：

$$ES_E=EF_B+FTS_{B,E}=10+2=12 \qquad ES_E=ES_C+STS_{C,E}=0+6=6$$

应取 $ES_E=12$，则：$EF_E=ES_E+D_E=12+10=22$

由于 F 工作有两个紧前工作、混合连接关系，应分别计算取大值：

$$ES_F=ES_C+STS_{C,F}=0+3=3 \qquad ES_F=EF_C+FTF_{C,F}-D_F=14+6-14=6$$

$$ES_F=EF_D+FTF_{D,F}-D_F=10+14-14=10$$

应取 $ES_F=10$，则：

$$EF_F=ES_F+D_F=10+14=24$$

$$ES_G=EF_D+FTS_{D,G}=10+0=10 \qquad EF_G=ES_G+D_G=10+4=14$$

$$ES_{Fin}=\max[EF_E,EF_F,EF_G]=\max[22,24,14]=24$$

$$EF_{Fin}=ES_{Fin}=24$$

已知计划工期等于计算工期，故有：$T_P=T_C=EF_{Fin}=24$

（2）计算相邻两项工作之间的时间间隔 $LAG_{i,j}$

$$LAG_{st,A}=ES_A-EF_{st}=0-0=0$$

$$LAG_{st,D}=ES_D-ES_{st}-STS_{st,D}=0-0-0=0$$

$$LAG_{A,B}=ES_B-ES_A-STS_{A,B}=2-0-2=0$$

$$LAG_{A,C}=EF_C-EF_A-FTF_{A,C}=14-6-8=0$$

$$LAG_{A,D}=EF_D-ES_A-STF_{A,D}=10-0-8=2$$

$$LAG_{B,E}=ES_E-EF_B-FTS_{B,E}=12-10-2=0$$

$$LAG_{C,F}=\min\left[(ES_F-ES_C-STS_{C,F}),(EF_F-EF_C-FTF_{C,F})\right]$$
$$=\min[(10-0-3),(24-14-6)]=4$$

其他工作的时间间隔的计算以此类推,如图 2-27 所示。

(3)计算工作的总时差 TF_i

已知计划工期等于计算工期: $T_P=T_C=24$,故终点节点的总时差为零,即:

$$TF_{Fin}=0$$

其他工作总时差为:

$$TF_E=TF_{Fin}+LAG_{E,Fin}=0+2=2$$

$$TF_F=TF_{Fin}+LAG_{F,Fin}=0+0=0$$

$$TF_G=TF_{Fin}+LAG_{G,Fin}=0+10=10$$

$$TF_B=TF_E+LAG_{B,E}=2+0=2$$

$$TF_C=\min\left[(TF_E+LAG_{C,E}),(TF_F+LAG_{C,F})\right]=\min[(2+6),(0+4)]=4$$

$$TF_D=\min\left[(TF_G+LAG_{D,G}),(TF_F+LAG_{D,F})\right]=\min[(6+0),(0+0)]=0$$

$$TF_A=\min\left[(TF_B+LAG_{A,B}),(TF_C+LAG_{A,C}),(TF_D+LAG_{A,D})\right]$$
$$=\min[(2+0),(4+0),(0+2)]=2$$

$$TF_{st}=\min\left[(TF_A+LAG_{st,A}),(TF_D+LAG_{st,D})\right]=\min[(2+0),(0+0)]=0$$

(4)计算工作的自由时差 FF_i

已知计划工期等于计算工期: $T_P=T_C=24$,故终点节点的自由时差为:

$$FF_{Fin}=T_P-EF_{Fin}=24-24=0$$

$$FF_E=LAG_{E,Fin}=2 \qquad FF_F=LAG_{F,Fin}=0$$

$$FF_G=LAG_{G,Fin}=10 \qquad FF_B=LAG_{B,E}=0$$

$$FF_C=\min\left[LAG_{C,E},LAG_{C,F}\right]=\min[6,4]=4$$

$$FF_D=\min\left[LAG_{D,F},LAG_{D,G}\right]=\min[0,0]=0$$

$$FF_A=\min\left[LAG_{A,B},LAG_{A,C},LAG_{A,D}\right]=\min[0,0,2]=0$$

$$FF_{st}=\min\left[LAG_{st,A},LAG_{st,D}\right]=\min[0,0]=0$$

(5)计算工作的最迟开始时间 LS_i 和最迟完成时间 LF_i

按公式(2-41)、(2-42)计算 LF_i、LS_i,计算结果如图 2-27 所示。

(6)关键工作和关键线路的确定

根据计算结果,总时差为零的工作: D、F 为关键工作。

从起点节点开始到终点节点均为关键工作,且所有工作之间时间间隔为零的线路: $St-D-F-Fin$ 为关键线路,用双箭线标示在图 2-27 中。

2.3.3 施工进度计划编制

2.3.3.1 施工进度计划的编制方法

有关施工进度计划的分类、编制依据、编制程序、编制步骤等内容在项目 1 中已经讲述清楚了,这里补充介绍进度计划编制的三种方法。

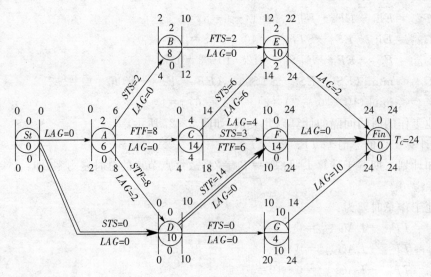

图 2 - 27　某工程单代号搭接网络计划计算

1. 根据施工经验直接安排的方法

这种方法是根据施工经验资料和有关计算,直接在进度表上画出来。此方法比较简单实用,步骤是:先安排主导施工过程的进度,并使其连续施工,然后再将其与施工过程与之配合搭接、平行安排。但如果工程复杂,施工过程太多时,采用这种方法不一定能达到最优方案。

编制施工进度计划时,必须考虑各分部分项工程的合理施工顺序,尽可能组织流水施工,力求主要工种的施工班组连续施工。其编制方法为:

(1)首先,对主要施工阶段(分部工程)组织流水施工。先安排其中主导施工过程的施工进度,使其尽可能连续施工,其他穿插施工过程尽可能与主导施工过程配合、穿插、搭接。如砖混结构房屋中的主体结构工程,其主导施工过程为砖墙砌筑和现浇钢筋混凝土楼板;现浇钢筋混凝土框架结构房屋中的主体结构工程,其主导施工过程为钢筋混凝土框架的支模、扎筋和浇混凝土。

(2)配合主要施工阶段,安排其他施工阶段(分部工程)的施工进度。

(3)按照工艺的合理性和施工过程间尽量配合、穿插、搭接的原则,将各施工阶段(分部工程)的流水作业图表搭接起来,即得到了单位工程施工进度计划的初始方案。

2. 按工艺组合组织流水施工的方法

这种方法是将工艺上有关系的施工过程归并为一个工艺组合,组织各工艺组合内部的流水施工,然后将各工艺组合最大限度地搭接起来,分别组织流水。

3. 用网络计划进行安排的方法

2.3.3.2　施工进度计划的检查与调整

检查与调整的目的在于使施工进度计划的初始方案满足规定的目标,一般从以下几方面进行检查与调整:

1. 各施工过程的施工顺序是否正确,流水施工的组织方法应用得是否正确,技术间歇是否合理。

2. 工期方面,初始方案的总工期是否满足合同工期。

3. 劳动力方面,主要工种工人是否连续施工,劳动力消耗是否均衡。劳动力消耗的均衡性是针对整个单位工程或各个工种而言,应力求每天出勤的工人人数不发生过大变动。

为了反映劳动力消耗的均衡情况,通常采用劳动力消耗动态图来表示,如图 2 - 28 所示。

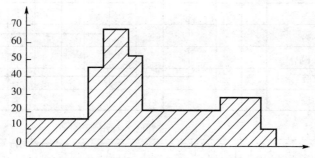

图 2 - 28 劳动力消耗动态图

劳动力消耗的均衡性指标可以采用劳动力均衡系数(K)来评估:

$$K = \frac{高峰出工人数}{平均出工人数} \qquad\qquad (2-36)$$

式中的平均出工人数为每天出工人数之和被总工期除得之商。

最为理想的情况是劳动力均衡系数 K 接近于1。劳动力均衡系数在 2 以内为好,超过 2 则不正常。

4. 物资方面,主要机械、设备、材料等的利用是否均衡,施工机械是否充分利用。

主要机械通常是指混凝土搅拌机、灰浆搅拌机、自行式起重机和挖土机等。机械的利用情况是通过机械的利用程度来反映的。

初始方案经过检查,对不符合要求的部分需进行调整。调整方法一般有:增加或缩短某些施工过程的施工持续时间;在符合工艺关系的条件下,将某些施工过程的施工时间向前或向后移动。必要时,还可以改变施工方法。

应当指出,上述编制施工进度计划的步骤不是孤立的,而是互相依赖、互相联系的,有的可以同时进行。还应看到,由于建筑施工是一个复杂的生产过程,受周围客观条件影响的因素很多,在施工过程中,由于劳动力和机械、材料等物资的供应及自然条件等因素的影响,使其经常不符合原计划的要求,因而在工程进展中应随时掌握施工动态,经常检查,不断调整计划。

2.3.3.3　本项目施工进度计划编制

本工程±0.00 以下施工合同工期为 3 个月,地上为 11 个月,比合同工期提前一个月,施工总进度计划见表 2-10。标准层混凝土结构工程施工网络计划见图 2-29。

表 2-10　施工总进度计划

序号	主要工程项目	第1年度												第2年度	
		1	2	3	4	5	6	7	8	9	10	11	12	1	2
1	降水、挖土及截桩														
2	地下室主体工程														
3	地上主体工程														
4	砌墙														
5	顶棚、墙面抹灰														
6	楼地面														
7	外饰面														
8	油漆施工														
9	门窗安装														
10	屋面工程														
11	设备安装														
12	室外工程														

标准层结构施工网络计划

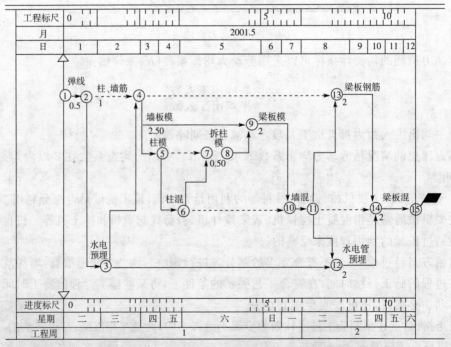

图 2-29　标准层混凝土结构工程施工网络计划

项目 3　公路工程施工组织设计

【学习目标】

通过本项目的学习,要求学生能够根据合同对施工项目的要求,选择技术先进、经济、合理、有效的施工方案,确定合理、可行的施工进度,拟定有效的技术组织措施,采用最佳的劳动组织,计算、确定劳动力、材料、机械设备等需要量,合理地进行施工现场的平面布置,编制出全面高效的公路施工组织。

【项目描述】

本项目地处城市,施工难度大,工程复杂,有路,有桥,因此,在施工方案和施工方法及施工技术组织措施上,要考虑得全面、细致。工程概况如下:

简阳路、宾水西道立交桥位于红旗南路、凌西道、宾西立交桥交口处,是天津市中心城区快速路的重要组成部分。由 A、B、C、D、E、F、G、H、J、Z 线以及迎水道 A、B 线桥等桥梁组成,如见图3-1所示。工程北起复康路分离立交南约 600 m,终止于现状红旗南路金谷园温泉小区,全长约 3070 m。沿线跨越迎水道地道、陈塘庄支线铁路、红旗南路和宾水西道。拟建场地原始地形较复杂,野外钻探及现场调查表明,此处原多为水坑及种植地,表层土为杂填土,地基需进行处理。

道路构造形式:路基中沟槽、鱼塘部分路基土清淤后用水泥搅拌桩进行处理,路面采用沥青混凝土铺筑,立交引路边坡采用钢筋混凝土挡土墙护坡。

桥梁构造形式:桥梁基础采用扩底钻孔灌注桩和普通等径钻孔灌注桩两种形式,钢筋混凝土承台,花瓶型桥墩,上部结构采用现浇预应力混凝土连续箱梁、现浇普通混凝土连续箱梁和混凝土简支板。

情境 3.1　收集基本资料

表 3-1　工作任务表

能力目标	主讲内容	学生完成任务	评价标准	
了解施工组织设计的地位和内容;掌握施工组织资料准备主要内容;了解施工组织编制依据	施工组织的资料准备内容和收集方法;施工组织编制依据	能够独立完成某个项目的施工组织编制前期资料准备	优秀	独立完成某个项目的资料准备
			良好	在指导下完成某个项目的资料准备
			合格	掌握编制施工组织设计文件需要收集的基本资料

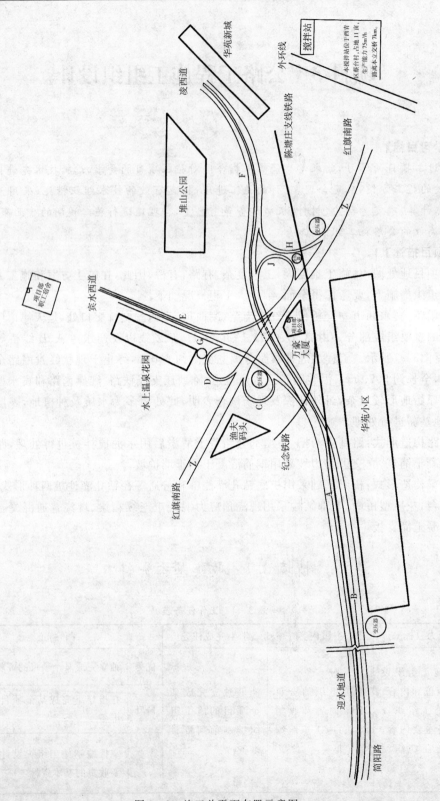

图 3-1　施工总平面布置示意图

3.1.1　施工组织设计的地位和内容

3.1.1.1　施工组织设计的地位

现代交通运输业是由铁路、公路、航空、水运及管道运输等组成,其中公路运输在整个交通运输中占有较大比重,在今后几十年中公路运输仍占主导地位。因为它具有机动、灵活、直达、迅速、适应性强、服务面广等优点。

发展公路运输业,首先必须进行公路工程建设。现代公路建设周期长、规模大、技术复杂、分工细、协作面广、机械化、自动化程度高。为保证公路建设在一定时间内顺利完成,且人力、资金、材料、机械最大限度发挥效力,就要求我们根据工程特点,自然条件,资源情况,周围环境等对工程进行科学、合理地安排,使之在一定的时间和空间内能有组织、有计划、有秩序地施工,以期达到工期短、质量好、成本低。这也正是本项目所研究讨论的内容。

1. 施工组织设计在公路工程基本建设中的作用

公路建设是一个复杂过程,从规划、测设、施工到竣工养护,每一个过程都离不开施工组织设计。

在公路规划阶段,要设想提出一个施工组织计划,供上级主管部门立项时审批。在设计阶段,不论采用几阶段设计,每一阶段都必须作出相应的施工组织设计计划(即在初步设计阶段拟订施工方案,在技术设计阶段提出修正的施工方案,在施工图设计阶段编制施工组织计划,在施工阶段编制实施性施工组织设计),供施工单位参考。随着我国社会主义市场经济体制的建立和发展,施工任务主要通过参加投标,通过建筑市场中的平等竞争而取得,投标书中不可缺少的一部分内容就是施工组织设计。施工过程是所有环节中最复杂的一个过程,在这一阶段要编制实施性的施工组织设计,也是最关键、最重要的一步。

在当今社会建筑市场中,对工期要求很苛刻,一般只能提前,不能延期;对工程质量提出更高的目标;对周围环境,口号是:注意环保,保护生态平衡,少占耕地。这一切都要求施工组织设计要科学、合理,不能固守过去的常规,要适应社会的发展。在我国公路建设迅速发展的大潮中,机械化施工已成为公路施工的主要方法。因为它具有工程成本低、施工工期短、工程质量高、劳动力节约等优势。由于公路施工周期长、流动性大、施工协作性高、受外界干扰及自然因素影响大,采用机械化施工,必须事先作好机械化施工组织设计。

2. 组织设计在公路养护工程大中修与技术改造中的作用

根据我国国民经济和社会发展对交通运输的要求,要想建立起适应中国国情的现代化综合运输体系,缓解我国交通运输的紧张局面,对于公路建设者来说,最关键的有两个方面:一是要加快高等级公路建设,提高整个路网技术等级;二是要切实加强对已建成公路的养护管理,改善路网结构,保障公路畅通。

公路大中修工程在公路系统建设程序中与新建公路工程基本一致,其施工组织计划的精度与深度比施工图设计阶段的施工组织计划还要实用。由于管理方式的转变,对工程质量的高要求及对养护投资的控制,使得施工单位对施工组织设计的科学性、合理性、适用性更加重视,因此施工组织设计不仅影响大中修工程质量与施工进度,而且决定施工单位的经济效益与利润。

3. 施工组织设计与施工年度投资计划及工程造价的关系

年度投资计划是施工组织设计确定的重要组成部分,它是根据施工组织设计确定的工程施工投资在时间上的安排。施工图预算中的工程造价增长预留费,是根据工程年度投资计划计算出来的,它与工程项目的建安工程费的多少、预算文件编制年至施工年的年数、物价上涨指数有关。为了施工图预算的准确性,施工组织设计中必须做出年度投资计划。

施工组织设计和施工图预算的关系是密不可分的,施工组织设计决定施工图预算的水平,而施工图预算又对施工组织设计起着完善、促进作用。要建成一项工程项目,可能会有多种施工方案,但每种方案所花费的财、物的预算是不同的。要选择一种既切实可行,又节约投资的施工方案,就要用施工图预算来考核其经济合理性,决定取舍。因此,施工组织设计决定着施工图预算的编制,而施工图预算又是施工组织设计是否切实可行、经济合理的具体反映。

3.1.1.2　施工组织设计的内容

施工组织设计包括以下内容:编制说明,施工组织机构,施工平面布置图,施工方法,施工详图,资金计划,总进度计划和进度图,质量管理,安全生产,环境保护。另外,为保证工程质量,施工单位必须建立健全质量保证体系,主要内容为:质量方针、质量目标、质量保证机构、质量保证程序和质量保证措施。

3.1.2　施工组织设计的资料准备

为了做好施工组织与概预算工作,必须事先进行资料调查工作。在公路建设生产实践中,施工组织调查与预算调查一般是同时进行的,调查资料也可以相互利用。

资料的调查在设计阶段是由勘测队的调查组或内业组负责的,具有勘察、调研的性质;在施工准备阶段是由专门的调查组负责的,具有复查和补充的性质。调查方法主要采用现场勘测、走访、座谈、函调等方式进行。

3.1.2.1　自然条件调查

1. 地形、地貌

重点调查公路沿线、大桥桥位、隧道、附属加工厂、工程困难地段的地形、地貌。调查资料用于选择施工用地、布置施工平面图、规划临时设施、掌握障碍物及其数量等。

2. 地质

通过实验、观察和地质勘探等手段确定公路沿线地质情况。用以选择路基土石方施工方法、确定特殊路基处理措施、复核地基基础设计及其施工方案、选定自采加工材料料场、制订障碍物的拆除计划等。

3. 水文地质

水文地质调查分别对地下水和地表水进行调查,对于地下水要判定水质及其侵蚀性质和施工注意事项、研究降低地下水位的措施、选择基础施工方案、复核地下排水设计;对于地表水要调查汛期和枯水期地面水的最高水位,用于制订水下工程施工方案、施工季节、复核地面排水设计。

4. 气象

调查冬季最低气温、冬季期月数及夏季最高气温,用于确定冬季施工项目及夏季防暑降温措施,估计混凝土、水泥砂浆的强度增长情况,选择水泥混凝土工程、路面工程及砌筑工程的施工季节;调查雨季期月数和降雨量,用于确定雨季施工措施、工地排水及防洪方案,确定全年施工作业的有效工作天数及桥涵下部构造的施工季节;调查当地最大风力、风向及大风季节,用于布置临时设施,确定高空作业及吊装的方案与安全措施。

5. 其他自然条件

其他自然条件如地震、泥石流、滑坡等，必要时也应进行调查，并注意它们对基础和路基的影响，以便采取专门的施工保障措施。

3.1.2.2　施工资源调查

1. 筑路材料

筑路材料可分为外购材料、地方材料和自采加工材料。外购材料要调查其发货地点、规格、品种、可供应数量、运输方式及运输费用等；地方材料调查其分布情况、质量、单价、运输方式及运输费用等；自采加工材料调查其料场选择、料场位置、可开采数量、运距等。

2. 运输情况调查

公路沿线及邻近地区的铁路、公路、河流的位置；车站、码头存储货物的能力及到工地的距离；装卸费和运杂费标准；公路及桥梁的最大承载能力；航道的运输能力；当地汽车修理厂的情况及水平；民间运输能力。

3. 供水、供电、通讯情况调查

当地水源位置、供水数量、水压、水质、水费。当地电源位置、供电的容量、电压、电费、每月停电次数。对于通讯，调查当地邮电机构设置情况。如果以上水、电、通讯当地都有能力解决，应签订相应的协议书，以利于有关部门提前做好准备。

4. 劳动力及生活设施

一般情况下公路工程建设耗费劳动力人数较多，在编制施工组织设计前应对公路沿线可利用的劳动力人数、技术水平、沿线民风、民俗进行调查。

大量的公路建设者需要生活设施，所以在编制施工组织设计时应该将此考虑进去。首先调查公路沿线有无可利用的房屋、面积有多大，其次调查公路沿线的文化教育、生活、医疗、消防、治安情况及支援能力，再次调查环境条件，周围有无有害气体、液体、有无地方性疾病，以保证建设者无后顾之忧。

5. 地方施工能力调查

如当地钢筋混凝土预制构件厂、木材加工厂、采石厂等建筑施工附属企业的生产能力，能否满足公路施工的需求量。

3.1.2.3　施工单位能力调查

在公路设计阶段，施工单位尚未明确，应向建设单位调查落实施工单位。对施工单位，主要调查其施工能力，如施工技术人员数量、施工人数、机械设备的装备水平、施工单位的资质等级及近几年的施工业绩等。对实行招、投标的工程，在设计阶段不能明确施工单位，编制施工组织设计时，应从工程设计的角度出发，把他们提出的优化、合理的意见作为依据。在施工阶段，施工单位已确定，施工单位能够调动的施工力量及技术装备水平，都是编制施工组织设计的依据。

3.1.2.4　施工干扰调查

调查行车、行人干扰，用于确定施工方法和考虑安全措施。

3.1.3　施工组织设计的编制依据

1. 施工组织总设计的编制依据

(1) 工程设计图纸（经批准的初步设计或扩大初步设计）；

（2）国家计划或合同规定的进度要求；

（3）有关定额及有关技术经济指标，自然与经济调查资料；

（4）施工中可配备的劳力，机械装备及有关施工条件；

（5）施工组织规划设计。

2．单位工程施工组织设计的编制依据

（1）施工图；

（2）施工企业生产计划；

（3）施工组织总设计；

（4）工程预算、定额资料和技术经济指标；

（5）施工现场条件。

3．竞标性施工组织设计编制依据

（1）招标书的要求；

（2）业主对工程的要求；

（3）现场踏勘、调查的情况及记录；

（4）业主提供的设计图纸或设计资料；

（5）业主对施工组织设计的技术措施要求；

（6）业主对施工项目的工期、质量、环保的要求。

情境 3.2　施工方案设计

表 3 - 2　工作任务表

能力目标	主讲内容	学生完成任务	评价标准	
了解施工方案编制目的、要求；掌握施工方案编制的步骤和方法	施工方案编制要求、步骤及一般方法	能够根据某个项目的合同要求独立完成该项目的施工方案的编制	优秀	独立完成某个项目的施工方案的编制
			良好	熟悉方案编制的内容及编制步骤和方法
			合格	了解方案的内容、步骤和方法

3.2.1　施工方案编制的目的

施工方案是按照设计图纸及国家规范的要求，实施并完成工程技术上的措施及方案，是指导施工生产的重要文件。通过编制施工方案，对设计图纸要求、现场自然条件、施工机械设备、施工人员等各方面的因素全面考虑，确定投入的施工力量、施工顺序、进度计划、材料数量、重点部位工序的施工方法等，用以指导施工生产，完成工程项目。

在现代合同管理体制下，施工方案还作为承包商报请监理工程师审批开工的依据，作为施工过程中管理检查的依据，同时也是工程结算的依据。

3.2.2　施工方案编制的要求

针对高速公路的工程特点，在总体施工组织设计中应对施工控制测量、原材料及成品实验、路基土方填筑、大型桥梁结构物施工、预制构件制作、路面基层底基层施工、沥青混凝路面施工等重点工程项目做较全面的反映。

拟订施工方案时,应着重研究以下几方面的问题:

1. 确定各单位工程或分部工程的施工次序

由于公路工程施工点多、线长,结构各异,自然条件复杂,所以合理确定建设项目中各单位工程或关键项目的施工顺序,是确定施工方案的首要问题,对工程的经济效益具有决定性的影响。

确定施工顺序,不仅需要从时间上和空间上定性地分析判断,而且要利用各种手段和方法(如数学方法)来定量地分析确定。确定工程项目的施工顺序,可参考下列原则:

(1)首先要考虑影响全局的关键工程的合理施工顺序。如路线工程中的某大桥、某隧道、某深路堑,若不在前期完成,将导致其他工程不能施工(如无法运输材料、机械等),拖延工期,此时应集中力量首先完成关键工程。

(2)必须充分考虑自然条件的影响。安排工程项目施工顺序时,必须考虑水文、地质、气象等的影响。如桥梁的基础工程一定要安排在汛期之前完成或安排在汛期之后进行等。

(3)施工顺序要与施工方法、施工机具协调一致。如现浇钢筋混凝土上部构造的施工顺序与采用架桥机进行装配化施工顺序就显然不同。

(4)要考虑施工组织条件对施工顺序的影响。如某种关键机械能否按时供应,某拆迁工程能否按时拆迁,高寒山区的生活条件或生活供应能否按时解决等。

(5)符合工艺要求。公路工程项目的各施工过程或工序之间,存在着一定的工艺顺序要求。如钻孔灌注桩在钻孔后应尽快灌注水下混凝土,以防坍孔,所以两道工序必须紧密衔接。

(6)必须考虑施工质量要求。在安排施工顺序时,要以能确保工程质量作为前提条件之一,否则要重新安排或采取必要的技术措施。

(7)必须考虑安全生产的要求。在安排施工顺序时,必须力求各施工过程的衔接不至于产生不安全因素,以防安全事故的发生。

(8)尽力体现施工过程组织的基本原则,即施工过程的连续性、协调性、均衡性以及经济性。

2. 确定各施工过程的施工方式、方法及施工机具

正确地选择施工方法是确定施工方案的关键。各个施工过程,均可采用各种施工方法进行施工,而每一种方法都有其各自的特点。我们的任务在于从若干可行的施工方法中,选择一个最先进、最可行、最经济的施工方法。选择施工方法的依据主要是:

(1)工程特点。主要是指工程项目的规模、构造、工艺要求、技术要求等方面的特点。

(2)工期要求。要明确本工程的总工期或分部工程的工期是属于紧迫、正常、充裕三种情况中的哪一种。

(3)施工组织条件。主要指气候等自然条件,施工单位的技术水平和管理水平,所需设备、材料、资金等供应的可能性。

对任何工程项目,均有多种施工方法可供选择。例如,沥青表面处治路面的施工,可采用层铺法和拌和法两种;开挖基坑可分为人工开挖和机械开挖两种;桥主梁安装可采用扒杆、单导梁、跨墩门架、架桥机等多种施工方法。但究竟采有何种方法,将对施工方案的内容

产生巨大影响。

选择施工方法主要是针对主导工程进行。所谓主导工程是指对工期起关键作用的工程项目或工序。制订施工方案,选择施工方法时,一定要抓住关键、突出重点。

在确定施工方法的同时,应明确提出技术措施、质量标准和安全要求。

3. 总体设想与安排

进行总体设想与安排,主要包括空间组织、时间组织、技术组织、生产力组织、施工条件组织、物资组织以及资金组织等方面的总体设想和安排。

3.2.3　施工方案编制的步骤及一般方法

编制施工方案,首先要熟悉设计图纸。高速公路的设计图纸一般由道路平面设计、道路纵断面设计、结构物及附属工程设计、标准图集、数据汇总表等几部分构成。首先应把平面、纵断面、结构、标准图集各方面联系起来,对照、穿插,形成对工程整体印象,然后对结构工程进行详细的研究,对路面工程的细部设计做详细了解,对照工程数量表进行计算,在仔细研读设计图纸的基础上计算出工程的工程量及材料用量,作为编制施工方案及组织生产的依据。

在熟悉图纸的同时,要搜集与工程有关的国家规范、技术规程、实验标准等资料,国际监理工程还要搜集有关国家的技术标准,与此同时,对本单位的机械设备、实验设备仪器、施工人员等做详细的调查,取得翔实可靠的第一手资料。

在此基础上,对施工现场及周围自然环境情况进行调查,收集水源、电源、道路、驻地气候、地质、料场等情况,对外界因素做全面了解。

结合设计图纸、规范、外在因素、本单位的具体情况对重点工程、重点工序提出详细的施工方案。如桥梁桩基工程、桥梁梁体预制工程、砌石工程、土方填筑工程、路面基层底基层施工、路面沥青混凝土搅拌、沥青混凝土摊铺等工序及部位,针对各自的特点、要求,制订完整的方案,对质量标准及保证措施提出明确的要求。

在总体施工组织设计中,应根据工程量及施工顺序安排,分别提出单位工程的控制工期,安排施工进度,找出控制工期的关键工程。根据总体施工组织设计的安排,具体制订出各单位工程施工组织设计。单位工程施工组织设计应力争详细、全面、切实可行,用以指导各单位工程的施工。

在高速公路施工中,路面工程基层、底基层、沥青混凝土面层等工序均应安排一定长度的施工实验路段,用以检验施工组织、技术方案的合理性,对机械设备、人员配备等取得直接经验,指导大面积施工。在实验路段施工完成后,应根据实验路段中取得的数据、经验,及时修改、完善施工组织设计,使之在大面积施工时发挥作用。

3.2.4　选择施工方法和施工机械

选择施工方法和施工机械是施工方案中的关键问题,它直接影响施工进度、施工质量和安全,以及工程成本。编制施工组织设计时,必须根据工程的桥型结构、抗震要求、工程量的大小、工期长短、资源供应情况、施工现场的条件和周围环境,制订出可行方案,并且进行技术经济比较,确定出最优方案。

3.2.4.1　选择施工方法

选择施工方法时,应着重考虑影响整个单位工程施工的分部分项工程,如工程量大的且在单位工程中占重要地位的分部(分项)工程,施工技术复杂或采用新技术、新工艺及对工程质量起关键作用的分部(分项)工程和不熟悉的特殊结构工程或由专业施工单位施工的特殊专业工程的施工方法,而对于按照常规做法和工人熟悉的分项工程,则不必详细拟订,只要提出应注意的特殊问题即可。施工方法选择的内容有:

1. 土石方工程

①计算土石方工程量,确定土石方开挖或爆破方法,选择土石方施工机械;

②确定放坡坡度系数或土壁支撑形式和打设方法;

③选择排除地面、地下水的方法,确定排水沟、集水井或井点布置;

④确定土石方平衡调配方案。

2. 基础工程

①浅基础中垫层、混凝土基础和钢筋混凝土基础施工的技术要求;

②桩基础施工的施工方法以及施工机械选择。

3. 防护工程

①浆砌块(片)石的砌筑方法和质量要求;

②弹线及样板架的控制要求;

③确定脚手架搭设方法及安全网的挂设方法。

4. 钢筋混凝土工程

①确定模板类型及支撑方法,对于复杂的还需进行模板设计及绘制模板放样图;

②选择钢筋的加工、绑扎和焊接方法;

③选择混凝土的搅拌、输送及浇筑顺序和方法,确定混凝土搅拌、振捣和泵送方法等,设备的类型和规格,确定施工缝的留设位置;

④确定预应力混凝土的施工方法、控制应力和张拉设备。

5. 桥梁安装工程

①确定桥梁安装方法和起重机械;

②确定梁板构件的运输方式及堆放要求。

6. 路面工程

①确定路面摊铺机和拌和站生产能力;

②确定路面施工机械组合方式。

3.2.4.2　选择施工机械

选择施工方法必然涉及施工机械的选择问题。机械化施工是改变建筑工业生产落后面貌,实现建筑工业化的基础,因此施工机械的选择是施工方法选择的中心环节。选择施工机械时,应着重考虑以下几方面:

1. 选择施工机械时,应首先根据工程特点选择适宜的主导工程的施工机械。如在选择桥梁安装用的起重机类型时,当工程量较大而集中时,可以采用生产率较高的架桥机(或安装门架);但当工程量小或工程量虽大却相当分散时,则采用吊车较经济;在选择起重机型号时,应使起重机在起重臂外伸长度一定的条件下能适应起重量及安装高度的要求。

2. 各种辅助机械或运输工具应与主导机械的生产能力协调配套,以充分发挥主导机械的效率,如土方工程中采用汽车运土时,汽车的载重量应为挖土机斗容量的整数倍,汽车的数量应保证挖土机连续工作。

3. 在同一工地上,应力求建筑机械的种类和型号尽可能少一些,以利于机械管理。为此,工程量大且分散时,宜采用多用途机械施工,如挖土机既可用于挖土,又能用于装卸和起重。

4. 机械选择应考虑充分发挥施工单位现有机械的能力。当本单位的机械能力不能满足工程需要时,则应购置或租赁所需新型机械或多用途机械。

【例 3-1】 水中钻孔桩施工方法——厦门大桥施工方案

本方案以钢管桩作为施工平台承重基础,顶面用贝雷架搭设施工平台,每个墩施工平面的平面尺寸为 12 m×20 m,要求布置两台冲孔机和主要设备,平台基础采用 14 根钢管柱,平台及平台间以贝雷人行桥连续。

因为淤泥软弱,残积土不成层,为保证钢管桩稳定,要求沉桩后立即焊上水平撑和十字风撑,形成整体,平台设计承受荷载为 100 t。

施工选用 35 t 吊车吊装,拟上吊车的平台为保证足够的稳定,加大了钢管桩的嵌岩深度,贝雷梁采用单层双排布置形式。

3.2.5 施工方案的技术经济评价

对施工方案进行技术经济评价是选择最优施工方案的重要环节之一。因为任何一个分部(分项)工程,都有几个可行的施工方案,而评价的目的就是对每一分部(分项)工程的施工方案进行优选,选出一个工期短、质量好、材料省、劳动力安排合理、工程成本低的最优方案。

施工方案的技术经济评价涉及的因素多而复杂,一般只需对一些主要分部工程的施工方案进行技术经济比较,当然有时也需对一些重大工程项目的总体施工方案进行全面技术经济评价。

一般来说,施工方案的技术经济评价有定性分析评价和定量分析评价两种。

1. 定性分析评价

施工方案的定性技术经济分析评价是结合施工实际经验,对若干施工方案的优点进行分析比较。如技术上是否可行、施工复杂程度和安全可靠性如何、劳动力和机械设备能否满足需要、能否充分发挥现有机械的作用、保证质量的措施是否完善可靠、对冬季施工带来多大困难等。

2. 定量分析评价

施工方案的定量技术经济分析评价是通过计算各方案的主要技术经济指标,进行综合比较分析,从中选择技术经济指标较佳的方案。

定量分析的指标通常有:

(1)工期指标。当要求工程尽快完成以便尽早投入生产或使用时,选择施工方案就要在确保工程质量、安全和成本较低的条件下,优先考虑缩短工期。

(2)劳动量指标。它能反映施工机械化程度和劳动生产率水平。通常,在方案中劳动消耗量越小,机械化程度和劳动生产率越高。劳动消耗指标以工日数计算。

(3)主要材料消耗指标。反映若干施工方案的主要材料节约情况。

(4)成本指标。反映施工方案的成本高低,一般需计算方案所用的直接费用和间接费用。

3.2.6　编制施工方案时应注意的一些问题

1. 要紧密结合当地的实际情况。例如雨季进行土方施工时要考虑土方晾晒时间,对特殊地质情况如钙质风化岩、膨胀土等要有相应的处理方法;石料供应应与当地的开采生产量相适应等。

2. 要充分考虑布置施工道路。高速公路是带状线形工程,大量材料需要运输,运输车辆通行和构筑物施工与附近农民的农业生产会产生许多矛盾。在安排施工时,要充分考虑,采取措施,保证施工车辆的畅通。

3. 对设计图纸中存在的问题要及时提出修改意见,以便取得对施工及工程有利的方案。设计图纸中往往有一些与现场实际情况、与施工单位机械设备情况不一致的问题,设计人员考虑一些问题有不周全的地方,施工单位技术人员在工程施工前应仔细分析,提出合理建议,会同设计人员找出最佳方案。

4. 在计划安排上要充分估计可能遇到的各种情况,留有余地。高速公路施工受自然、社会条件、原材料供应等影响很大,在计划安排上要有所考虑。

5. 要吃透规范,对实验内容、标准、施工方法、检验手段、质量标准等要逐项分析,提出详细的实施要求。

6. 要注意吸收、推广、应用先进的机械、设备、工艺、方法,把科研与施工生产结合起来,解决施工生产中遇到的问题。在桥梁基桩承载力检测、桥梁预制梁预应力张拉、桥梁涵洞台背回填、结构物伸缩缝制作安装、沥青混凝土搅拌摊铺等方面都有比较先进的工艺方法,应注意学习应用。

【例 3-2】　某施工单位根据工程特点和本单位所拥有的机械设备、技术力量等,对路基、路面所确定的施工方法:

(1)石方挖方。本合同段路基施工的主要特点是:石方开挖量大,约占总挖方的 70％以上,其中又以弱风化花岗岩为多;施工方法:采用进口大型凿岩机打岩,采取松动爆破方法,严格控制装药量,精心计算,确保施工安全。

(2)土方挖方。采用挖掘机配合自卸汽车或推土机、装载机配合自卸汽车运土。对地势平坦,土量集中的路段,使用大型铲运机。

(3)填方路基。按技术规范要求清理场地后,当地面横坡不大于 1∶10 时,直接填筑路堤;采用推土机配合平地机摊土、石,严格掌握虚铺厚度,按工艺要求充分碾压,土、石材料分层填筑、分段使用。对填石路堤采用大吨位震动式压路机;土方适用于光轮压路机,配合震动压路机碾压。对于地面横坡大于 1∶10 的路段,分别采取翻松或挖土质台阶的方法。

(4)路面基层施工。采用路拌法和集中厂拌法,下承层检查合格后,用摊铺机配合平地机摊平。经初压后,用震动式压路机压实。

(5)路面面层施工。第一步,首先作好沥青混凝土的配合比试验。在准备好的基层上喷洒透油层,将合格的热拌混合料,用自卸汽车运到摊铺路段。采用德国产 S1800 型摊铺机整幅摊铺。第二步,碾压。用 8 吨轻型压路机初压两遍,用 12~15 吨压路机压四遍,用 6~8 吨轻型压路机压实。

3.2.7　本项目施工方案设计

由于本项目工程规模较大,方案的确定通过先确定总体方案再到局部方案。方案中给出了施工工艺和每个细部的施工方法,使实施者目标明确。方法比较合理,具体内容如下:

3.2.7.1　总体施工方案

根据本工程的工程量及进度要求,全部工程投入 7 个作业队,成立 1 个混凝土构件预制厂,一个混凝土搅拌站,一个钢筋加工厂,由项目经理部统一指挥,各专业施工队伍独立组织、专业化施工。全部实行机械化作业,施工总体原则按"分段施工、流水作业、交叉施工、统一协调"进行,相对独立地组织桥梁、道路、挡土墙、照明、排水等工程的施工,统筹安排施工进度计划。总体上按桥梁施工和道路施工两条主线进行,道路与排水施工穿插进行。桥下路基路面在桥梁主体完成,拆除支架后进行;桥上照明、附属等项目平行施工。桥梁为控制工程,在桥梁主体施工过程中,沿线施工现场两侧设彩板围挡,以隔断视线美化视野和保护行人安全,行人及车辆在彩板外侧通行。桥下路面施工过程中合理安排施工顺序,施工现场位于交通繁忙路口,采用分侧分段施工的顺序,编制交通导流方案,经天津市交管局审批后实施半幅施工。根据天津市滨海市政发展有限公司的总体安排,2004 年 9 月 30 日要求 Z、F、H 线快速路方向完工,先施工 Z 线、F 线、H 线,后施工其他各线,具体计划详见图 3 - 9 "2 期进度计划网络图"。

3.2.7.2　桥梁下部结构施工

1. 墩台

(1)施工方案

桥墩造型为花瓶型。为确保桥梁墩台外表美观,桥墩模板采用定制装配式整体钢模板,使用时每块模板之间加密封条后用螺栓联牢即可,桥台采用竹胶板内贴 PVC 板法施工。在承台施工时,将墩台钢筋外支立模板地方用水平尺找平并压光,并在承台上墩身外侧 20 cm 预埋 Φ25 以上钢筋,以备墩身挡板固定用。混凝土经拌和站拌和后,采用混凝土输送车运至现场,混凝土输送泵车灌注。墩台模板支立允许偏差数值控制见表 3 - 3,墩台身技术质量要求见表 3 - 4。

表 3 - 3　墩台模板支立允许偏差数值(mm)

结构部位　　项目	桥台	墩柱
轴线位移	±10	10
结构断面尺寸	±5	±10
垂直度(%)	1	1
高程	±2	±3
预埋件、预留洞位置	±3	±3
相临模板接适平整度	±3	±2

表 3-4　墩台身技术质量要求允许偏差

项次	检查项目	允许偏差
1	相邻间距(mm)	±15
2	竖直度(mm)	0.3 %H 且不大于 20
3	墩顶高程(mm)	±10
4	轴线偏位(mm)	10
5	断面尺寸(mm)	±15
6	外观光洁、颜色一致、无气泡、水泡、漏浆、粘模现象	
7	混凝土强度符合设计规范要求	

(2)墩台身施工工艺(框图见图 3-2)

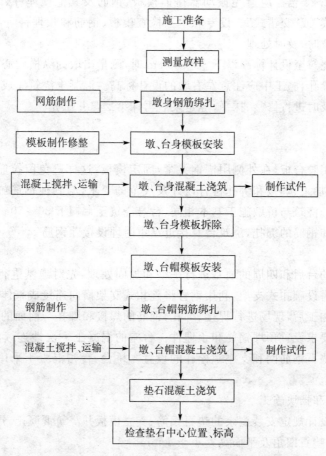

图 3-2　墩台身施工工艺框图

(3)桥墩施工

①桥墩模板及支架

为保证工程内实外美和接缝少,墩台模板采用厂制加工的装配式整体钢模板。模板安装采用钢筋绑扎中的碗扣式支架。测量放样后墩柱模板就位前,要求涂抹脱模剂,模板的接缝采用密封条,利用腻子抹缝后刷脱模剂。模板分节整体吊装,人工配合汽车吊将下节模板吊起并初步就位,利用千斤顶进行微调,直到各项指标满足规范和技术标准的规定。

②桥墩钢筋

严格按图纸进行墩柱钢筋下料,钢筋绑扎和焊接按规定进行,并按设计要求测量放样墩柱位置,安装墩柱的钢筋。

③桥墩混凝土

采用集中拌和的混凝土,用混凝土输送车运输至现场,混凝土输送泵灌注,墩台混凝土采用土工布加塑料薄膜覆盖养护。

混凝土的振捣在施工中相当重要,振捣由专业工人进行,每层的浇筑厚度为 30 cm。采用插入式振捣器,插入式振捣器在施工中移动间距不超过振动器作用半径的 1.5 倍,与侧模应保持 5～10 cm。每处振捣完毕边振动边缓慢提起振动器,即"快插慢拔",插入深度不超过振动器长度的 1.25 倍。应避免振动器碰撞模板、钢筋及其他预埋件。插入点要均匀排列,可排成"行列式"或"交错式"。设专职木工检查模板、钢筋和预埋件等稳固情况,当发现有松动、变形、移位时,及时处理。

墩柱混凝土浇筑至设计标高以下 30～50 cm 时,测量出墩的纵横中心线,设置垫石钢筋网并预留支座螺栓孔,施工中应注意左右墩的设计标高。混凝土浇筑完成后,对墩柱顶部的混凝土裸露面应及时进行修整、抹平,等定浆后再抹第二遍并压光。

(4)桥台施工

①台身施工

台身模板采用胶合板,在外侧用槽钢夹紧,固定模板,这样避免留拉筋孔。施工采用碗扣式支架,钢筋的加工、焊接和绑扎符合设计及规范的要求,与其他钢筋施工基本相同。模板处理和混凝土的浇筑与桥墩施工基本相同,台身浇筑至台帽下 30～50 cm 处停止浇筑,进行台帽模板安装和钢筋的绑扎,浇筑台身接近结束时埋设接茬钢筋。

②台帽施工

首先对桥台的台后和四周的地基进行平整和加固处理,先对地基进行碾压、夯实,后铺设枕木。在其上搭设碗扣式支架,利用钢管将碗扣式支架横向连接成整体。

桥台的钢筋加工后,现场进行焊接、绑扎,钢筋的焊接和绑扎与前面的方法相同,台帽钢筋施工中按设计要求设置预埋钢筋和预埋件。台帽的混凝土一次性连续浇筑完毕,台帽浇筑过程中应注意垫石钢筋网和支座螺栓孔的设置。桥台、台帽混凝土采用与墩柱相同的方法进行养护。

(5)支承垫石和挡块施工

垫石施工按设计规定安装剩余的垫石钢筋、支立模板并浇筑混凝土,严格按设计高程进行施工测量,保证垫石四角及平面高差小于 1 mm。

支座及其上楔形垫块的位置尺寸要正确。垫块混凝土中设有钢筋网,混凝土强度要满足设计要求。柱顶设有支座钢筋网,钢筋网平面尺寸和位置同支座楔形块钢板的尺寸和位置。

2.承台施工(略)

3.普通钻孔灌注桩施工(略)

4.钻孔扩底灌注桩施工(略)

3.2.7.3　桥梁上部结构施工(略)

3.2.7.4　道路施工(略)

3.2.7.5　排水施工(略)

3.2.7.6　照明施工(略)

情境 3.3　施工进度计划的编制

表 3-5　工作任务表

能力目标	主讲内容	学生完成任务	评价标准	
熟悉施工进度计划编制的依据、原则及注意事项;掌握施工进度计划横道图、垂直图及网络计划图绘制方法和步骤	三种施工进度计划的编制方法和进度图的绘制	区别三种不同进度计划优缺点及能根据工程情况选择编制方法;能够独立完成某个项目的施工进度计划编制	优秀	掌握三种进度计划编制方法并能独立完成不同项目进度图绘制
			良好	掌握三种进度计划编制方法并能独立完成不同项目进度图绘制
			合格	掌握网络计划图的编制步骤和方法

工程施工进度安排,是以工程项目为对象、以合同工期要求为依据,确定工程项目的开竣工时间,安排日历进度的施工进度总安排,即施工进度计划。它是施工组织设计的中心内容。施工进度计划确定好以后,其他工作都要适应它的要求加以安排,从而使整个工程施工运转起来。施工进度计划是否合理,直接影响施工速度、成本和质量。施工进度计划分为工程总计划、年度和季度计划、月旬作业计划。公路工程项目施工进度编制的方法主要有三种:横道图法、垂直图法及网络计划法。

3.3.1　编制的依据与原则

1. 编制的依据

(1)招投标文件和工程承包合同中规定的工期、进场设备、材料、人员等;

(2)企业的经营方针和经营目标;

(3)施工设计图纸和有关的定额资料(如工期定额、概算定额、预算定额及企业内部的施工定额等);

(4)设备、材料的供应和到货情况;

(5)施工单位可能投入的力量(如劳动力、设备等);

(6)主导工程的施工方案(施工顺序、施工方案和作业方式);

(7)施工外部条件;

(8)与施工相关的经济、技术条件。

2. 编制的原则

(1)保证重点,统筹兼顾;

(2)采用先进技术,保证施工质量;

(3)科学安排施工计划,组织连续、均衡施工;

(4)严格遵守施工规范、规程和制度;

(5)因地制宜,扬长避短。

3.3.2　施工进度图的编制步骤及注意事项

3.3.2.1　施工进度图的编制步骤

1. 确定施工方法

确定施工方法主要是针对本工程的主导施工工序而言,各工程项目均可以采用各种不同的方法进行施工,每一种方法都有其各自的优点和缺点。确定施工方法时,首先应考虑工程特点、现有机具的性能、施工环境等因素,选择适于本工程的最先进、最合理、最经济的施工方法,从而达到降低工程成本和提高劳动生产率的预期效果。

2. 选择施工机具

施工方法一经确定,施工机具的选择就应以满足它的需求为基本依据。但是,在现代化的施工条件下,许多时候是以选择施工机具为主而来确定施工方法的,所以施工机具的选择往往成为主要的问题。在选择施工机具时,应注意以下几点:

(1)只能在现有的或可能获得的机械中进行选择。尽管某种机械在各方面都是适合的,但如不可能得到,就不能作为一个供选择的方案。

(2)所选择的机具必须满足施工的需要,但又要避免大机小用。

(3)选择施工机具时,要考虑相互配套,充分发挥主机的作用。

(4)在选择施工机具时,必须从全局出发,不仅要考虑到在本工程或某分部工程施工中使用,还要考虑到同一现场上其他工程或其他分项工程是否也可以使用。

3. 选择施工组织方法

根据具体的施工条件选择最合理的施工组织方法,是编制工程进度图的关键。流水作业法是公路工程施工较好的组织方法,但不能孤立采用。有些工程技术复杂,工程量大,还可以考虑采用平行流水作业法,立体交叉流水作业法等。有些工程工程量小,工作面窄小,工期要求不紧,可以采用顺序作业法。

4. 划分施工项目

施工方法确定后,就可以划分施工项目。每项工程都是由若干个相互关联的施工项目组成;如:桥梁工程由施工准备、基础工程、下部工程、上部工程、桥面系、引道工程等施工项目组成。施工项目划分的粗细程度,与工程进度图的阶段即用途有关(施工项目可以是单位工程、分部工程、分项工程、工序等)。一般按所采用的定额的细目或子目来划分,这样,便于查阅定额。

划分施工项目时,必须明确哪一项是主导施工项目。一般情况下,主导施工项目就是施工难度大,耗用资源多或施工技术复杂、需要使用专门的机械设备的工序或单位工程。主导施工项目常常控制施工进度,因此,首先应安排好主导施工项目的施工进度,其他施工项目'的进度要密切配合。在公路工程中,高级路面、集中土石方、特殊路基、大桥、中桥等一般都是主导施工项目。

5. 排序

排序即列项。按照客观的施工规律和合理的施工顺序,将所划分的施工项目进行排序,如:施工准备、路基处理、路基填筑、涵洞、防护及排水、路面基层、路面铺筑等。路面基层施工项目必须放在路基填筑、涵洞施工项目的后面。注意不要漏列、重列。工程进度图的实质就是科学合理地确定这些施工项目的排列次序。

6. 划分施工段,并找出最优施工次序

在一般的横道图中,一般采用横线工段式。设计阶段进行的施工进度图,一般不明确划分施工段。在实施性施工进度中,如果组织流水作业,为了更好地安排施工进度,缩短施工工期,就应该划分施工段,并尽可能按约翰逊—贝尔曼法则找出最优或较优施工次序,并在施工进度图中表示出来。

7. 计算工程量与劳动量

当划分完施工项目并排好序后,即可根据施工图纸及有关工程数量的计算规则,计算各个施工项目的工程数量,并填入相应表格中。工程数量的单位,应与所采用的定额单位一致。当划分施工段组织流水作业时,必须分段计算工程数量。此外,还应考虑为保证施工质量和安全的附加工程数量。

计算劳动量时要注意施工现场的具体情况和施工的难易程度,同样工程数量,都是挖基坑,挖普通土和挖硬土的劳动量不同,同样工程数量的砌筑工程,搬运材料的运距不同,劳动量也不同。

所谓劳动量,就是施工项目的工程量与相应的时间定额的乘积。也就是实际投入的人数与施工项目的作业持续时间的乘积。人工操作时叫劳动量,机械操作时叫作业量。

劳动量可按下式计算:

$$D = Q \times S \tag{3-1}$$

式中,D——劳动量(工日或台班);

Q——工程量;

S——时间定额。

8. 计算各施工项目的作业持续时间

计算过程中应结合实际的施工条件认真考虑以下几点:①各施工项目均应按一定技术操作程序进行;②保证工作面和劳动人数的最佳施工组合;③相邻施工项目之间应有良好的衔接和配合,互不影响工程进度;④必须保证施工安全和工程质量;⑤确定技术间歇时间(混凝土的养生、油漆的干燥等),确定组织间歇时间(施工人员或机械的转移及施工中的检查、校正等属于最小流水步距以外增加的间歇时间)。

9. 初步拟定工程进度

按照客观的施工规律和合理的施工顺序,采用前面确定的施工组织方法、施工段间最优或较优施工次序及各施工项目的作业持续时间就可以拟定工程进度。在拟定时应考虑施工项目之间的相互配合,例如:某一路线工程,采用流水施工,为了使各施工项目尽早投入施工生产,首先集中人力、物力进行第 1 km 的施工准备工作。第 1 km 的施工准备工作完成后,小桥涵等人工构造物可以投入施工。小桥涵等人工构造物完成后,路基施工开始。路基完成后,路面施工开始……其他辅助工作(材料加工及运输等)应与工程进度相配合。

　　拟定工程进度时,应特别注意人工的均衡使用。施工开始后,人工数量应逐渐增加,然后在较长时间内保持稳定,接近完工时又应逐渐减少。另外,还要力求材料、机械及其他物资的均衡使用。初拟方案若不能满足规定工期要求或超过物资供应量,应对工程进度进行调整。

　　10. 检查和调整施工进度计划

　　无论采用流水作业法还是网络计划法组织施工,都要在初拟方案的基础上通过优化调整,最后得到工程进度图。在优化过程中重点检查的内容有:

　　(1)施工工期。施工进度计划的工期应符合上级或合同规定的工期。

　　(2)施工顺序。检查施工项目的施工顺序是否科学、合理,相邻施工项目之间衔接、配合是否良好。

　　(3)劳动力等资源的消耗是否均衡。劳动力需要量图反映了施工期间劳动力的动态变化,它是衡量施工组织设计合理性的重要标志。不同的工程进度安排,劳动力需要量图呈现不同的形状,一般可归纳为如图 3-3 所示的三种典型图式。图 3-3(a)出现短暂的劳动力高峰,图 3-3(b)劳动力需要量为锯齿波动形,这两种情况都不便于施工管理并增大了临时生活设施的规模,应尽量避免。图 3-3(c)在一个较长时间内劳动力保持均衡,符合施工规律,是最理想的状况。

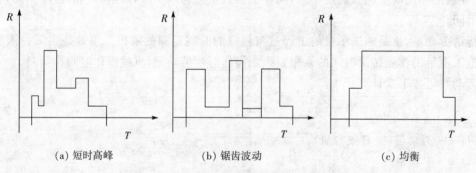

(a) 短时高峰　　　　　　(b) 锯齿波动　　　　　　(c) 均衡

图 3-3　劳动力需要量图

　　劳动力消耗的均衡性,用劳动力不均衡系数 K 表示。劳动力不均衡系数应大于或等于1,越接近于 1 越合理,一般不允许超过 1.5。其值按下式计算:

$$K = R_{max} / R_{平均} \qquad\qquad (3-2)$$

式中,R_{max}——施工期间人数最高峰值;

　　$R_{平均}$——施工期间加权平均人数,即总劳动量/计划总工期。

　　针对出现的问题,采取有效的技术措施和组织措施,使全部施工在技术上协调,在人工、材料、机具的需要量上均衡,力争达到最优的状态。调整结束后,采用恰当的形式绘制工程进度图。

　　3.3.2.2　施工进度图的编制注意事项

　　1. 安排工程进度时,应扣除法定节假日,并充分估计因气候或其他原因的停工时间。上级规定或合同签订的施工工期减去这些必要的停工时间之后,才是实际可作安排的施工作业时间。此外,还要考虑必要的准备工作时间,必须的外部协调时间。

2. 注意施工的季节性。如：桥梁的基础施工应避开洪水期，沥青路面和水泥混凝土路面应避免冬季施工等。

3. 公路工程是野外施工，影响施工的因素很多，任何周密详尽的计划也很难一一实现。安排工程进度时应保证重点、留有余地、方便调整。特别是对于施工难度大、物资供应条件差的工程，更应注意留有充分的调整余地。

4. 各种施工间歇时间（技术间歇时间、组织间歇时间等），由于不消耗资源，往往容易被忽视。采用网络计划法组织施工时，可以将间歇时间作为一条箭线处理（不消耗资源，但消耗时间，故仍为实箭线）。

5. 在对初步方案进行优化时，注意外购材料和各种设备的分批到达工地的合同日期，需要这些材料和设备的施工项目的开工时间不得早于合同日期。

编制工程进度图是一项十分细致而又复杂的工作，因此在编制前必须作好深入的调查研究和资料的收集工作。编制时要认真负责，充分估计可能发生的各种情况，根据现场的条件实事求是地进行编制。

3.3.3　施工进度图的绘制

1. 横道图的绘制

(1)绘制空白图表。

(2)根据设计图纸、施工方法、定额进行列项，并按施工顺序填入工程名称栏内。

(3)逐项计算工程量。

(4)逐项选定定额，将其编号填入表中。

(5)进行劳动量计算。

(6)按施工力量（作业队、班、组人数、机械台数）以及工作班制计算所需施工周期（即工作日数）；或按限定的日期以及工作班制、劳动量确定作业队、班（组）的人数或机械台数，将计算结果填入表中相应栏内。

(7)按计算的各施工过程的周期，并根据施工过程之间的逻辑关系，安排施工进度日期。具体做法是：按整个工程的开竣工日历，将日历填入表日程栏内，然后即可按计算的周期，用直线或绘有符号的直线绘进度图。

(8)绘劳动力安排曲线。

(9)进行反复调整与平衡，最后择优定案。

2. 垂直图

垂直施工进度图是以纵坐标表示施工日期，以横坐标表示里程或工程位置，而各施工项目（工序）的施工进度，则以垂线（工作面集中）表示，工程量和简易的施工平面图在其下方表示。斜线式施工进度图的特点是，可以反映出时间和施工地点的关系，但不便于将工序划分很细。斜线式施工进度图可用于里程较长、等级较低、管理较粗的施工组织中，以表达工程的形象进度。图 3-4 为垂直图的实例。

(1)绘制空白图表

纵坐标表示施工日期，横坐标表示里程或工程位置。

(2)列项

线形工程按里程顺序，并以公里为单位列项；集中型工程按工程的桩号顺序，并单独列项。

（3）在下部绘制施工平面草图

（4）绘制进度线

按已经计算出的施工周期，不同形式的斜线（工作面较长）或垂线（工作面集中）绘制进度线，按紧凑原则，使各进度线移至最佳位置。

（5）调整

在安排施工进度时可采用工程进度计划三分法：确定总体工期后，按工程形象进度安排，上一道工序的分项工程工作量完成三分之一，即可进行下一道工序的分项工程的施工。例如，墩柱完成量是基桩完成量的三分之一，盖梁完成量是墩柱完成量的三分之一，下部工程完成后，主梁安装达到主梁安装总量的三分之一，主梁预制剩余量为主梁预制总量的三分之一。

3. 网络图绘制

【例 3-3】 某路段施工进度垂直图如图 3-4 所示。

（1）设计文件

设计文件是编制网络计划的根据。首先要熟悉工程设计图纸，全面了解工程概况，包括工程数量、工期要求、工程地区等等，做到心中有数。

（2）调查研究

在熟悉文件的基础上就要进行调查研究，它是编制好网络计划的重要一步。要调查清楚施工的有关条件，包括：资源（人、机、材料、构配件等）的供应条件、施工条件、气候条件等。凡编制和执行计划所涉及的情况和原始资料都在调查之列。对调查所得的资料和工程本身的内部联系，还必须进行综合的分析与研究，掌握期间的相互关系和联系，了解其发展变化的规律性。

（3）确定施工方案

施工方案主要取决于工程施工的顺序、施工方法、资源供应方式、主要指标控制量等。在确定施工方案中，施工的顺序可作多种方案以便选出最优方案。施工方案的确定与规定的工期、可动用的资源、当前的技术水平有关，这样制订的方案才有可能落实。

（4）划分施工工作（工序）

划分施工各工作，即划分组成该工程系统的基本单元（元素）。一般在编制施工方案计划时，基本工序不宜划分得太细，可将某些工序组合成一个较大的工序。如一个桥梁基础中，可把承台立模、浇灌混凝土、养生和拆模作为浇承台一项工序，其作业持续时间就是各工序的总和时间，这样使网络图简化，便于计算。

在划分工序时，应按顺序列出表格，编排序号，以便查对是否遗漏或重复，或能否将若干工序组成一个工序，以便分析逻辑关系。

（5）确定工序的持续时间

当工序划分后，就要确定其作业完成所需持续时间。这个持续时间是否切实可行，关系到网络计划能否被执行和实现，一般采用以下两种方法确定：

①"经验确定法"，即根据过去的施工经验进行确定。这就要求对过去的施工有详细的记录。按这种方法确定的时间比较切合实际，但可能出现某些工序时间低于定额，某些超过定额，可进行适当调整，使之留有余地。

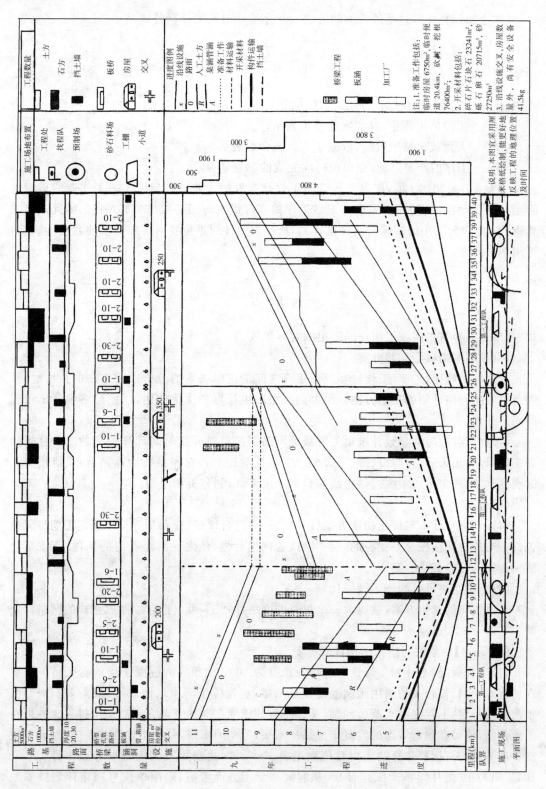

图 3-4　某路段施工进度垂直

②"定额计算法",这是最普通的方法。工序持续时间的计算公式是

$$t = \frac{Q}{R \cdot S} \qquad (3-3)$$

式中,t——工序的持续时间,可用时、日、周等表示;

Q——工序的工程量,以实物量单位表示;

R——人力或机械的数量,以施工人数或台数表示;

S——工序的产量定额,以单位时间完成的工程量表示。

按上式计算出的 t 值,作为考核劳动工效是有限的。如果参与工序施工作业的班组实际工效与劳动定额有差距,那么完成该工序的实际需要时间必然与 t 不一致。因此用上式算得的 t 值作为工序的持续时间来排计划,所排出的计划难免脱离实际。要使之更为确切,可用下式计算:

$$t = \frac{Q}{R \cdot S'} \qquad (3-4)$$

式中,S'——参与工序施工作业的班组的实际工效。

(6)编制网络计划初始方案

根据施工顺序、工序(工作)的划分、工序之间的逻辑关系的分析以及工序的持续时间,就可以编制网络计划的初始方案。绘制的网络图供计算和优化使用,以便最终编制出正式的网络计划。

(7)计算各项时间参数并求出关键线路网络图按最早开始时间计算得到的工期就是计划工期,计算出来后,可与设计或上级要求的工期对比。各时间参数计算完后,就能找出关键线路,应按规定用双箭线或颜色线明显标示出来,以利分析和应用。

(8)评审

对计划进行评审与优化初始方案计算完后,要进行评审,看看是否符合规定工期与限制条件。初始方案往往是不完善的,应不断改善网络计划,使之在满足既定的条件下,按某一衡量指标来寻求最优方案。

(9)正式绘制可行的施工网络计划

经过优化的初始方案,就成为一个可行的网络计划了,可以把它绘制成正式的网络计划并实施。

【例3-4】 某桥的施工网络计划编制

(1)工程概况:本计划要修建一座单孔跨度为30 m的预应力混凝土梁的三孔桥。梁在现场就地浇制,桥台及桥墩用预制混凝土桩基础,桩帽位于河水水面以下,故需要围堰。由于河流较稳定,不存在洪水威胁问题,所以桥墩的围堰在墩的下部完工后即可拆除。桩可在工地预制,也可在附近城市的混凝土成品厂购买,劳动力不限,每个工作周按40工时计。根据各项工程的直接费估算的实用数值列于表3-6。间接费用及管理费按每工作日360元计,工期为16个月(345个工作日)。从时间和费用方面考虑,采用单代号网络计划技术编制施工进度计划,具体资料如表3-6所示。

（2）初始网络计划

架立通向桥墩的脚手架，并依次进行两个桥台的桩基施工，然后再打桥墩的基桩。这样就不需浮船。脚手架架设于木桩上，用移动式起重机打木桩。用一套围堰材料，桥墩及桥台模板各一套，一台打混凝土桩的打桩机。围堰的安装与拆除用移动式起重机和双动式打桩机进行。根据上述考虑制定的网络图如图 3-5 所示。

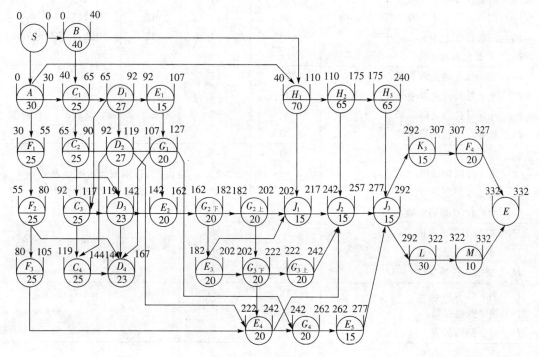

图 3-5　初始网络计划图

表 3-6　工程具体资料

工作项目	正常		代替方案	
	持续时间(d)	直接费(千元)	费用	说明
A　进场及准备场地	30	9		
B　桩与梁预制场	40	18.6	30	15
				仅制作梁
C_1　浇制 A 台的桩	25	23.4		
C_2　浇制 B 台的桩	25	23.4		
C_3　浇制 1 号墩的桩	25	23.4	0	105.6
C_4　浇制 2 号墩的桩	25	23.4		购买成品
D_1　A 台打桩	27	7.8	34	8.1
D_2　B 台打桩	27	7.8	34	8.1
D_3　1 号墩打桩	23	6	21	6.3
D_4　2 号墩打桩	23	6	21	6.3
				每周 45h

（续表）

工作项目		正常		代替方案		
		持续时间(d)	直接费(千元)	费用	说明	
E_1	A 台围堰	15	16	13	18.15	
E_2	围堰迁移至 1 号墩	20	21	18	21.21	
E_3	围堰迁移至 2 号墩	20	21	18	21.21	
E_4	围堰迁移至 B 台	20	21	18	21.21	(不得损坏)
E_5	从 B 台拆除围堰	15	3			
F_1	在 1 号孔间立脚手架	25	12			
F_2	在 2 号孔间立脚手架	25	12			
F_3	在 3 号孔间立脚手架	25	12			
F_4	拆除三个孔的脚手架	20	6			
G_1	灌桥台 A 钢筋混凝土	20	15			
G_2	灌 1 号墩钢筋混凝土	40	33	为拆围堰此两项分为 4 个		
G_3	灌 2 号墩钢筋混凝土	40	33	活动,各 20d 持续时间		
G_4	灌桥台 B 钢筋混凝土	20	15			
H_1	制第 1 孔预应桥	70	96			
H_2	制第 2 孔预应桥	65	96			
H_3	制第 3 孔预应桥	65	96			
J_1	第 1 孔梁吊装	15	5.4			
J_2	第 2 孔梁吊装	15	6			
J_3	第 3 孔梁吊装	15	6.6			
K_1	制第 1 孔桥面板	15	9			
K_2	制第 2 孔桥面板	15	9			
K_3	制第 3 孔桥面板	15	9			
L	引桥、栏杆等	30	21			
M	清理及退场	10	6			
建桥总直接费						

注:如 D 和 E 均使用打桩机,将节省费用 2400 元。

　　为了方便起见,安排第 2 孔梁安装工序 J_2 和第 1 孔桥面板工序 K_1 平行施工(因为它们的工期相同且可并行)。同样将 J_3 和 K_2 合并,以便尽可能缩短工期。网络图计算得总工期 T_P 为 332d。最初认为先打两桥台的基桩,再打桥墩的基桩是有利的(可以获得脚手架施工的时间),但实际上并非如此。可以明显从 $F_1 \rightarrow F_2 \rightarrow F_3$ 的总时差看出这个初始网络肯定有改进的可能。

　　(3)第二次编制网络计划

　　为了打桩过河,先打桥台 A 的基桩,依次为 1 号墩、2 号墩,最后为桥台 B 的基桩;桩仍在现场就地灌制。这样,编制出的网络图如图 3-6 所示,得最小工期 T_P 为 317d。这个方案在不增加直接费的情况下,不但缩短了 15d 工期,而且为制桩和安装脚手架提供了可观的机动时间。

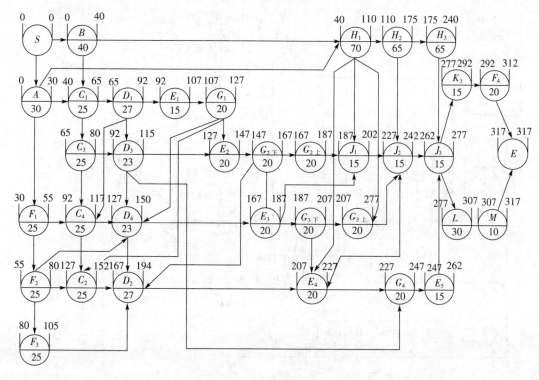

图 3-6　第二次编制网络计划

(4)第三次编制的网络计划

保持第二次网络图的打桩顺序，采取购买成品桩的办法，则网络中活动 C_1 和 C_2 可以取消，节省了工时和费用，从而也缩小了预制场地。这个方案的结果如图 3-7 所示，其最短工期已减少到了 295d。此外发现打桩机有可利用的既打混凝土桩又打围堰的时间，所以移动式起重机在进行立脚手架工作后即可离开现场。

与第二次网络计划方案进行比较，本方案在桩工上多花了 12000 元，但在起重机费用上却节省了 2400 元，又在浇制场工费上节省 3600 元(活动 B)，净省 6000 元。因工期缩短 22d，间接费用就节省了 $22 \times 360 = 7920$ 元。因此第三次编制的网络计划是合理的。在这个网络图中，关键线路是随着打桩作业的，因此建议打桩机上的工作队要实行每天 9h 的工作制，以免延迟计划。

(5)第四次编制的网络计划

为工作 D 与围堰工作 E 采用每周 45h 工作制，其实用数据已列于表 3-6 的比较方案栏中。本方案仍采用购买成品桩，则网络图如图 3-8 所示。其工期缩短为 285d，比第二个方案减少了 32d。加班直接费增加 1680 元，再加上与第三次网络计划一样，比第二次网络计划多花的 6000 元(桩工上多花 12000 元、起重机费用节省 2400 元、浇制场工费节省 3600元)，两项共增加直接费用 7680 元。考虑到缩短工期 32d 节省的直接费用 $32 \times 360 = 11520$元，故总计还可节约 3840 元。所以，这个方案比第三个方案更值得注意。

此外，关键线路是经过浇制场 B(该项活动已不能再压缩)和打桩工程的，共有 8d 时差，预制工程的管理要比其他现场工程的管理易于控制，所以这是一个较为实际的关键线路。这个网络计划是一个"接近正常解"的令人满意的计划方案，因此可作为投标使用方案。

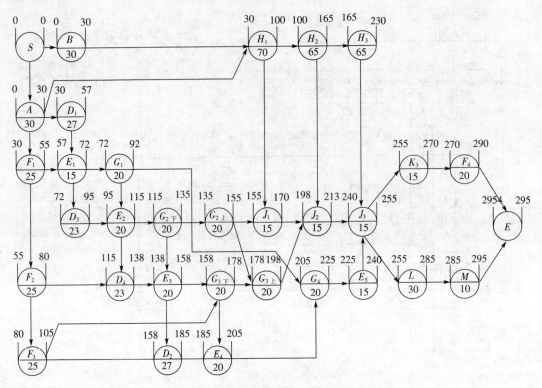

图 3-7   第三次编制的网络计划

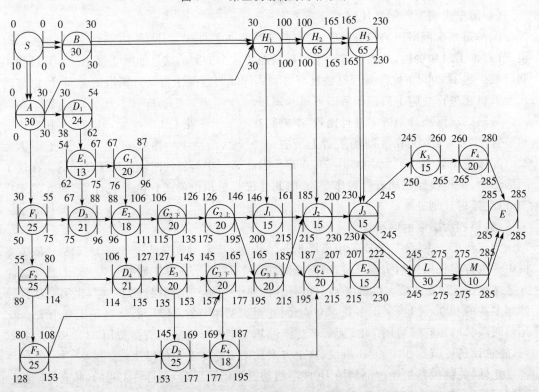

图 3-8   第四次编制的网络计划

总工程费与初始网络计划方案比较如表 3-7 所示。

表 3-7　方案比较表

	初始网络	第四次网络
直接费(元)	730800	738780
间接费(元)	119520	102600
总费用(元)	850320	841380

3.3.4　本项目施工进度计划编制

本项目依据合同规定总工期为 17 个月,即从 2003 年 11 月 15 日正式开工,2005 年 3 月 15 日竣工工作为控制进度目标。

3.3.4.1　鉴于该项目工程量巨大,施工进度计划依据如下基本思想进行考虑

1. 第一阶段为施工准备阶段(2003 年 12 月 10 至 2004 年 3 月 8 日),主要作业内容为:

(1)施工便道、通讯、人员驻地、中心试验室、混凝土拌和站、生产厂房、工棚、料库等临时设施的修建以及施工场地的平整;

(2)测量放样及桩位复核、导线网布设;

(3)地下管线物探、改移及保护,地质勘探补钻;

(4)平整、硬化施工场地;

(5)施工用临时水、电、风管布设;

(6)吊车、钻机、挖掘机等大型机具、设备进场;

(7)原材料的检验、试验、采购进场等准备工作。

2. 第二阶段为主体结构工程施工期(2004 年 3 月 8 日至 2005 年 3 月 10 日),施工内容:宾西立交桥钻孔桩基础、墩台、梁及桥面、附属、简阳路和桥梁引道路基路面、排水工程、照明工程等。这一阶段为整个工程的施工高峰期,各专业施工队同时进行多作业面施工,平行作业。

3. 第三阶段为收尾阶段,时间为 2005 年 3 月 10 日至 2005 年 3 月 15 日,共计 5d 时间。主要作业内容为:场地清理、资料汇总、竣工验收。

3.3.4.2　主要项目进度安排说明

本工程施工分两条主线展开:一是宾水西道立交桥主体结构施工,二是以简阳路为主,包括桥梁引道,桥下路基路面的道路及排水工程施工。宾水西道立交桥工程数量大,梁部结构以现浇混凝土预应力箱梁为主,工期需要较长,施工工艺较复杂,进度安排以保证宾水西道立交桥进度为主;道路工程与排水工程在满足总进度要求的前提下,尽量安排在施工有利季节,做到连续施工,与宾水西道立交桥相协调地进行。

3.3.4.3　施工形象进度图(见图 3-9)

从项目情况我们知道本项目工程规模巨大,牵涉到的工程内容庞杂,有路、桥和其他附属设施的施工,只有编制一个好的施工进度计划才能保证工程施工的顺利进行。从情境中我们可以看出此进度计划编制者首先从总体入手把握总工期,然后将项目分成准备阶段、施工阶段、收工阶段三部分,再将三部分细化到具体单位、单项工程,做到有条不紊,编制出一个简单合理易懂、关键明确的网络进度计划。

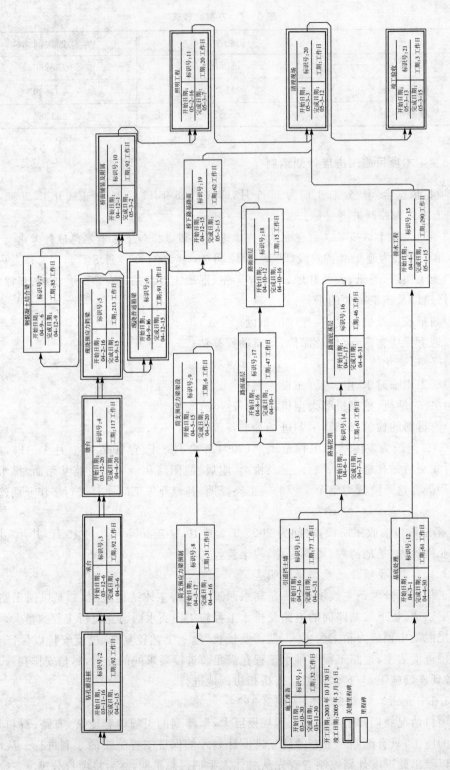

图 3-9　工期进度计划网络图

情境 3.4　施工准备工作计划与资源计划编制

表 3-8　工作任务表

能力目标	主讲内容	学生完成任务	评价标准	
掌握施工准备工作计划的内容；了解资源计划的编制依据和要求；掌握资源计划的编制方法和步骤	施工准备工作计划中组织准备计划、物质准备计划；资源计划编制的依据、要求；资源计划的编制方法和步骤	独立完成某个项目的施工准备工作计划编制；独立完成某个项目的资源计划编制	优秀	独立完成某个项目的施工准备工作计划编制；独立完成某个项目的资源计划编制
			良好	在指导下完成某个项目的施工准备工作计划编制；在指导下完成某个项目的资源计划编制
			及格	熟悉施工准备工作计划编制主要内容；能够根据项目情况分析出需要资源情况并能做出初步计划

3.4.1　施工准备工作计划

施工准备工作的基本任务是根据工程的特点、进度要求，摸清施工的客观条件，合理安排施工力量，从技术、物资、人力和组织等方面为工程施工创造一切必要的条件。施工准备是工程顺利实施的基础和保证。施工准备工作计划编制的好坏，直接影响到工程的进度、质量和施工方的经济效益，因此必须高度重视，认真对待。

施工准备计划主要包括组织准备计划、物质计划和技术计划等，下面主要介绍前两种。

3.4.1.1　组织准备计划

根据工程的大小和项目的特点，组建技术配备精良、设备先进齐全、生产快速高效的施工管理机构，建立工程项目分工责任制，完善工程质量分级管理体系。如项目3中建立了施工组织机构，如图 3-10 所示。

一般项目经理部的组织机构设置项目经理为本工程的负责人，负责全面管理工作；项目总工负责本工程的质量与技术管理工作；临时党支部书记或指导员负责精神文明建设、安全生产、后勤供应等工作。项目经理部下设质检、工程技术、财务、材料、机务、政工、安全等管理部门。为便于组织施工及管理，在经理部统一指挥下，根据工程的特点，按工程项目类别分别设路基土石方、路面、桥梁、隧道、排水及涵洞、防护工程等专业作业组（工区）。以上各工区及施工组分别负责组织本工程范围内相应工程项目的施工。

3.4.1.2　物质计划

物质计划包括临时房屋修建或租赁、机具设备购置或租赁，各种材料的采集、调配、运输、储存，临时道路修建，供水、电力、电信等生活必需设施的计划。

1. 临时房屋及临时设施

（1）工程现场应设有宿舍、会议室、浴室、食堂、厨房、管理室、经理部办公室、看守房、水池、机房、工地试验室、厕所数量、面积、位置等。

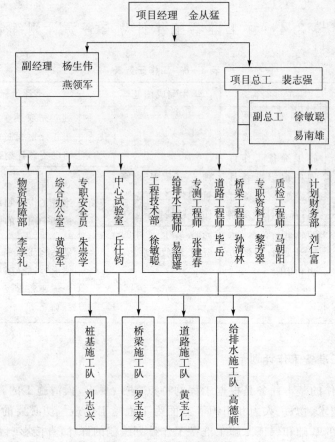

图 3-10　施工组织机构

（2）根据工程设置一个或多个临时设施，主要有预制场、木工厂、钢筋制作场、搅拌站、工人休息室、水泥及其他材料库、各种材料堆放场等。

（3）机械停放场、检修厂及油库，应设有停车场、检修棚、零件库、油库、发电机房等。

（4）项目经理部应考虑监理工程师用房。

（5）办公室、宿舍、会议室、食堂、厨房等采用砖结构（或活动房屋），按简易房屋标准建设。办公室和会议室设轻型板平顶，砖墙结构设圈梁。料库、检修棚、预制棚、钢筋棚、木工棚等均按混凝土柱（或钢管立柱）、石棉水泥瓦盖顶敞开式考虑。工程规模不大、工期较短且条件允许时，可考虑租赁离施工现场不远的当地民房。

（6）所有房屋均有电灯照明并配备必要的生活日用电器。

（7）修建临时运输便道。

（8）施工、生活用水、用电。确定施工、生活用水、用电来源和数量。

（9）消防安全设施要求包括以下内容：

①各基地和仓库、预制场、钢筋、木工棚、检修棚按 300～2000 m 的标准配备消防灭火设备并按规定地点安装和经常检查。

②做好消防培训工作，强化消防安全意识。

③各基地和仓库应设有消防专用通道。

④各水池兼作消防使用。

(10)项目经理部设医务室,各施工队有巡回医生。医务室与当地医院要加强联系,并有简要的协议,出现紧急状况时能及时有效配合。

2. 办公设备

(1)通信设施。项目经理部经理室、工程师(监理工程师)办公室、调度室应按工程需要设国内长途直拨电话,各施工队安装分机。

(2)办公室应配备电脑、打印机、复印机、传真机及各种资料柜等日常办公用品。

(3)交通工具。按工程需要配备一定数量的工程车辆及测量专用车辆,工程规模大的应配备医务急救车。

3.4.2 资源供应计划

3.4.2.1 资源供应计划的作用及编制原则

1. 资源供应计划的作用

工程项目资源供应计划,是在确定施工方案及施工进度的基础上进行编制的。资源供应计划必须满足保证施工方案及施工进度的实施要求和发包方要求。

施工方案确定后,施工顺序、施工方法、作业组织形式也就确定了。它指导所需资源计划的编制。如需机械化施工时,提出所需的各种机械使用计划;若需人力施工,提出劳动力使用计划。施工顺序确定之后,可以制订周转性材料等计划。

施工进度安排确定之后,为了保证施工进度的实现,编制资源的供应计划,可避免停工待料对施工进度的影响。

资源供应计划与施工成本有着密切的关系,特别是材料供应计划,编制一定要切合实际,既要保证正常的施工需要,还要保证施工进度加快时的需要,否则计划过大增大施工成本,计划过小影响施工的正常进展。资源供应计划关系到项目流动资金的周转,资源供应计划编制的优劣与流动资金的周转率有直接关系。

2. 资源供应计划编制的原则

(1)遵循国家的法律、法规和各项规定;

(2)遵循国家各项物资管理政策和要求;

(3)了解市场、掌握市场,按照市场规律编制资源供应计划;

(4)按照合同约定确定资源供应计划;

(5)编制供应计划,尽量采用当地的资源,以减少运、杂费,降低资源采购成本;

(6)用科学的态度,实事求是地编制资源供应计划,计划应留有余地;

(7)资源供应计划的严肃性和灵活性相结合。

3.4.2.2 资源供应计划编制的依据和要求

1. 资源供应计划编制的依据

(1)设计图纸及工程量;

(2)施工方案及施工进度对资源供应的要求;

(3)发包方在合同条款中提出的特殊要求;

(4)资源消耗标准。

资源消耗标准包括材料及构件半成品消耗标准、机械使用台班消耗标准、劳动力消耗标准、周转材料等消耗标准。一般在编制竞标性施工组织设计时,按以下标准:

①公路按 2008 年公布的《公路基本建设工程概算、预算编制办法》规定的定额标准。

②房建工程、市政工程一般采用工程所在地行业规定的消耗定额标准。

实施性施工组织设计与竞标性施工组织设计所采用的消耗定额标准不同,实施性施工组织设计采用的消耗定额标准尽量与实际施工水平相同,计算出的资源消耗量不能超过合同条款规定的数量,否则实际成本增加,项目就要发生亏损。资源需要量计划是否符合实际,选择消耗定额标准很重要。没有消耗定额标准的,参考相关定额或经验进行资源需要量的计算。

2. 资源供应计划编制的要求

明确编制资源供应计划的指导思想是以提高经济效益为中心,降低施工成本为目的。为此,编制资源供应计划时,工程项目部各职能部门都要参加编制,投标时由施工技术部门编制,做到按质、按量、适时、适地、适价、经济合理、成套齐备地供应工程项目建设所需的材料,保证施工活动顺利进行,完成项目建设。

按质就是按工程设计所提供的质量标准,正确选用品种、规格并能满足相应的质量要求。不能低于设计要求,否则工程质量不合格;高于要求,则材料费用增加,引起工程造价的增加。

按量指进货量、储存量和供应量要能满足施工需要,要有一定的余量,不能满打满算。否则,过少,造成停工待料;过多,造成积压和浪费资金。

适时就是按施工进度对材料需要量的要求,以最短的储存时间,分批、分期地均衡供应现场。过早,费用增加;过晚,造成窝工。

适地就是材料一次性运到指定地点,避免二次倒运,造成材料损失,增加运输费用。

适价指购进材料单价,尽量不超过工程预算价格。

经济合理指质量好、价格低。成套齐备指材料供应要符合项目建设的配套要求;不齐,则此配套项目不能一次性完成。

3.4.2.3　资源供应计划编制的方法和程序

1. 资源供应计划编制的方法

(1)收集基础资料,包括设计部门提供的工程项目设计资料、施工部门提供的施工进度资料、财务部门提供的计划年度资金、计划和本部门规定的主要资源材料消耗定额。

(2)确定计划年度主要工程材料的储备定额,按有关部门核定储备定额的规定、到货的供应时间间隔、到货拖延期等统计资料,结合流动资金管理要求,确定材料周转天数。

(3)根据历年各种材料从发货到保管过程的途耗、库耗、加工损耗等资料,测算出年度损耗率。

$$项目工程量 \times 材料消耗定额 = 材料供应量$$

$$项目机械施工的工程量 \times 台班消耗定额 = 台班数量$$

$$\frac{相应的工程量}{各种机械台班消耗数量} = 机械的台数$$

再考虑施工备用量,即得所需的实际台数。

$$人力资源需要量 = 工程量 \times 时间劳动消耗定额$$

以上提出的计划消耗量都是定额消耗量,必须考虑各种因素后,才得实际消耗量。

2. 资源供应计划编制的程序

物资供应计划一般分为三个阶段编制,编制时应考虑周到,切合实际。其程序如图 3 - 11 所示。

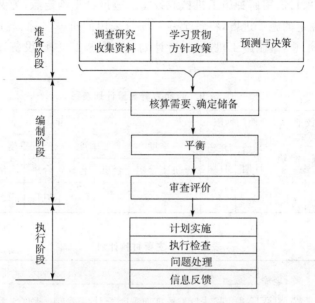

图 3 - 11　物资计划一般编制程序图

（1）准备阶段

要通过调查、研究收集上期计划情况,本期计划的任务和材料需要,调整储备定额的有关资料以及新技术、新工艺、新材料的使用和市场变化信息,经过分析加工,去伪存真。要学习编制计划的基础材料,包括设计部门提供的工作项目设计资料、财务部门提供的施工组织设计资料、财务部门提供的计划期内的资金计划和本部门的主要物资消耗定额,进行项目物资的预测与决策。

（2）编制阶段

要核算需要、确定储备、查清库存和可供安排的资源,要进行平衡和物资计划的审查,避免漏项和人为的差错,使计划尽可能接近实际。

（3）执行阶段

要不断检查计划的执行情况,发现问题及时调节处理。

（4）项目物资采购方案的优化

应用价值分析原理进行采购优化。实行采购方案优化,要明确两个目标:一是可靠性的保证,即工程项目物资在数量、品种、规格、质量上满足项目施工需要,及时运达指定地点,确保项目进度的要求;二是经济上的保证,表现为资源价值、费用以及运、杂费等经济的合理。

各项资源计划可以以图表的形式表现出来,如劳动力需要量计划:已确定的施工进度计划,可计算出各个施工项目单位时间内所需的劳动力数量,将同一时间内所有施工项目的人工数累加,就可以绘出劳动力需要量图,同时编制劳动力需要量计划。劳动力需要量计划表的形式如表 3 - 9 所示。主要材料计划:主要材料指公路工程施工过程中用量较大的材料,如钢材、水泥、砂、石料、木材、沥青、石灰等,特殊工程使用的外掺剂、加筋带等也列入计划。主要材料计划是运输组织和布置工地仓库的依据,先按工程量与定额计算材料用量,然后根据施工进度编制材料计划。主要材料计划表的形式如表 3-10 所示,在确定施工方法时,已经考虑了各个施工项目需用何种施工机械或设备。进度计划确定后,为做好机具、设备的供应工作,应根据已确定的施工进度,将每个施工项目采用的机械名称、规格和需用数量以及使用的日期等综合汇总,编制施工机具、设备计划。主要施工机具、设备计划的形式如表 3-11 所示。

表 3-9 劳动力需要量计划表

序号	机具名称及规格	数量		使用期限		年								备注
		台班	台辆	开始日期	开始日期	一季度		二季度		三季度		四季度		
						台班	台辆	台班	台辆	台班	台辆	台班	台辆	
1	2	3	4	5	6	7	8	9	10	11	12	13	14	15

表 3-10 主要材料计划

序号	材料名称及规格	单位	数量	来源	运输方式	年					年					备注
						一季度	二季度	三季度	四季度	合计	一季度	二季度	三季度	四季度	合计	
1	2	3	4	5	6	7	8	9	10	11	12	13	14	15	16	17

表 3-11 主要施工机具、设备计划

序号	机具名称及规格	数量		使用期限		年								备注
		台班	台辆	开始日期	开始日期	一季度		二季度		三季度		四季度		
						台班	台辆	台班	台辆	台班	台辆	台班	台辆	
1	2	3	4	5	6	7	8	9	10	11	12	13	14	15

3.4.3 本项目施工准备计划与资源计划编制

本项目中为确保本立交桥工程任务在保证质量的前提下顺利完成,各项施工准备工作和资源供应计划按如下情况进行编制:

3.4.3.1 施工准备工作

1. 生产与生活临建设施

根据本桥的实际工程量,计划进场固定职工 50 人,民工根据实际情况高峰期计划上场 2000 人,为保证临建包干费用,拟采用以下措施:

(1)全部临建分为两大类:一类包括办公室、会议室等,此类房屋要求御寒防暑;另一类包括住房、食堂、试验室、库房和操作间等,其标准可适当降低,以减少开支。

(2)严格控制住房的建筑面积,根据工地的实际情况暂定职工每人 4 m²,民工每人

3.5 m²。

（3）精简机构，减少办公用房，计划办公室按 4 m²/人标准设置，另外再设会议室、业主办公室等。

施工办公地及职工宿舍分设在两个地方：办公室、会议室等设在红旗南路五交路口处万豪大厦 A 座五楼；职工宿舍设在宾水西道，安排项目部职工和所有施工队职工。具体位置见图 3-13 总平面布置图。房屋结构为轻型活动板房。

2. 现场作业棚

木工棚、焊工棚、发电房、水泥库、其他材料库等根据方便施工的原则布置于适当位置。面积以满足施工需要为准。

3. 临时道路

根据交通管理部门批准的导流方案，按施工周期分步修筑临时导行便道，施工场内临时道路利用平整后的地面，作适当碾压处理；场外红旗南路直通外环线，交通十分方便。梁部施工期间在跨越路口和需要位置架军用梁以保持地面交通。

4. 施工用水、用电

施工用电从业主提供的供电接口引入施工现场，在天津市电力部门许可的位置修建配电房，采用三相五线制接线，在变压器输出端设总动力箱。用电缆接入工地配电箱。共计设 400 kW 变压器 5 台。施工现场供电线路采用工程范围两侧布置架空电缆和部分埋设电缆，并且每间隔 60 m 左右布置一只接线箱，以满足施工班组临时接电的需要，埋设电缆采用穿钢管法，以保护电缆。为防止意外停电及用电高峰时对工程施工造成影响，施工场地备两台 120kVA 低噪声发电机，以保证满足连续施工的要求，保证所有现场照明用电。

施工用水与天津自来水公司联系，就近在附近建立供水点，接入施工现场，装水表后，用彻管线引至本标段各用水点。

5. 混凝土搅拌站

为保证混凝土及时高质量的供应，设混凝土搅拌站一座，生产能力 75 m³/h，采用山东方圆集团生产的自动计量、并能自动储存打印输出的强制搅拌设备，生产供应本项目施工用混凝土。位置设在外环线以外西青区李七桩蔡台村，距施工现场 8 km 左右，混凝土用搅拌运输车运送。

6. 沥青混合料拌和站

设沥青混合料拌和站 1 座，单机生产能力 160 t/h。考虑本工程在市区，其环境保护要求较高，拟在本单位后方基地设沥青混合料拌和站。

3.4.3.2　资源计划

1. 本工程劳动力所需数量计划

为优质高效地完成本标段的施工任务，根据各分项工程的工程数量，合理配置劳动力资源，计划安排七个施工队和一个混凝土构件预制厂、一个混凝土供应站、一个钢筋加工厂，各施工队上场人数及负责任务一览表见表 3-12，各施工队专业技工人数比例控制在 70% 以上。

表 3－12　各施工队上场人数及负责任务一览表

序号	施工队名称	人数	负责任务
1	桩基队	200	本标段范围内全部混凝土灌筑桩的施工
2	挡土队	100	本标段的挡土墙施工
3	道路施工队	200	本标段的路基、路面工程的施工
4	桥梁一队	500	负责 A、B、F、H 线桥梁施工
5	桥梁二队	500	负责 C、D、E、G、J、Z 线桥梁施工
6	排水施工队	100	负责全标段的地下管道及桥上附属结构的排水施工
7	照明施工队	20	负责全标段的照明工程施工
8	混凝土构件预制厂	30	负责简支梁及其他小型构件预制

2. 本工程主要机械设备计划

(1)工程投入的主要施工机械进场计划如表 3－13 所示。

表 3－13　主要施工机械进场计划

机械名称	规格型号	额定功率(kW)或容量(m³)吨位(t)	厂牌及出厂时间	小计	拥有	新购	租赁	预计进场时间
挖掘机	PC220－6	180 kW/1m³	日本小松·2002	2	2			2004 年 3 月 20 日前
挖掘机	CAT320B	192 kW/1.2m³	日本小松·2002	3	3			2004 年 4 月 20 日前
装载机	ZLM50E	240 kW/3m³	日本小松·2002	2	2			2004 年 3 月 8 日前
装载机	ZL50C	240 kW/3m³	日本小松·2002	4	4			2004 年 6 月 10 日前
推土机	TY220	32 kW	日本小松·2002	2	2			2004 年 5 月 1 日前
推土机	802	180 kW	日本小松·2002	1	1			2004 年 8 月 1 日前
光轮压路机	2Y6/8	6～8 t	日本小松·2002	2	2			2004 年 12 月 1 日前
振动压路机	CA25S	80 kW/19.8t	日本小松·2002	3	3			2004 年 8 月 30 日前
洒水车	东风－47	210 kW/6m³	日本小松·2002	4	4			2004 年 9 月 30 日前
平地机	PY180	132 kW	日本小松·2002	2	2			2004 年 9 月 30 日前
斯太尔	K29/1491	17 t	日本小松·2002	14	14			2004 年 3 月 8 日前
旋挖钻机	HR180	240 kW	日本小松·2002	6	6			2004 年 3 月 6 日前
混凝土搅拌机	HZS60	230 kW	日本小松·2002	2	2			2004 年 3 月 1 日前
混凝土搅拌运输车	PY5311GJB8	420 kW/8m³	日本小松·2002	4	4			2004 年 3 月 5 日前
混凝土搅拌运输车	JCD6	380 kW/6m³	日本小松·2002	4	4			2004 年 3 月 5 日前
混凝土泵车	IPF85B	10～85 m³/h	日本小松·2002	4	4			2004 年 3 月 5 日前
汽车起重机	QY－16	16 t	日本小松·2002	3	3			2004 年 3 月 10 日前

（续表）

| 机械名称 | 规格型号 | 额定功率(kW) 或容量(m³) 吨位(t) | 厂牌及 出厂时间 | 数量(台) | | | | 预计进场时间 |
| | | | | 小计 | 其中 | | | |
					拥有	新购	租赁	
移动空压机	DGY—9/7	9 m³	日本小松·2002	4	4			2004 年 3 月 6 日前
稳定土拌和机	MPH100	340 kW/300t/h	日本小松·2002	1	1			2001 年 8 月 16 日前
汽车起重机	QY—20	20t	日本小松·2002	1	1			2004 年 3 月 6 日前
沥青混合料搅拌设备	LQC160A	440 kW/160t/h	日本小松·2002	1	1			2004 年 9 月 1 日前
沥青摊铺机	ABC423	210 kW/12m	日本小松·2002	2	2			2004 年 9 月 1 日前
沥青洒布车	ND60	6000 L	日本小松·2002	1	1			2004 年 9 月 1 日前
乳化沥青机	LRM600	12 t	日本小松·2002	1	1			2004 年 9 月 1 日前

（2）工程投入的主要试验、检验设备进场计划（略）。

3. 材料供应计划（略）

本情境牵涉施工的前期准备工作计划和资源计划，其中施工准备工作按照项目特点和项目施工需要分为六大部分，每部分的计划和安排非常合理和人性化，是施工得以顺利进行的前提。

本项目的资源计划根据项目施工需要分为三大部分，每部分再以表格的形式细化，使施工指挥者一目了然，做好了资源保障工作，解决了后顾之忧。

情境 3.5　施工现场平面布置图设计

表 3-14　工作任务表

能力目标	主讲内容	学生完成任务	评价标准	
了解施工平面图类型；掌握施工平面图设计原则、依据、内容和步骤	施工平面图布置的内容和步骤	独立完成某个项目的施工平面图布置	优秀	独立完成某个项目的施工平面图布置
			良好	在指导下完成某个项目的施工平面图布置
			合格	掌握平面图布置内容及步骤

根据施工过程空间组织的原则，对施工过程所需工艺流程、施工设备、原材料堆放、动力供应、场内运输、半成品生产、仓库料场、生活设施等项，进行空间的、特别是平面的规划与设计，并以平面图的形式加以表达，这项工作就叫施工平面图设计，也是施工过程空间组织的一种具体成果。

3.5.1 施工平面图的类型

3.5.1.1 按编制对象分

1. 施工总平面图

施工总平面图是以整个施工管理范围为对象的平面设计方案,它是加强现场文明施工的重要依据,主要反映工程沿线的地形情况、料场位置、运输路线、生活设施等的位置和相互关系。常用比例为 1∶5000 或 1∶2000,施工总平面图形式如图 3-12 所示。

2. 单位工程或分部、分项工程施工平面图

它是以单位工程或分部、分项工程为对象的空间组织的平面设计方案,比施工总平面图更加深入、具体。一般包括如下部分:

(1)重点工程施工平面图,如基础工程施工平面图、主梁吊装施工平面图等;

(2)沿线砂石料场平面图;

(3)大型附属场地平面图;

(4)临时供水、供电、供热基地及管线分布平面图。

3.5.1.2 按主体工程形态分

1. 线型工程施工平面图

公路工程施工平面图是沿路线全长绘制的一个狭长的带状平面图。公路施工平画图即可以按道路中线为假想的直线进行相对的展绘,还可按路线实际走向展绘,有时还可以在平面图的下方展绘出道路纵断面。线型工程施工平面图包括:

(1)重要的地形、地物。如河流、交通路线、通讯线路、居住区、工地附近的永久建筑物等。

(2)拟建工程主要施工项目及用地范围。拟建路线里程,重点工程位置如沿线大中桥、渡口、隧道、大型土石方等,养护及运管建筑物位置。

(3)临时设施及位置。如临时便桥、便道、电线,临时料场、加工厂、仓库、机械库、生活用房等。

(4)施工管理机构。现场指挥部、监理部、工程处、施工队等。

(5)其他与施工有关的内容。地质不良地段、国家测量标志、气象台、防洪、防火、安全设施等。

2. 集中型工程施工平面图

这类工程施工平面图,既可以是施工总平面图又可以是单项工程分项工程的施工平面图,其总的特点是工程范围比较集中(包括局部线型工程),反映的内容比较深入具体。如桥梁施工平面图、砂料场施工平面图、加工厂或顶制厂平面布置图等。这类施工平面的内容一般包括:原有地形地物;生产、行政、生活等区域的规划及其设施,用地范围;主要测量及水文标点;基本生产、辅助生产、服务生产的空间组织成果;场区运输设施;安全消防设施等,如图 3-12 所示。

施工场地平面的布置没有固定的模式,必须因地制宜,密切联系实际,充分搜集资料,根据工程特点及现场的环境条件,编制出切实可行的场地布置图。

【例 3-5】 某独立大桥施工平面图

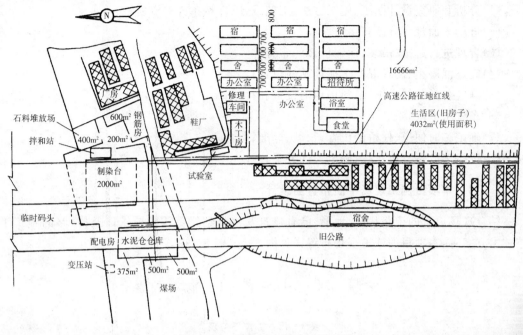

图 3-12　某独立大桥施工平面图

3.5.2　施工平面图布置的原则、依据和步骤

1. 施工平面图布置的原则

(1)在保证施工顺利的前提下,充分利用原有地形、地物,少占农田,因地制宜,以降低工程成本。

(2)充分考虑洪水、风、地质等自然条件的影响。

(3)场区规划必须科学合理。从所采用的施工手段和施工方法出发对基本生产区域进行布设。对于辅助生产区域的布设,必须方便基本生产,在内部满足工艺流程的需要,并使其靠近原料产地或汇集点;对于生活区域的布设,应方便工人的休息和生活;对于施工指挥机构的布设,必须有利于工程全面的管理。

(4)在材料运输过程中,减少二次搬运和运距,将大型预制构件或材料设置在使用点附近,使货物的运量和起重量减到最小。

(5)现场的布局必须适应施工进度、施工方法、工艺流程及所采用新技术、新工艺和科学组织生产的需要。

(6)施工平面图必须符合安全生严、保安防火和文明生产的规定和要求。

2. 施工平面图布置的依据

(1)地形图;

(2)设计资料及施工组织调查资料;

(3)施工进度计划、材料、半成品的供应计划及运输方式;

(4)辅助生产、服务生产的规模和数量;

(5)其他有关资料。

3. 施工平面图布置的步骤

(1)分析和研究设计图纸、施工方法、工艺设计、自然条件等资料；

(2)进行平面规划分区；

(3)合理进行起重、吊装、运输机械的布置；

(4)确定混凝土、沥青混凝土搅拌站的位置；

(5)确定各类临时设施、堆料场地的位置和尺寸；

(6)布置水电线路；

(7)确定临时便道、便桥的位置、长度、标准；

(8)进行多方案分析比较,确定最优方案。

3.5.3 本项目施工现场平面布置图设计

结合现场原有的道路状况、地形、已有建筑及规划红线范围的要求以及桥、路的施工工艺技术方案等,本项目的施工现场布置详见图 3-1、图 3-13。

情境 3.6 主要技术措施编制

表 3-15 工作任务表

能力目标	主讲内容	学生完成任务	评价标准	
熟悉公路工程施工组织主要技术措施编制内容	施工进度技术措施、施工质量技术措施、施工安全技术措施编制内容	能根据工程情况独立编写出相关主要技术措施	优秀	能根据工程情况独立编写出相关主要技术措施
			良好	能根据工程情况在指导下编写出相关主要技术措施
			合格	熟悉工程主要技术措施内容

技术组织措施是工程项目施工组织设计的内容之一。技术组织措施是施工方案的补充内容,有些技术与组织方面的内容,在施工方案中不能完全反映出来,是通过技术组织措施将它们反映出来的。技术组织措施主要反映工程项目的质量、工期、安全、环保等方面的要求和做法。通过技术组织措施的编制,使业主更能全面了解承包方的现代化管理水平,增强业主对承包方完成项目的信心。因此,编制施工组织设计技术组织措施,是必不可少的内容。

3.6.1 施工进度技术组织措施

工程项目的工期要求是第一保证,承包方必须按照合同规定的工期完成。按期完成交付使用,标志着投资方的投资发挥了作用,同时也就开始了投资的回收。特别是对国民经济发展具有重要地位的项目,合同工期尤为重要,如国家的公路干线,缓解铁路运输的新建项目及电站等。

1. 施工进度技术组织措施的主要内容

施工进度技术组织措施的主要内容有:施工进度的控制及动态管理;施工各方的协调;施工现场的管理;施工进度管理的岗位责任制及管理制度;项目各职能部门的保障工作;和施工进度有直接关系的协调控制。

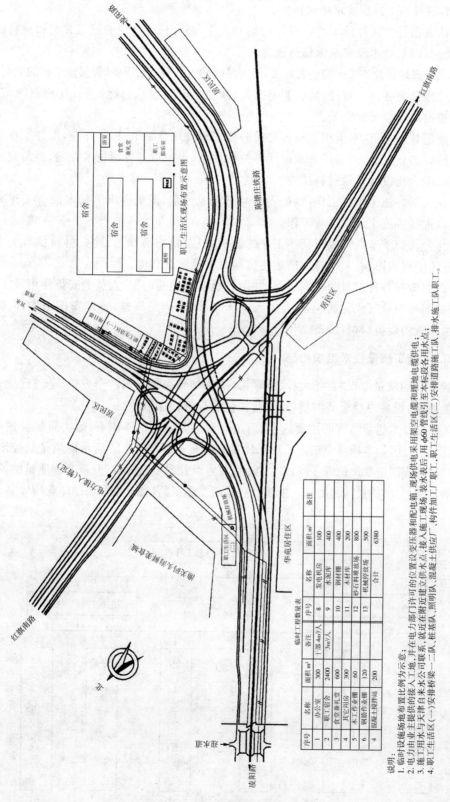

图 3-13　施工现场平面布置图

2. 本项目施工进度技术组织措施

（1）认真做好实施性施工组织设计的编制工作，制订科学合理的施工方案和材料机械等进场和使用计划、技术及安全保证措施等。

（2）积极宣传建设该工程的重大意义，投入足够的人力、物资、设备，确保该工程的顺利完成。

（3）经理部与各部门签订协议，明确工期、质量、安全生产、目标奖罚，互相制约、互相促进，保证按时或争取提前完工。

（4）严把技术关，认真组织实施各有关分项工程按规范施工，标准作业，保证工程质量。

（5）搞好与业主、监理工程师及设计单位的关系，提前拟订各项技术方案，提前完成各种标准试验、配合比设计及原材料试验。

（6）认真做好施工准备工作，以最短的时间完成测量、图纸会审等技术准备工作和人员机械、材料进场等施工组织准备工作。

（7）充分认识季节性气候对某些工序的影响，以及地方劳动力、地方材料供求关系的变化等对整体工程的影响，采取有力措施使影响减少到最低程度。

（8）提前做好各种材料的采购工作，并做好所有机械的调配、人员的安排使用等工作。

（9）加强与当地气象台的联系，及时预知未来 2～3 天的气候，合理安排工作，同时做好应急雨水天气的设备、材料储备工作。

3.6.2　施工质量技术组织措施

工程项目的质量要以"百年大计、质量第一"为指导思想，进行"全方位、全过程、全员"的施工质量控制，提高项目全员的质量意识，加强和保证施工质量。

施工质量技术组织措施的主要内容有：建立和完善质量保障体系，落实质量管理组织机构，明确质量责任，如本项目中建立了现场质量检查机构如图 3－14 所示的质量监控流程；实行各项质量管理制度及岗位责任制；设立重点、难点及技术复杂分部、分项工程质量的控制点；设计技术复杂、易出质量问题的施工措施；冬、夏两季施工的措施；编写工序作业指导书等。

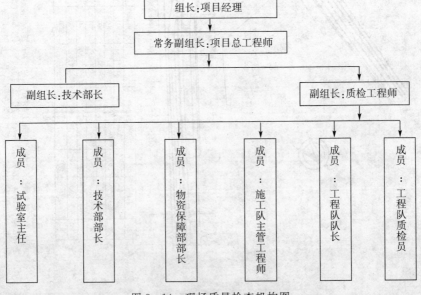

图 3－14　现场质量检查机构图

3.6.3 施工安全技术组织措施

工程项目的施工安全工作以"安全第一,预防为主"的方针为指导思想,提高安全意识,采取措施减少甚至消除事故隐患,尽量把事故消灭在萌芽状态,保证施工人员的健康和安全,使财产免受损失。

施工安全技术组织措施的主要内容:安全施工组织落实;安全施工监控;安全施工目标;安全施工技术措施计划;重点工程施工安全要求;施工安全制度及岗位责任制;不安全因素控制点的设立;安全教育、安全技术措施交底。

项目4　施工过程中的组织管理

【学习目标】

本项目以某市体育场工程为项目载体,学习施工过程中的施工安全管理、施工质量管理、施工进度管理、施工成本管理、施工现场管理。

通过本项目的学习,要求学生:

1. 了解影响建筑工程施工安全的主要因素和安全管理的基本程序;

2. 了解全面质量管理的概念和基本观点、质量保证体系,了解 ISO9000 族标准和质量体系认证;

3. 掌握施工安全技术措施及安全检查;

4. 掌握质量管理的七种统计方法,掌握工程质量评定,掌握验收的内容;

5. 掌握施工进度管理工作的主要内容,介绍施工进度控制程序,施工进度控制措施与施工进度控制方法;

6. 掌握施工成本控制的依据、程序、内容和手段,施工成本计划的编制方法;

7. 掌握施工项目现场管理的内容、方法,施工项目现场管理评价的主要内容。

【项目描述】

工程概况

某市体育中心体育场土建工程位于某市文化片区,体育场位于体育中心中间部位,西临世纪大道,南临游泳馆。整个体育中心范围场地已平整完毕,地势平坦,场外通向场地中央的道路基层已基本做完,运输车辆可正常通行。北看台有部分厂房及民房待拆迁。

1. 设计概况

(1)建筑设计

体育场内环呈椭圆形,外环为圆形。共分为东、南、西、北四个看台,总长约 250 m×240 m,总建筑面积 46851 m²,总高约 31.2 m,共设观众席 30599 个。业主为某市城市经营投资有限公司,由某市建筑设计院设计,某市双园监理有限责任公司监理。

体育场以 3 轴、18 轴、38 轴、53 轴为界分东西南北四个看台区,西看台为五层框架结构,其余为两层框架结构,体育场采用钢结构屋顶。装饰做法:内墙面采用乳胶漆面,地面为水泥砂浆地面,楼面主要采用水泥砂浆楼面,门窗主要采用铝合金门窗。

体育场共设八条伸缩缝,分别位于 8 轴、13 轴、24 轴、33 轴、44 轴、49 轴、61 轴、68 轴。

(2)结构设计

基础:本工程采用桩基础,桩径 350×350,桩长约为 20 m～30 m,桩顶设独立桩承台,混凝土强度等级均为 C35,屋面钢拱支座承台位于体育场两侧,共有四个,高约 5 m。

主体:体育场基本结构为框架结构,其主要构件介绍如下:

① 柱。框架柱南看台有 300×800、300×1200,东看台有 600×1000、1000×1500,西看

台有 800×1500、600×1000、600×800、600×600。

② 梁。所有框架梁均采用后张拉法预应力梁,预应力筋均为钢丝束。

③ 板。东南西一层为 120 预应力混凝土空心板,其余为无粘结预应力混凝土。

柱、梁、板及钢筋砼墙砼强度等级均为 C30、S6,框架筋用 HPB235 级钢,HRB335、400 级,主要采用电渣压力焊连接、墩粗直螺纹或冷压套管连接,体育场从基础至屋面的各层均设有后浇带 57—58、28—29 各设置 1000 mm 后浇带。后浇带混凝土强度等级为 C35。

（3）水电设计

工程范围为体育场范围内的水电安装工程,包括给水、排水和普通照明。

体育场给排水工程主要包括室内给水系统、排水系统、污水系统和雨水系统及饮用水系统。水源取自自来水管网,最低供水压力 0.35 MPa。

① 冷水系统供水方式。生活用水由市政管网直供。

② 开水供应方式。分散设置桶装饮水机。

③ 污水排水系统。污水采用伸顶透气的单立管排水方式排入市政污水管。

④ 雨水排水系统。顶棚屋面排水采用压力流排水系统,设置虹吸式雨水斗,其余屋面采用重力流排水系统。

⑤ 照明用电取自对应的低压配电系统。施工中存在大量的与土建配合工作,届时将加强内部的协调工作,保证土建与安装的顺利进行。

2. 施工条件

本工程位于某市文化区,四周道路为规划中道路,交通通畅,整个场地离居民区较远,不存在严重扰民问题,市政排污管网已接至体育中心四周。

（1）施工及生活用水

目前施工及生活用水已由业主接到现场,体育场南侧生产用地已敷设了给水管,管径为 150 mm,供水量满足施工及生活用水要求。

（2）施工用电及照明用电

体育场南侧生产用地建有临时配电房,总电容量达 200kVA,不能满足施工生产高峰要求,需自备发电机。

（3）水准点及坐标控制点

本工程业主所提供的水准点满足施工要求。桩基工程施工完毕后,为了保证建筑物的轴线及框架柱等平面位置的准确性,施工方将根据设计资料和基础桩基施工移交的有关控制点和定位轴线进行同精度复核,同时注意与邻近的国家网或地方独立城市网进行联测,体现城市规划的整体统一性。

3. 工程特点、难点（重点）分析

某市体育中心体育场土建工程规模大、造型新颖、构造复杂,本工程的特点如下:

（1）屋面结构造型新颖,构造独特。本工程屋面系统为钢结构,由两座斜拱及众多钢 V 形支撑、钢大梁及悬索状钢管支撑组成,形成一个钢构空间整体受力体系。

（2）体量大,本工程建筑面积近达 5 万多平方米,可容纳 3 万观众,屋面高度达 31 m,长约 250 mm,宽约 240 mm。

（3）构造复杂,体育场形状不规则呈椭圆形,东、西、南、北各看台层高不一样。梁大部分为弧形,还有部分斜梁、斜柱,断面尺寸大小不一,有普通钢筋和预应力钢丝束。

(4)工期紧。工期为 365 天,在如此短的时间内完成此工程工期较紧。

(5)施工专业众多,本工程主要专业有土建、钢结构、电气、给排水、暖通空调、消防、弱电等,工种协调配合较为重要。

(6)不确定因素较多,钢屋盖设计方案尚未确定,对未来的施工会造成一定的影响。

(7)根据本工程特点,该工程难点有以下几条:

① 屋面钢拱体系施工难度大,它是本工程的最关键部位。在目前设计方案尚未确定的情况下,施工方将集中高级专家积极参与方案讨论工作,为业主提出合理化建议。钢结构设计方案一旦完成,并确定专业队伍后,尽快制订出科学合理的分包方案及配合方案,并付诸实施。

② 必须充分做好总承包管理工作。由于本工程施工专业众多,导致交叉作业多,人员、材料、机械设备投入量大,工序衔接交叉量大,其中不论哪个环节出了问题,将发生连锁反应影响大范围甚至整个工程的施工。为确保工程能顺利施工就必须做好各专业之间的协调工作。

③ 施工技术难度大。对土建工程技术难点有:大体积混凝土的施工;钢柱及预埋件的施工;后张拉法预应力施工;施工定位测量。

情境 4.1　施工安全管理

表 4-1　工作任务表

能力目标	主讲内容	学生完成任务	评价标准	
通过本单元的训练,懂得施工项目安全控制的基本原则,会进行施工项目不安全因素分析,建立施工项目安全组织系统和安全责任系统,采取的安全技术措施,安全检查的内容,能完成施工项目安全控制任务	着重分析影响工程项目施工安全的主要因素,介绍施工控制的基本原则;介绍施工项目安全组织系统和安全责任系统,安全控制的一般程序,施工安全技术措施	根据本项目的基本条件,在学习过程中完成安全技术措施的编制;能组织完成施工过程中的现场安全检查	优秀	会进行施工项目不安全因素分析,建立施工项目安全组织系统和安全责任系统,采取的安全技术措施,掌握安全检查的内容,能完成施工项目安全控制任务
			良好	理解施工项目安全控制的基本原则,会进行施工项目不安全因素分析,建立施工项目安全组织系统和安全责任系统,掌握安全检查的内容
			合格	理解施工项目安全控制的基本原则,会进行施工项目不安全因素分析,掌握安全检查的内容

4.1.1　安全管理的基本概念

4.1.1.1　安全及安全管理的概念

安全,是指没有危险、不出事故,未造成人员伤亡、资产损失。安全生产是指生产过程中出于避免人身伤害、设备损坏及其他不可接受的损害风险(危险)的状态。不可接受的损害风险(危险)通常是指:超出了法律、法规和规章的要求;超出了方针、目标和企业规定的其他要求;超出了人们普遍接受(通常是隐含的)要求。

安全管理,就是项目在施工过程中,组织安全生产的全部管理活动。通过对生产要素和劳动过程的控制,达到减少一般事故,杜绝伤亡事故,从而保证安全管理目标的实现。其控制的对象主要有以下两个方面:

1. 人的不安全行为

安全控制靠人,人也是控制的对象。人的行为是安全的关键,人的不安全行为可能导致安全事故,所以要对人的不安全行为加以分析。

人的不安全行为是人的生理和心理特点的反映,主要表现在身体缺陷、错误行为和违纪违章三个方面。

统计资料表明:有 88 ％的安全事故是由人的不安全行为所造成的,而人的生理和心理特点直接影响人的不安全行为。因此在安全控制中,定期检验,抓住人的不安全行为这一关键因素,采取相应对策。在采取相应对策时,又必须针对人的生理和心理特点对安全的影响,培养劳动者的自我保护能力,以结合自身生理和心理特点预防不安全行为发生,增强安全意识,搞好安全控制。

如果人的心理和生理状态能适应物质和环境条件,而物质和环境条件又满足劳动者生理和心理的需要,便不会产生不安全行为。

2. 物的不安全状态

物的不安全状态表现为:设备和装备的技术性能降低、强度不够、结构不良、磨损、老化、失灵、腐蚀、物理和化学性能达不到要求等。作业场所的缺陷指施工场地狭窄、立体交叉作业组织不当、多工种交叉作业不协调、道路狭窄、机械拥挤、多单位同时施工等。物质和环境的危险源有化学方面的、机械方面的、电气方面的、环境方面的等。

物和环境均有危险源存在,是产生安全事故的主要因素。在安全控制中,必须根据施工具体条件,采取有效措施断绝危险源。当然,在分析物质、环境因素对安全的影响时,也不能忽视劳动者本身生理和心理的特点。故在创造和改善物质、环境的安全条件时,也应从劳动者生理和心理状态出发,使两方面相互适应,解决采光照明,树立彩色标志,调节环境温度、加强现场环境管理等,将人的不安全行为和物的不安全状态与人的生理和心理特点结合起来考虑,制定安全技术措施、确保施工安全目标的实现。

4.1.1.2　相关的法律法规

安全管理责任部门应在学习国家、行业、地区、企业安全法规的基础上,制定自己的安全管理制度,并以此为依据,对施工项目安全施工进行经常的、制度化的、规范化的管理,也就是执法。守法是按照安全法规的规定进行工作,使安全法规变为行动,产生效果。

有关安全生产的法律、法规很多。中央和国务院颁布的安全生产法律、法规有《中华人民共和国安全生产法》、《建设工程安全生产管理条例》、《工厂安全生产规程》、《建筑安装工程安全技术操作规程》、《工人职员伤亡事故报告规程》。国务院各部委颁发的安全生产条例和规定也很多,如建设部 1991 年颁发了《建筑安全监督管理规定》(即第 13 号令)。有关安全生产的标准与规程有:《建筑施工安全检查评分标准》(JGJ59－88)、《液压滑动模板施工安全技术规程》(JGJ46－88)、《中华人民共和国"高处作业分级"》《龙门架(井字架)物料提升机安全技术规范》和《施工现场临时用电安全技术规范》等。另外,施工企业应建立安全规章制度(即企业的安全"法规"),如安全生产责任制、安全教育制度、安全检查制度、安全技术措施计划制度、分项工程工艺安全制度、安全事故处理制度、安全考核办法、劳动保护制度和施工现场安全防火制度等等。

4.1.1.3　施工项目安全管理的基本原则

1. 管生产必须管安全

安全蕴于生产之中,并对生产发挥促进与保证作用。安全和生产管理的目标及目的有高度的一致性和完全的统一性。安全控制是生产管理的重要组成部分,一切与生产有关的机构和人员,都必须参与安全控制并承担安全责任。

2. 必须明确安全控制的目的性

安全控制的目的是通过对生产中的人、物、环境因素的状态进行控制,有效地控制人和物的不安全状态,消除或避免事故的发生,从而使得劳动者的安全与健康得到保持。

3. 必须贯彻"预防为主"的方针

安全生产的方针是"安全第一、预防为主"。安全第一是从保护生产力的角度和高度,表明在生产范围内,安全与生产的关系,肯定安全在生产活动中的位置和重要性。

在生产活动中进行安全控制,要针对生产的特点,对生产因素采取管理措施,有效地控制不安全因素,把可能发生的事故消灭在萌芽状态,以保证生产活动中人的安全与健康。

贯彻预防为主,要端正对生产中不安全因素的认识,端正消除不安全因素的态度,选准消除不安全因素的时机。在安排与布置生产内容的时候,针对施工生产中可能出现的危险因素,采取措施予以消除。在生产活动过程中,经常检查、及时发现不安全因素,采取措施,明确责任,尽快地、坚决地予以消除。

4. 坚持全面、动态管理

安全管理不只是少数人和安全机构的事,而是一切与生产有关的人共同的事。生产组织者在安全管理中的作用固然重要,但全员参与管理更重要。安全管理涉及生产活动的方方面面,涉及从开工到竣工交付的全部生产过程、全部的生产时间和一切变化的生产要素。因此,生产活动中必须坚持全员、全过程、全方位、全天候的动态安全管理。

5. "三不放过"原则

"三不放过"是指在调查处理工伤事故时,必须坚持事故原因未查清不放过,员工及事故责任人未受教育不放过,安全隐患技术处理措施不落实不放过。

4.1.2　安全管理实施

4.1.2.1　建立施工项目安全组织系统和安全责任系统

1. 组织系统

应建立"施工项目安全生产组织管理系统"(图 4－1)和"施工项目安全施工责任保证系统"(见图 4－2),为施工项目安全施工提供组织保证。

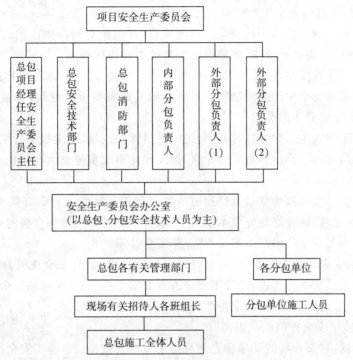

图 4 - 1　施工项目安全生产组织管理系统

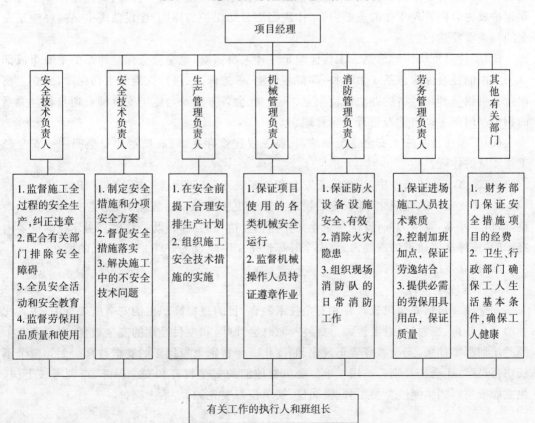

图 4 - 2　施工项目安全施工责任保证系统

2. 明确项目经理的安全生产职责

(1)对参加施工的全体职工的安全与健康负责,在组织与指挥生产的过程中,把安全生产责任落实到每一个生产环节中,严格遵守安全技术操作规程。

(2)组织施工项目安全教育。对项目的管理人员和施工操作人员,按其各自的安全职责范围进行教育,建立安全生产奖励制度。对违章和失职者要予以处罚;对避免了事故,按照规章工作并做出成绩者予以奖励。

(3)工程施工中发生重大事故时,立即组织人员保护现场,向上级主管汇报,积极配合劳动部门、安全部门和司法部门调查事故原因,提出预防事故重复发生和防止事故危害扩延的初步措施。

(4)配备安全技术员以协助项目经理履行安全职责。这些人应具有同类或类似工程的安全技术管理的经验,能较好地完成本职工作;取得了有关部门考核合格的专职安全技术人员证书;掌握了施工安全技术基本知识;热心于安全技术工作。

项目经理的安全管理内容是:定期召开安全生产会议,研究安全决策,确定各项措施执行人;每天对施工现场进行巡视,处理不安全因素及安全隐患;开展现场安全生产活动;建立安全生产工作日志,记录每天的安全生产情况。

3. 提高对施工安全控制的认识

(1)要认识到,建筑市场的管理和完善与施工安全紧密相关。施工安全与业主责任制的健全有关。只有健全招投标制,才能促使企业自觉地重视施工安全管理,要使施工安全与劳动保护成为合同管理工作的重要内容,体现宪法劳动保护的原则,建设监理也是搞好施工安全的一条重要途径。

(2)要建立工伤保险机制。工伤保险是一种人身保险,也是社会保险体系的重要组成部分。我国的社会保险包括 4 大险种:即待业保险、养老保险、医疗保险和工伤保险,建立工伤保险新机制是利用经济的办法促使企业、工人、社会各方面及与施工安全都有切身利益关系的相关部门都主动自觉地进行安全管理。

(3)工程质量与施工安全是统一的,只要工程建设存在,就有质量和安全问题。安全是工作质量的体现。

(4)在市场经济条件中,增强施工安全和法制观点,法制观念的核心是责任制。

(5)建立安全效益观念,即安全的投入会带来更大的效益。安全好,伤亡少,损失少,效益好,信誉就高,竞争力强;安全是企业文化和企业精神的反映,既是物质文明建设的重要内容,又是精神文明建设的重要内容,安全好坏也是文明建设的好坏、效益高低的所在。

(6)建立系统安全管理的观念。

4. 加强安全教育

安全教育包括安全思想教育和安全技术教育,目的是提高职工的安全施工意识,法人代表的安全教育、三总师(总工程师、总经济师、总会计师)和项目经理的安全教育,安全专业干部的培训都要加强,安全教育要正规化、制度化。要特别重视民工的安全教育。无知蛮干不仅伤害自己,还会伤及别人。用工单位要负责他们的安全教育和安全保障,培训考核上岗,建立职工培训档案制度。换工种、换岗位、换单位都要先教育,后上岗。

4.1.2.2　安全技术措施

1. 有关技术组织措施的规定

为了进行安全生产、保障工人的健康和安全，必须加强安全技术组织措施管理、编制安全技术组织措施计划，进行预防，并有下列有关规定：

(1)所有工程的施工组织设计(施工方案)都必须有安全技术措施；爆破、吊装、水下、深坑、支模、拆除等大型特殊工程，都要编制单项安全技术方案，否则不得开工。安全技术措施要有针对性，要根据工程特点、施工方法劳动组织和作业环境来制定。施工现场道路、上下水及采暖管道、电气线路、材料堆放、临时和附属设施等的平面布置，都要符合安全、卫生和防火要求，并要加强管理，做到安全生产和文明生产。

(2)企业在编制生产技术财务计划的同时，必须编制安全技术措施计划。安全技术措施所需的设备、材料应列入物资、技术供应计划。对于每项措施，应该确定实现的期限和负责人。企业的领导人应该对安全技术措施计划编制的贯彻执行负责。

(3)安全技术措施计划的范围，包括以改善劳动条件(主要指影响安全和健康的)、防止伤亡事故、预防职业病和职业中毒为目的的各项措施。

(4)安全技术措施计划所需的经费，按照现行规定，属于增加固定资产的，由业主支付，属于其他的支出摊入生产成本。企业不得将劳动保护费挪作他用。

(5)企业要编制和执行安全技术措施计划，要组织群众定期检查，以保证计划的实现。

(6)安全技术措施编制要求要有前瞻性、针对性、可靠性和可操作性。

2. 施工现场预防工伤措施

(1)参加施工现场作业人员，要熟记安全技术操作规程和有关安全制度。

(2)在编制施工组织设计时，要有施工现场安全施工技术组织措施。开工前要做好安全技术组织措施。

(3)按施工平面图布置施工现场，要保证道路畅通，布置安全稳妥。

(4)在高压线下方 10 m 范围内，不准堆放物料，不准搭设临时设施，不准停放机械设备。在高压线或其他架空线一侧进行重吊装时，要按劳动部颁发的《起重机械安全管理规程》的规定执行。

(5)施工现场要按平面布置图设置消防器材。在消火栓周围 3 m 范围内不准堆放物料，严禁在现场吸烟，吸烟者要进入吸烟室。

(6)现场设围墙及保护人员，以便防火、防盗、防他人破坏机电设备及其他现场设施。

(7)大型工地要设立现场安全生产领导小组，小组成员包括参加施工各单位的负责人及安全部门、消防部门的代表。

(8)安全工作要贯彻预防为主的一贯方针，把安全工作当成一个系统来抓。发现事故隐患、预防隐患引起的危险，对照过去的经验教训选择安全措施方案，实现安全措施计划。对措施效果进行分析总结，进一步研究改进防范措施的各个环节，作为安全管理的周期性流程，使事故减少到最低限度，达到最佳安全状态。

另外，还要专门制定预防高空坠落的技术组织措施，预防物体打击事故的技术组织措施，预防机械伤害事故的技术组织措施，防止触电事故的技术组织措施，制定电焊、气焊安全技术组织措施，防止坍塌事故的技术组织措施，制定脚手架安全技术组织措施，制定冬雨季施工安全技术措施和分项工程工艺安全规程等等。

3. 安全技术措施编制的主要内容

(1)一般工程安全技术措施

①抓好安全教育,健全安全组织机构,建立安全岗位责任制,贯彻执行"安全第一、预防为主"的方针;

②土方工程防塌方措施,包括确定边坡的坡度,护坡的形式,降水措施等;

③脚手架、吊篮等选用及设计搭设方案和安全防护措施;

④高处作业的上下安全通道;

⑤安全网的架设要求、范围等;

⑥安装、使用、拆除施工电梯、井架(龙门架)等垂直运输设备的安全技术要求及措施,包括搭设要求、稳定性、安全装置等;

⑦施工洞口及临边的防护方法和主体交叉施工作业区的隔离措施;

⑧场内运输道路及人行通道的布置;

⑨施工用电的合理布设、防触电的措施;

⑩现场防火、防爆、防雷、防毒等安全措施;

⑪在建工程与周围人行通道及民房的防护隔离设置。

(2)特殊工程安全技术措施

对于结构复杂、危险性大的特殊工程,应编制单项的安全技术措施。如隧道施工、爆破、大型吊装、沉箱、沉井、烟囱、水塔、特殊架设作业、高层脚手架、井架和拆除工程等必须编制单项的安全技术措施,并注明设计依据,做到有计算、有详图、有文字说明。

(3)季节性安全技术措施

①夏季气候炎热,高温持续时间较长,主要应做好防暑降温工作;

②雨季进行作业,主要应做好防触电、防雷、防塌方与防台风、防洪工作;

③冬季进行作业,主要应做好防风、防火、防冻、防滑、防煤气中毒、防亚硝酸盐中毒等工作。

4.1.2.3　安全检查

经批准的安全技术措施具有技术法规的作用,必须认真贯彻执行。实施前要认真进行安全技术技术措施交底,落实后还要加强监督检查。安全检查是发现不安全行为和不安全状态的重要途径,是消除事故隐患,落实整改措施,防止事故伤害,改善劳动条件的重要工作方法。对于安全技术措施的执行情况,除认真监督检查外,还要严格执行奖罚制度。

1. 安全检查的类型有日常性检查、专业检查和季节性检查、节假日前后的检查和不定期检查。

2. 安全检查的内容主要是查思想、查管理、查制度、查现场、查隐患、查整改和查事故处理。

3. 安全检查的组织

(1)建立安全检查制度,按制度要求的规模、时间、原则、处理、全面落实;

(2)建立由第一责任人、业务部门、安全管理人员组成的安全检查组织;

(3)安全检查必须做到有计划、有目的、有准备、有整改、有总结、有处理;

4. 安全检查方法。常用的有一般检查方法和安全检查表法。

(1)一般方法。常采用看、听、嗅、问、查、测、验、析等方法。

看:看现场环境和作业条件、看实物和实际操作、看记录和资料等;

听:听汇报、听介绍、听反映、听意见或批评,听机械设备的运转响声或承重物发出的微弱声等；

嗅：对挥发物、腐蚀物、有毒气体进行辨别；

问：对影响安全问题，详细询问，寻根究底；

查：查明问题、查对数据、查清原因、追查责任；

测：测量、测试、监测；

验：进行必要的试验或化验；

析：分析安全隐患、原因。

（2）安全检查表法。是一种原始的、初步的定性分析方法，它通过事先拟定的安全检查明细表或清单，对安全生产进行初步的诊断和控制。

情境 4.2　施工质量管理

表 4-2　工作任务表

能力目标	主讲内容	学生完成任务	评价标准	
通过本章学习，了解全面质量管理的概念和基本观点，熟悉工程质量保证体系的建立和质量体系认证，了解 ISO9000 族标准的产生、内容，重点掌握工程质量管理的七种统计方法，会分析建筑工程出现质量问题的原因，掌握工程质量评定的两个等级标准，掌握过程验收和竣工验收的内容与方法	着重介绍了质量管理的基本概念和全面质量管理基本观点与工作方法，工程质量保证体系的建立和质量体系认证，介绍 ISO9000 族标准的产生、内容，着重介绍工程质量管理的七种统计方法，分析建筑工程出现质量问题的原因，介绍工程质量评定的两个等级标准，掌握工程竣工验收的程序、内容与方法	根据本项目的基本条件，在学习过程中建立工程质量保证体系；能运用全面质量管理的方法进行质量管理和工程质量问题分析与处理；能组织质量验收与质量评定工作	优秀	能运用全面质量管理的基本观点和基本工作方法进行质量管理，能运用质量管理的统计进行质量管理，能组织质量验收与质量评定工作
			良好	能正确理解全面质量管理的基本观点，掌握全面质量管理的基本工作方法，能运用质量管理的统计进行质量管理，能组织质量验收与质量评定工作
			合格	能正确理解全面质量管理的基本观点，掌握全面质量管理的基本工作方法，熟悉质量管理的统计方法，掌握工程质量验收与质量评定工作程序与工作方法

4.2.1　质量管理的基本概念

4.2.1.1　质量

质量的概念有广义和狭义之分。狭义的质量是指工程（产品）本身的质量，即产品所具有的满足相应设计和规范要求的属性。它包括可靠性、环境协调性、美观性、经济性、安全性和适用性六个方面。

而广义上的质量除了工程（产品）质量之外，还包括工序质量和工作质量。

工作质量决定工序质量，工序质量决定工程（产品）质量。要以抓工作质量来保证工序质量，以提高工序质量来最终保证工程（产品）质量，并以此增强建筑企业在市场中的生存竞争能力,全面提高建筑企业的经济效益。

建筑企业的产品是建筑物,建筑工程质量的好坏直接关系到企业的生存与发展。因此,现代施工组织中对质量管理十分重视。质量管理虽然由来已久,但随着现代生产和建设的需要及管理思想的不断发展,质量管理的目的、要求、方法也发生了显著的变化。

影响工程质量的因素很多,归纳起来主要有五个方面:人(Man)、材料(Material)、机械(Machine)、方法(Method)和环境(Environment),简称 4M1E 因素。

4.2.1.2　质量管理的发展

质量管理是指在质量方面指挥和控制、组织协调的活动。现代意义的质量管理理论和方法起源于 20 世纪初,大致可分为三个阶段。

1. 质量检验阶段

该阶段以泰勒(F. w. Taybor)1924 年出版的《科学管理原理》一书为标志。该书中明确提出了从作业中分离出管理职能的主张,设立质量检验部门,对生产出的产品进行全数质量检验,剔除废品,以促进产品质量的提高。但这种检验属"事后检验",无法有效地控制生产过程中的质量。

2. 统计质量管理阶段

1926 年美国贝尔电话研究工程师休哈特(W. A. Shewhart)利用概率论与数理统计的原理,创造了质量管理控制图,可以使产品的生产处于控制状态下,把事后把关变成事前控制。后来,美国人道奇(H. P. Dodge)和罗米格(H. G. Romig)提出了抽样检验法,解决了全数检验和破坏性检验存在的问题。但当时由于资本主义的经济危机,这些理论未得到重视和应用。

20 世纪 40 年代,第二次世界大战期间,美国政府组织了一批专家和技术人员运用休哈特等人研究成果制订了三个战时质量控制标准(质量管理指南,数据分析控制图法,工序控制图法),在全国进行推广宣传,并在军工企业中强制实行。第二次世界大战以后世界各国开始学习、效仿,将这一方法广泛应用于企业产品生产中。这标志着质量管理进入统计质量管理阶段,即从"事后检验"变成了"预防性控制"。

3. 全面质量管理阶段

1961 年美国通用电气公司的菲根堡姆(A. V. Feigenbaum)等人提出了全面质量管理的新概念。20 世纪 60 年代和 70 年代,依靠它,资源缺乏的日本实现了经济腾飞,创造了超常规发展的奇迹。当前世界范围内质量管理正朝着重视人的因素、采用先进的管理手段、提高生产自动化程度、建立统一的质量管理标准等方向发展。

4.2.1.3　全面质量管理

全面质量管理(Total Quality control)就是对施工生产全过程实行以预防为主的质量控制,这种管理方法是以质量为中心,以全民参加为基础,以用户满意、组织成员和社会均能受益为长期成功的目标。

1. 全面质量管理的基本观点

(1)"三全"的观点

"三全"即全过程、全员、全企业。

①全过程管理

要对形成产品质量全过程的各阶段进行管理。对于建筑企业来讲,从合同签订开始,到施工准备、正式施工、竣工验收、交付使用、售后服务等全过程实行质量管理。

②全员管理

由于实行全过程的质量管理,企业中的每个人都与质量有关系,所以要求把质量控制工作落实到每一个职工,让每一个职工都关心产品质量,尽职尽责,保证本职工作、工序的操作质量和工程的整体质量。

③全企业管理

为达到按质、按量、按期地制造出用户满意的建筑产品,要对企业所属的各单位和各部门的各方面工作进行质量管理,共同对产品质量负责。

(2)"为用户服务"的观点

全面质量管理的目的就是满足用户的需要,"为用户服务"的观点体现在两个方面。对于企业外部,凡使用企业建筑产品的单位和个人都是企业的用户,用户不满意就谈不上工程质量好;对于企业内部,下道工序就是上道工序的用户,要保证工程质量,首先要满足下道工序的要求。"为用户服务"和"下道工序就是用户"是全面质量管理的基本观点。

(3)预防为主的观点

全面质量管理的特点就是以预防为主、以事后检验改进为辅的质量管理,把管结果变为管影响因素。在建筑安装工程中,每个分部、分项工程的质量随时都受操作者、原材料、施工工具、施工工艺、施工环境等因素的影响。因此,首先要加强影响工程质量的"五因素"控制,使建筑工程产品在施工生产的过程中始终处于控制之中,力求"第一次就做好"。

(4)用数据说话的观点

科学的质量管理,必须运用数理统计的方法,把施工过程中收集的大量数据进行科学分析和整理,研究工程(产品)质量的波动情况,找出影响工程质量的原因及规律性,有针对性地采取保证质量的措施。因此,科学管理必须用数据说话,使质量管理定量化,克服凭经验、凭印象进行质量管理的做法。认真收集和积累数据,确保数据的真实性,因为假数据比没有数据更有害。

2. 全面质量管理的基本工作方法

由美国质量管理专家戴明(W. E. Deming)首先提出的 PDCA 循环是全面质量管理的基本工作方法。这一循环通过计划 P(Plan)、实施 D(Do)、检查 C(Check)、处理 A(Action)四个阶段及其具体化的八个步骤把经营和生产过程中的管理有机地联系起来。PDCA 循环又叫戴明环。

(1)PDCA 循环的基本内容

①计划阶段(P)包括四个步骤:

第一步,运用数据分析现状,找出存在的质量问题。

第二步,分析产生问题的原因或影响工程产品质量的因素。

第三步,找出影响质量的主要原因或主要因素。

第四步,针对主要因素,制订质量改进措施方案,应重点说明的问题是:①制定措施的原因;②要达到的目的;③何处执行;④什么时间执行;⑤谁来执行;⑥采用什么方法执行。

②执行阶段(D)包括一个步骤:

第五步,按制订的方案去实施或执行。

③检查阶段(C)包括一个步骤:

第六步,检查实施或执行的效果,及时发现执行中的经验和问题。

④处理阶段(A)包括两个步骤:

第七步,对总体取得的成果进行标准化处理,以便遵照执行。

第八步,将遗留的问题放在下一个 PDCA 循环中进一步解决。

(2)PDCA 循环的特点

①按序转。PDCA 循环必须保证四个循环阶段的有序性和完整性,好似一个不断运转的车轮(见图 4-3),促使企业质量管理科学化、严格化和条理化,每一个循环的处理阶段就是下一个循环的前提条件。

②环套化。PDCA 循环是由大环套小环,环环相套组成的(见图 4-4),建筑企业各个部门一直到施工班组由大到小都有自己的质量环,大环是小环的依据,小环是大环的具体落实。各个循环之间相互协调,互相促进。

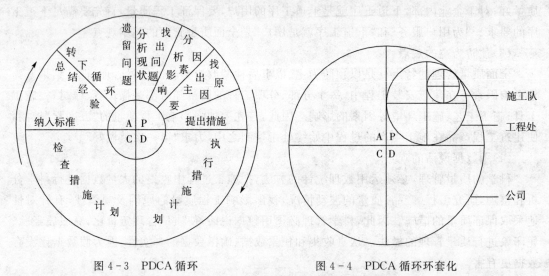

图 4-3 PDCA 循环　　　　　图 4-4 PDCA 循环环套化

③步步高。PDCA 循环本身就是一个提出问题与解决问题的过程,每运转一周就有新的要求和目标,在企业质量方针和目标的指引下通过一次一次的循环,企业的产品质量水平就像爬楼梯一样,不断上台阶、上档次,如图 4-5 所示。

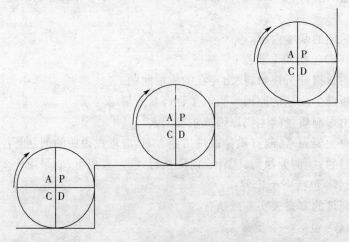

图 4-5 PDCA 循环提高过程

4.2.1.4　工程质量保证体系

1. 质量保证体系的概念

工程质量保证体系是施工企业以保证和提高工程质量、给用户提供满意的服务为目标，运用系统的概念和方法，将设计和施工中的各个阶段、各个环节的质量管理职能组织起来，形成一个有明确任务、职责、权限、相互协调、互相促进的有机整体。

质量保证主要包含三方面的内容。首先是建筑企业向用户保证，即企业所提供的产品在规定期限内能正常使用，而且产品的全部质量特性符合标准的规定；另一方面，要求企业推行全面质量管理和有计划的、系统的质量保证活动，根据工程产品质量形成的过程，建立质量保证体系；再者，企业不仅只是对产品早期质量保证，还要求保证产品整个使用寿命周期内的质量。

2. 建筑企业质量保证体系的建立

建筑企业质量保证体系的建立主要从质量环、质量保证体系结构、质量保证体系文件、质量保证体系审核和质量保证体系的评定等五方面考虑。

（1）质量环

在质量管理领域，产品质量有一个产生、形成和实现的过程，称为质量环。这个过程是从市场调查研究开始，经过产品设计、制造、销售，直到为用户服务为止。工程施工的"质量环"是建筑企业质量保证体系建立的理论基础和科学依据。建筑工程质量形成过程包括建筑市场调研、工程投标、设计图纸会审、施工组织设计、技术交底、建筑材料及设备采购、施工生产与安装、质量检验与验收、竣工后回访与维修，共九个环节。

（2）质量保证体系结构

质量保证体系结构是指质量保证体系内各要素的构成、内容，以及各个部分之间的组织配合和相互关系等的有机整体。由组织结构、资源和人员、工作程序、过程和资源等方面构成。

（3）质量保证体系文件

建筑企业应根据其质量保证体系中采用的全部要素、要求和规定，系统地编制各项方针和程序（如质量大纲、计划、手册等），并保证有关人员对质量和程序的理解一致。应该说质量保证体系文件是企业在质量管理上的强制性文件，是企业的"质量法"。质量保证体系文件一般包括质量手册、程序文件、质量记录、质量计划等。

（4）质量保证体系审核

质量保证体系审核是质量保证体系中的重要内容，它主要是为了查明体系内各要素的实施效果是否达到预期的质量目标。作为质量保证体系的审核计划应该明确审核的对象、内容、方法和步骤。

（5）质量保证体系的评定

在质量保证体系审核的基础上，企业领导应对企业的质量保证体系现状进行评审。主要审核是否符合质量方针的要求，质量保证体系是否能有效地运转。必要时对质量保证体系重新修改。

4.2.1.5　质量体系认证

1. ISO9000 族标准

国际标准化组织（ISO）为适应国际贸易和质量管理的发展需要，在总结世界各国，特别是发达国家质量（管理）体系经验基础上，于 1987 年发布了世界上第一个质量管理和质量保证系列国际标准——ISO9000 系列标准。

ISO9000 系列标准经历了三个版本：ISO9000 系列标准第一版 1987 年发布；第二版 1994 年修订发布；第三版 2000 年修订发布。其中 2000 版是 ISO/TC176 对 9000 族标准的第二次修改，是对 9000 族标准在结构、原则和技术内容两个方面的重大修改，是一次"战略性"换版。

ISO9000 系列标准是世界主要发达国家长期实施质量管理和质量保证的经验总结，体现了科学性、经济性、社会性和广泛的适应性。它既包括了国际认可的质量管理原则，也包括了一套代表着全世界不同贸易国或贸易区域的领导以及各商品和服务行业专家共同认可的、可执行的实施方法：

ISO8402　　　定义与质量概念有关的基本术语；

ISO9000　　　提供了质量管理和质量保证标准的选择和使用指南；

ISO9004　　　提供了质量管理目的的应用指南；

ISO9001～ISO9003　　提供了三种质量保证模式；

ISO10000 系列标准　　提供了有关质量技术方面的指南。

（1）术语标准

ISO8402 包括 67 个术语，共分 4 大类：基本术语（13 个）、与质量有关的术语（19 个）、与质量体系有关的术语（16 个）、与工具有关的术语（19 个）等。ISO8402 通过规定有关质量领域的术语定义，从而创造了在世界范围内共同交流的工具，为正确理解 ISO9000 系列标准打下了坚实的基础。

（2）主体标准

主体标准分为三大类，即质量管理、质量保证标准的指南性标准和质量体系要素标准。

主体标准一共有 11 个，在这 11 个标准中有 5 个标准是其主干标准，即 ISO9000－1、ISO9001、ISO9002、ISO9003 和 ISO9004－1。

在这 5 个标准中，ISO9000－1（质量管理和质量保证标准）中的第一部分《选择与使用指南》是一个牵头标准，其作用是为整个 ISO9000 系列标准的选择和使用做出指导，被形象地称为 ISO9000 系列标准的"路线图"。它不仅阐明了与质量有关的基本概念以及这些概念之间的区别和相互联系，而且规定了选择和使用质量管理和质量保证标准的原则、程序和方法。

ISO9004－1 是《质量管理和质量体系要素》中的第一部分《指南》，专门用于企业内部建立和实施全面有效的质量体系，从而确保顾客满意。因此，它不宜用于合同、法规或认证，它通常是由管理者推动而选择用于建立质量体系的标准，其目的在于向供方的最高领导证实质量体系的适宜性和有效性，从而提高供方在市场上的信誉及其竞争能力，同时也为顾客对其提出的质量保证要求或供方自身感到有取得质量体系认证的需要做好准备。它比三种质量保证模式标准更加全面、更加有效，是我国企业建立质量体系的首选模式。所以，它是建立质量体系、进行质量管理的基础性标准。

ISO9001、ISO9002 和 ISO9003 是质量保证模式标准，专门用于外部质量保证，它是供方证明其质量保证能力以及外部对其能力进行评定的依据，是对规定的技术（产品）要求的补充，而不是取代。这三个标准是外部质量保证所使用的有关质量体系的要求，分别代表了两种不同的质量保证模式,所保证的质量体系要素有所不同,企业可根据实际需要进行选择。

(3)支持性标准

支持性标准是指编号为 ISO10000 到 ISO10020 的标准,这是对质量管理、质量保证和质量审核中的某一个专题的实施方法提供指南。

2. 质量体系认证

质量管理体系认证亦称质量管理体系注册,是指由公正的第三方认证机构依据正式发布的质量管理体系标准,对组织的质量管理体系作出正确、可靠的评价,并颁发体系认证证书和发布注册名录。

(1)质量管理体系认证的意义

质量认证制度是由公正的第三方认证机构对企业的产品及质量体系作出正确可靠的评价,从而使社会对企业的产品建立信心。第三方质量认证制度自 20 世纪 80 年代以来已得到世界各国普遍重视,其意义在于:提高供方企业的质量信誉,促进企业完善质量体系,增强国际市场竞争能力,减少社会重复检验和检查费用,保护消费者利益,有利于法规的实施。

(2)体系认证的实施步骤

质量管理体系的申报及批准包括认证申请及受理、体系审核、审批与注册发证、监督。

①认证申请和受理。具有法人资格,已按 GB/T19000—ISO9000 系统标准或其他国际公认的质量体系规范建立了文件化的质量管理体系,并在生产经营全过程贯彻执行的企业可提出申请。申请单位须按要求提交申请文件,认证机构审查认证申请文件,经审查符合要求后接受申请,否则不接受申请。无论接受与否,均予发出书面通知书。

②体系审核。认证机构派出审核组对申请方质量体系进行检查和评定,包括文件审查、现场审核,并提出审核报告。

③审批与注册发证。认证机构对审核组提出的审核报告进行全面审查,符合标准者批准并予以注册,发给认证证书(内容包括证书号、注册企业名称地址、认证和质量体系覆盖产品的范围、评价依据及质量保证模式标准及说明、发证机构、签发人和签发日期)。证书有效期通常为 3 年。

④监督。在证书有效期内,体系认证机构每年组织进行至少一次的监督与检查,查证组织有关质量管理体系的保持情况。一旦发现组织有违反有关规定的事实证据,即对组织采取措施,暂停或撤销该组织的体系认证。

4.2.2　全面质量管理的基本方法

全面质量管理中常用的统计方法有七种:直方图法、控制图法、相关图法、排列图法、因果分析图法、统计调查表法和分层法。这七种方法通常又称为质量管理的七种工具。

4.2.2.1　直方图法

1. 直方图的用途

直方图法即频数分布直方图法,它是将收集到的质量数据进行分组整理,绘制成频数分布直方图,用以描述质量分布状态的一种分析方法,所以又称质量分布图法。

通过对直方图的观察与分析,可了解产品质量的波动情况,掌握质量特性的分布规律,从而对质量状况进行分析判断。

2. 直方图的绘制方法

(1)收集整理数据

用随机抽样的方法抽取数据,一般要求数据在 50 个以上。

【例 4 - 1】 某建筑施工工地浇筑 C30 混凝土,为对其抗压强度进行质量分析,共收集了 50 份抗压强度试验报告单,经整理如表 4 - 3 所示。

表 4 - 3 数据整理表(N/mm²)

序号	抗压强度数据					最大值	最小值
1	39.8	37.7	33.8	31.5	36.1	39.8	31.5★
2	37.2	38.0	33.1	39.0	36.0	39.0	33.1
3	35.8	35.2	31.8	37.1	34.0	37.1	31.8
4	39.9	34.3	33.2	40.4	41.2	41.2	33.2
5	39.2	35.4	34.4	38.1	40.3	40.3	34.4
6	42.3	37.5	35.5	39.3	37.3	42.3	35.5
7	35.9	42.4	41.8	36.3	36.2	42.4	35.9
8	46.2	37.6	38.8	39.7	38.0	46.2★	37.6
9	36.4	38.3	43.4	38.2	38.0	42.4	36.4
10	44.4	42.0	37.9	38.4	39.5	44.4	37.9

(2)计算极差 R

极差 R 是数据中最大值和最小值之差,本例中:$X_{max} = 46.2$ N/mm²,$X_{min} = 31.5$ N/mm²,$R = X_{max} - X_{min} = 14.7$ N/mm²。

(3)对数据分组

①确定组数 k。确定组数的原则是分组的结果能正确地反映数据的分布规律。组数应根据数据多少来确定。组数过少,会掩盖数据的分布规律;组数过多,会使数据过于零乱分散,也不能显示出质量分布状况,一般可参考表 4 - 4 的经验数值来确定。本例中 $k = 8$。

②确定组距 h。组距是组与组之间的间隔,也即一个组的范围。各组距应相等,即有:

$$极差 ≈ 组距 × 组数$$

即 $$R ≈ h \cdot k \qquad\qquad (4 - 1)$$

表 4 - 4 数据分组参考值

数据总数	分组数 k
50~100	6~10
100~250	7~12
250 以上	10~20

本例中: $$h = \frac{R}{k} = \frac{14.7 \text{ N/mm}^2}{8} = 1.8 \text{ N/mm}^2 ≈ 2.0 \text{ N/mm}^2$$

③确定组限。每组的最大值为上限,最小值为下限,上、下限统称组限。确定组限时应

注意各组之间连续,即较低组上限应为相邻较高组下限,这样才不致使数据被遗漏。对恰恰处于组限值上的数据,其解决的办法有二:一是规定每组上(或下)组限不计在该组内,而应计入相邻较高(或较低)组内;二是将组限值较原始数据精度提高半个最小测量单位。

本例采取第一种办法划分组限,即每组上限不计入该组内。

首先确定第一组下限:

$$x_{\min} - \frac{h}{2} = 31.5 \text{ N/mm}^2 - \frac{2.0 \text{ N/mm}^2}{2} = 30.5 \text{ N/mm}^2$$

第一组上限:$30.5 \text{ N/mm}^2 + h = 30.5 \text{ N/mm}^2 + 2 \text{ N/mm}^2 = 32.5 \text{ N/mm}^2$

第二组下限＝第一组上限＝32.5 N/mm^2

第二组上限:$32.5 \text{ N/mm}^2 + h = 32.5 \text{ N/mm}^2 + 2 \text{ N/mm}^2 = 34.5 \text{ N/mm}^2$

以下以此类推,最高组限为$44.5 \text{ N/mm}^2 \sim 46.5 \text{ N/mm}^2$,分组结果覆盖了全部数。

④编制数据频数统计表

统计各组频数,可采用唱票形式进行,频数总和应等于全部数据个数。本例频数统计结果见表$4-5$。

表 $4-5$　频数统计表

组号	组限(N/mm²)	频数	组号	组限(N/mm²)	频数
1	30.5～32.5	2	5	38.5～40.5	9
2	32.5～34.5	6	6	40.5～42.5	5
3	34.5～36.5	10	7	42.5～44.5	2
4	36.5～38.5	15	8	44.5～46.5	1
合计					50

从表$4-5$中可以看出,浇筑 C30 混凝土,50 个试块的抗压强度是各不相同的,这说明质量特性值是有波动的。但这些数据分布是有一定规律的,就是数据在一个有限范围内变化,且这种变化有一个集中趋势,即强度值在 $36.5 \sim 38.5$ 范围内的试块最多,可把这个范围即第四组视为该样本质量数据的分布中心,随着强度的逐渐增大和逐渐减小,而数据逐渐减少。为了更直观、更形象地表现质量特征值的这种分布规律,应进一步绘制出直方图。

(4)绘制频数分布直方图

在频数分布直方图中,横坐标表示质量特性值,本例中为混凝土强度,并标出各组的组限值。根据表$4-5$画出以组距为底,以频数为高的 k 个直方形,便得到混凝土强度的频数分布直方图,如图$4-6$所示。

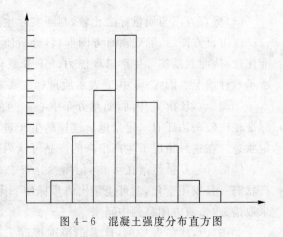

图 $4-6$　混凝土强度分布直方图

3. 直方图的观察与分析

(1)观察直方图的形状、判断质量分布状态

作完直方图后,首先要认真观察直方图的整体形状,看其是否属正常型直方图。正常型直方图就是中间高,两侧底,左右接近对称的图形,如图 4-7(a)所示。出现非正常型直方图时,表明生产过程或收集数据有问题。这就要求进一步分析判断,找出原因,并采取措施加以纠正。非正常型直方图,归纳起来一般有五种类型,如图 4-7 所示。

①折齿型(图 b),是由于分组不当或者组距确定不当出现的。

②左(或右)缓坡型(图 c),主要是由于操作中对上限(或下限)控制太严造成的。

③孤岛型(图 d),是原材料发生变化,或者临时他人顶班作业造成的。

④双峰型(图 e),是由于用两种不同方法或两台设备或两组工人进行生产,然后把两方面数据混在一起整理产生的。

⑤峭壁型(图 f),是由于数据收集不正常,可能有意识地去掉下限附近的数据,或是在检测过程中存在某种人为因素所造成的。

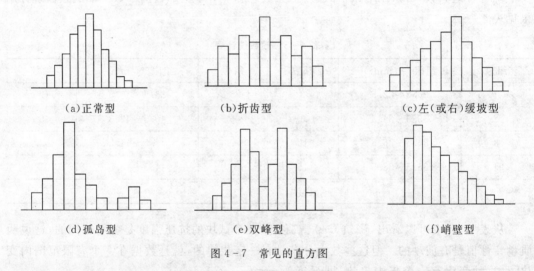

(a)正常型　　　　　　(b)折齿型　　　　　　(c)左(或右)缓坡型

(d)孤岛型　　　　　　(e)双峰型　　　　　　(f)峭壁型

图 4-7　常见的直方图

(2)将直方图与质量标准比较,判断实际生产过程能力

作出直方图后,除观察直方图形状,分析质量分布状态外,再将正常型直方图与质量标准比较,从而判断实际生产过程能力。正常型直方图与质量标准相比较,一般有如图 4-8 所示六种情况。图 4-8 中 T 表示质量标准要求界限,B 表示实际质量特性分布范围。

①图(a),B 在 T 中间,质量分布中心 $\bar{x}$ 与质量标准中心 M 重合,实际数据分布与质量标准相比较两边还有一定余地。这样的生产过程是很理想的,说明生产过程处于正常的稳定状态。在这种情况下生产出来的产品可认为全都是合格品。

②图(b),B 虽然落在 T 内,但质量分布中 $\bar{x}$ 与 T 的中心 M 不重合,偏向一边。这样生产状态一旦发生变化,就可能超出质量标准下限而出现不合格品。出现这种情况时应迅速采取措施,使直方图移到中间来。

③图(c),B 在 T 中间,且 B 的范围接近 T 的范围,没有余地,生产过程一旦发生微小的变化,产品的质量特性值就可能超标。这表明产品质量的散差太大,必须采取措施缩小质量分布范围。

④图(d)，B 在 T 中间，但两边余地太大，说明加工过于精细，不经济。在这种情况下，可以对原材料、设备、工艺、操作等控制要求适当放宽些，有目的地使 B 扩大，从而有利于降低成本。

⑤图(e)，质量分布范围 B 已超出标准下限之外，说明已出现不合格品。此时必须采取措施进行调整，使质量分布位于标准之内。

⑥图(f)，质量分布范围完全超出了质量标准上、下界限，散差太大，产生许多废品，说明过程能力不足，应提高过程能力，使质量分布范围 B 缩小。

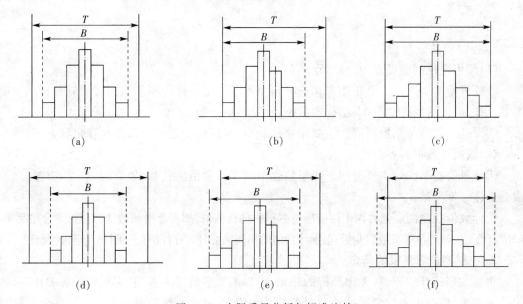

图 4-8 实际质量分析与标准比较

4.2.2.2 控制图法

控制图又称管理图，它是在直角坐标系内画有控制界限，描述生产过程中产品质量波动状态的图形。和直方图相比，控制图是一种动态分析方法，借助于控制图提供的质量动态数据，人们可以随时了解工序质量状态，发现问题，查明原因，采取措施，使生产处于稳定状态。

1. 控制图的模式

控制图的一般模式如图 4-9 所示，横坐标为样本(子样)序号或抽样时间，纵坐标为被控制对象，即被控制的质量特性值。控制图上一般有三条线：在上面的一条虚线称为上控制界限，用符号 UCL 表示；在下面的一条虚线称为下控制界限，用符号 LCL 表示；中间的一条实线称为中心线，用符 CL 表示。中心线标志着质量特性值分布的中心位置，上下控制界限标志着质量特性值允许波动范围。

在生产过程中通过抽样取得数据，把样本统计量描在图上来分析判断生产过程状态。如果点子随机地落在上、下控制界限内，则表明生产过程正常，处于稳定状态，不会产生不合格品；如果点子超出控制界限，或点子排列有缺陷，则表明生产条件发生了异常变化，生产过程处于失控状态。

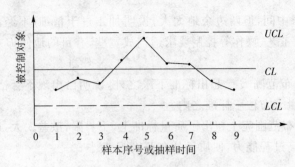

图 4 - 9　控制图的一般模式

2. 控制图的分类

（1）按用途控制图可分为

①分析用控制图。主要是用来调查分析生产过程是否处于控制状态。绘制分析用控制图时，一般需连续抽取 20～25 组样本数据，计算控制界限。

②管理（或控制）用控制图。主要用来控制生产过程，使之经常保持在稳定状态下。

（2）按质量数据特点分类

①计量值控制图。主要适用于质量特性值属于计量值的控制，如时间、长度、重量、强度成分等连续型变量。

②计数值控制图。通常用于控制质量数据中的计数值，如不合格品数、疵点数、不合格品率、单位面积上的疵点数等离散型变量；根据计数值的不同又可分为计件值控制图和计点值控制图。

3. 控制图控制界限的确定

根据数理统计的原理，考虑经济的原则，世界上大多数国家采用"三倍标准偏差法"来确定控制界限，即将中心线定在被控制对象的平均值上，以中心线为基准向上向下各量三倍被控制对象的标准偏差，即为上、下控制界限。如图 4 - 10 所示。

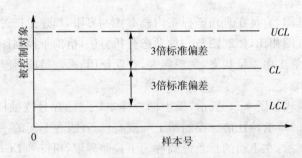

图 4 - 10　控制界限的确定

采用三倍标准偏差法是因为控制图是以正态分布为理论依据的。采用这种方法可以在最经济的条件下，实现生产过程控制，保证产品的质量。

在用三倍标准偏差法确定控制界限时，其计算公式如下：

中心线 　　　　　　　　　　$CL = E(X)$

上控制界限 　　　　　　　　$UCL = E(X) + 3D(X)$　　　　　　　　　　（4 - 2）

下控制界限 　　　　　　　　$LCL = E(X) - 3D(X)$

式中，X——样本统计量；

$E(X)$——X 的平均值；

$D(X)$——X 的标准偏差。

4. 控制图的观察与分析

绘制控制图的目的是分析判断生产过程是否处于稳定状态。这主要是通过对控制图上点子的分布情况的观察与分析进行,因为控制图上点子作为随机抽样的样本,可以反映出生产过程(总体)的质量分布状态。

当控制图同时满足以下两个条件:一是点子几乎全部落在控制界限之内;二是控制界限内的点子排列没有缺陷,我们就可以认为生产过程基本上处于稳定状态。如果点子的分布不满足其中任何一条,都应判断生产过程为异常。

(1)点子几乎全部落在控制界线内,是指应符合下述要求:

①连续 25 点以上处于控制界限内;

②连续 35 点中仅有 1 点超出控制界限;

③连续 100 点中不多于 2 点超出控制界限。

(2)点子排列是随机的,没有出现异常现象。这里的异常现象是指点子排列出现了"链"、"多次同侧"、"趋势或倾向"、"周期性变动"、"接近控制界限"等情况。

①链,是指点子连续出现在中心线一侧的现象。出现五点链,应注意生产过程发展状况;出现六点链,应开始调查原因。出现七点链,应判定工序异常,需采取处理措施,如图 4 - 11 所示。

②多次同侧,是指点子在中心线一侧多次出现的现象,或称偏离。下列情况说明生产过程已出现异常:在连续 11 点中有 10 点在同侧,如图 4 - 12 所示;在连续 14 点中有 12 点在同侧;在连续 17 点中有 14 点在同侧;在连续 20 点中有 16 点在同侧。

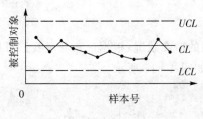

图 4 - 11　"链"示意图

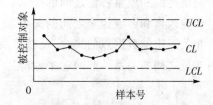

图 4 - 12　"多次同侧"示意图

③趋势或倾向,是指点子连续上升或连续下降的现象。连续七点或七点以上上升或下降排列,就应判定生产过程有异常因素影响,要立即采取措施,如图 4 - 13 所示。

④周期性变动,即点子的排列显示周期性变化的现象。这样即使所有点子都在控制界限内,也应认为生产过程为异常,如图 4 - 14 所示。

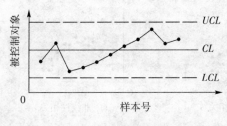

图 4 - 13　"趋势或倾向"示意图

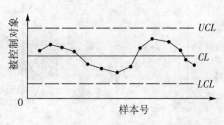

图 4 - 14　"周期性变动"示意图

　　⑤点子排列接近控制界限,是指点子落在了 $\bar{x}\pm2\sigma$ 以外和 $\bar{x}\pm3\sigma$ 以内。如属下列情况的判定为异常:连续 3 点至少有 2 点接近控制界限;连续 7 点至少有 3 点接近控制界限;连续 10 点至少有 4 点接近控制界限。如图 4－15 所示。

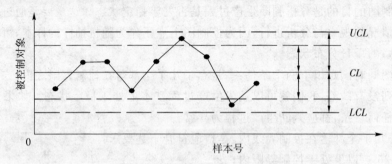

图 4－15　"接近控制界限"示意图

　　以上是分析用控制图判断生产过程是否正常的准则。如果生产过程处于稳定状态,则把分析用控制图转为管理用控制图。分析用控制图是静态的,而管理用控面图是动态的。随着生产过程的进展,通过抽样取得质量数据,把点描在图上,随时观察点子的变化,一旦点子落在控制界限外或界限上,即判断生产过程异常,点子即使在控制界限内,也应随时观察其有无缺陷,以对生产过程正常与否做出判断。

4.2.2.3　相关图法

　　相关图又称散布图。在质量管理中它是用来显示两种质量数据之间关系的一种图形。质量数据之间的关系多属相关关系。一般有三种类型:

　　质量特性和影响因素之间的关系;

　　质量特性和质量特性之间的关系;

　　影响因素和影响因素之间的关系。

　　相关图中的数据点的集合,反映了两种数据之间的散布状况,根据散布状况我们可以分析两变量之间的关系。归纳起来,有以下六种类型,如图 4－16 所示。

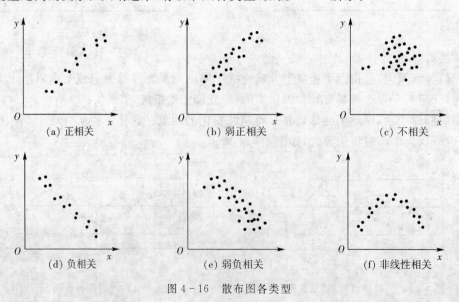

图 4－16　散布图各类型

1. 正相关(图 a)。散布点基本形成由左至右向上变化的一条直线带,即随 x 增加 y 值也相应增加,说明 x 与 y 有较强的制约关系,可通过对 x 控制而有效控制 y 的变化。

2. 弱正相关(图 b)。散布点形成向上较分散的直线带。随 x 值的增加,y 值也有增加趋势,但离散程度大,说明 y 除受 x 影响外,还受其他因素影响。

3. 不相关(图 c)。散布点形成一团或平行于 x 轴的直线带,x 和 y 之间关系毫无规律。

4. 负相关(图 d)。散布点形成由左向右向下的一条直线带,说明 x 对 y 的影响与正相关恰恰相反。

5. 弱负相关(图 e)。散布点形成由左至右向下分布的较分散的直线带,说明 x 与 y 的关系较弱,且变化趋势相反,应考虑寻找影响 y 的其他更重要的因素。

6. 非线性相关(图 f)。散布点呈一曲线带,即在一定范围内 x 增加,y 也增加;超过这个范围,x 增加,y 则有下降趋势。

4.2.2.4　排列图法

排列图法是利用排列图寻找影响质量主次因素的一种有效方法。排列图又叫巴雷托图或主次因素分析图,它是由两个纵坐标、一个横坐标、几个连起来的直方形和一条曲线所组成,如图 4-17 所示。左侧的纵坐标表示频数,右侧的纵坐标表示累计频率,横坐标表示影响质量的各个因素或项目,按影响程度大小从左至右排列。直方形的高度表示某个因素的影响大小。实际应用中,通常按累计频率划分为(0 %～80 %)、(80 %～90 %)、(90 %～100 %)三部分,与其对应的影响因素分别为 A,B,C 三类。A 类为主要因素,B 类为次要因素,C 类为一般因素。

1. 排列图的作法

【例 4-2】 某工地现浇混凝土,其结构尺寸质量检查结果是:在全部检查的 8 个项目中不合格点(超偏差限位)有 150 个,为改进并保证质量,应对这些不合格点进行分析,以便找出混凝土结构尺寸量的薄弱环节。

【解】 (1)收集整理数据。首先收集混凝土结构尺寸各项目不合格点的数据资料,见表 4-6。各项目不合格点出现的次数即频数。然后对数据资料进行整理,将不合格点较少的轴线位置、预埋设施中心位置、预留孔洞中心位置三项合并为"其他"项。按不合格点的频数由大到小顺序排列各检查项目,"其他"项排在最后。以全部不合格点数为总数,计算各项的频率和累计频率,结果见表 4-7。

表 4-6　不合格点数统计表

序号	检查项目	不合格点数	序号	检查项目	不合格点数
1	轴线位置	1	5	平面水平度	15
2	垂直度	8	6	表面平整度	75
3	标高	4	7	预埋设施中心位置	1
4	截面尺寸	45	8	预留孔洞中心位置	1

表 4-7 不合格点项目频数频率统计表

序号	项目	频数	频率（%）	累计频率（%）
1	表面平整度	75	50.0	50.0
2	截面尺寸	45	30.0	80.0
3	平面水平度	15	10.0	90.0
4	垂直度	8	5.3	95.3
5	标高	4	2.7	98.0
6	其他	3	2.0	100.0
合计		150	100	

（2）画排列图

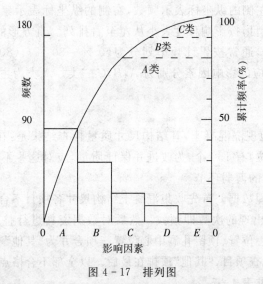

图 4-17 排列图

①画横坐标。将该坐标按项目数等分横坐标分为六等份，并按项目频数由大到小顺序从左至右排列。该例中横坐标分为六等份。

②画纵坐标。左侧的纵坐标表示项目不合格点数即频数，右侧纵坐标表示累计频率总频数对应累计频率 100%，该例中 150 应与 100% 在一条水平线上。

③画频数直方形。以频数为高画出各项目的直方形。

④画累计频率曲线。从横坐标左端点开始，依次连接各项目直方形右边线及所对应的累计频率值的交点，得到的曲线为累计频率曲线。

⑤记录必要的事项。如标题、收集数据的方法和时间等。

图 4-18 为混凝土结构尺寸不合格点排列图。

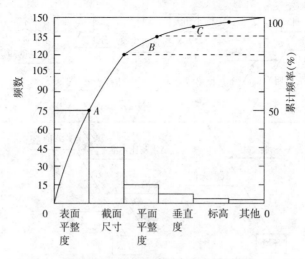

图 4-18 构件尺寸不合理点排列图

2. 排列图的观察与分析

(1)观察直方形,大致可看出各项目的影响程度。排列图中的每个直方形都表示一个质量问题或影响因素,影响程度与各直方形的高度成正比。

(2)利用 ABC 分类法,确定主次因素。将累计频率曲线按(0 %～80 %)、(80 %～90 %)、(90 %～100 %)分为三部分,各曲线下面所对应的影响因素分别为 A、B、C 三类因素,该例中 A 类即主要因素是表面平整度(2 m 长度)、截面尺寸(梁、柱、墙板、其他构件),B 类即次要因素是平面水平度,C 类即一般因素有垂直度、标高和其他项目。综上分析结果,下步应重点解决 A 类等质量问题。

4.2.2.5 因果分析图法

因果分析图法是利用因果分析图来系统整理分析某个质量问题(结果)与其产生原因之间关系的有效工具。因果分析图也称特性要因图,因其形状又常被称为树枝图或鱼刺图。因果分析图由质量特性(即质量结果或某个质量问题)、要因(产生质量问题的主要原因)、枝干(指一系列箭线表示不同层次的原因)、主干(指较粗的直接指向质量结果的水平箭线)等组成。

1. 因果分析图的绘制

下面结合实例加以说明。

【例 4-3】 绘制混凝土强度不足的因果分析图。

【解】 因果分析图的绘制步骤是从"结果"开始将原因逐层分解的,具体步骤如下:

(1)明确质量问题的结果。该例分析的质量问题是"混凝土强度不足",作图时首先由左至右画出一条水平主干线,箭头指向一个矩形框,框内注明研究的问题,即结果。

(2)分析确定影响质量特性大的方面原因。一般来说,影响质量因素有人、机械、材料、方法、环境(简称 4M1E)等。另外还可以按产品的生产过程进行分析。

(3)将每种大原因进一步分解为中原因、小原因,直至能采取具体措施加以解决为止。

(4)检查图中的所列原因是否齐全,并对初步分析结果做必要的补充和修改。

(5)选择影响大的关键因素,做出标记△,以便重点采取措施。

图 4-19 是混凝土强度不足的因果分析图。

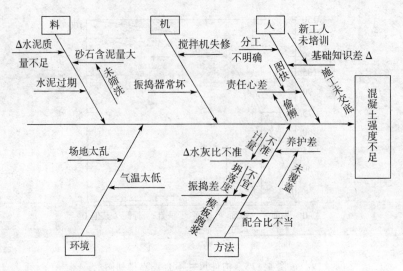

图 4-19　混凝土强度不足的因果分析图

2. 绘制和使用因果分析图时应注意的问题

(1)集思广益。绘制时要求绘制者熟悉专业施工方法技术,调查、了解施工现场实际条件和操作的具体情况。要以各种形式,广泛收集现场工人、班组长、质量检查员、工程技术人员的意见,集思广益,相互启发、相互补充,使因果分析更符合实际。

(2)制定对策。绘制因果分析图不是目的,而是要根据图中所反映的主要原因,制定改进的措施和对策,限期解决问题,保证产品质量。具体实施时,一般应编制一个对策计划表。

4.2.2.6　统计调查表法

统计调查表法是利用专门设计的统计调查表,进行数据收集、整理和分析质量状态的一种方法。

在质量管理活动中,利用统计调查表收集数据,简便灵活,便于整理。它没有固定的格式,一般可根据调查的项目,设计不同的格式。

4.2.2.7　分层法

分层法又叫分类法,是将调查搜集的原始数据,根据不同的目的和要求,按某一性质进行分组、整理的分析方法。

由于工程质量形成的因素多,因此,对工程质量状况的调查和质量问题的分析,必须分门别类地进行,以便准确有效地找出问题及其原因。

调查分析的层次划分

1. 按时间分:月、日、上午、下午、白天、晚间、季节;

2. 按地点分:地域、城市、乡村、楼层、外墙、内墙;

3. 按材料分:产地、厂商、规格、品种;

4. 按测定分:方法、仪器、测定人、取样方式;

5. 按作业分:工法、班组、工长、工人、分包商;

6. 按工种分:住宅、办公楼、道路、桥梁、隧道;

7. 按合同分:总承包、专业分包、劳务分包。

【例 4-4】　一个焊工班组有 A、B、C 三位工人实施焊接作业,共抽查 60 个焊接点,发现 18

点不合格,占 30 ％,根据表 4－8 提供的统计数据,分析影响焊接总体质量水平的问题是什么。

【解】　根据分层调查表可知,主要是作业工人 C 的焊接质量影响了总体的质量水平。

表 4－8　分层调查统计数据

作业工人	抽检点数	不合格点数	个体不合格率(％)	占不合格点总数百分率(％)
A	20	2	10	11
B	20	4	20	22
C	20	12	60	67
合计	60	18	—	100

4.2.3　工程施工质量分析

4.2.3.1　建筑工程质量问题的特点

建筑工程项目质量问题具有复杂性、严重性、可变性和多发性的特点。

1. 复杂性

建筑工程项目质量问题的复杂性主要表现在引发质量问题的因素多而复杂,从而增加了对质量问题的性质、危害的分析、判断和处理的复杂性。工程项目具有单件性的特点,产品固定生产;产品多样结构不一;露天作业自然条件复杂多变;材料品种、规格多材质性能各异;多工种、多专业交叉施工相互干扰大;工艺要求不同,施工方法各异等。因此,影响工程质量的因素繁多,造成质量事故的原因错综复杂,即使同一性质的质量问题原因有时截然不同。例如墙体开裂质量事故其产生的原因就可能是:设计计算有误;结构构造不良;地基不均匀沉降;或温度应力、地震力、膨胀力、冻胀力的作用;也可能是施工质量低劣、偷工减料或材质不良等等。因此,在处理质量问题时必须深入现场调查研究,针对质量问题的特征进行具体分析。

2. 严重性

建筑工程项目质量问题轻者影响施工顺利进行,拖延工期,增加费用;重者给工程留下隐患,影响安全使用或不能使用;更严重的引起建筑物倒塌造成人民生命和财产的巨大损失。例如 1995 年韩国汉城三峰百货大楼出现倒塌事故,死亡达 400 余人;我国四川綦江虹桥倒塌造成多人死亡。因此,对工程质量问题必须重视,务必及时妥善处理,不留后患。

3. 可变性

许多工程质量问题如果不及时处理,随着时间将不断发展变化。例如有些细微裂缝随着时间变化有可能发展成构件断裂或结构物倒塌等重大事故。因此,对质量问题必须及时采取有效措施,以免事故进一步恶化。

4. 多发性

有些质量问题经常发生成为质量通病。例如屋面、卫生间漏水,抹灰层开裂、脱落,地面起砂、空鼓,预制构件裂缝等。另有一些同类型的质量问题往往重复发生,例如雨篷的倾覆;悬挑梁、板的断裂;混凝土强度不足等。因此对工程项目常见的质量通病,应深入分析原因,总结经验,采取积极的预防措施,避免事故重演。

4.2.3.2　建筑工程出现质量问题的主要原因

1. 违背建设程序

不经可行性论证;没有搞清工程地质、水文地质;无证设计,无图施工;任意修改设计,不按图纸施工；工程竣工不进行试车运转、不经验收就交付使用等。

2. 工程地质勘察原因

未认真进行地质勘察，提供的地质资料、数据有误；地质勘察报告不详细、不准确等。

3. 未加固处理好地基

对软弱土、冲填土、杂填土等不均匀地基未进行加固处理或处理不当等。

4. 设计计算问题

设计考虑不周，结构构造不合理，计算简图不正确，荷载取值过小，内力分析有误，沉降缝及伸缩缝设置不当，悬挑结构未进行抗倾覆验算等。

5. 建筑材料及制品不合格

钢筋物理力学性能不符合标准；水泥受潮、过期、结块、安定性不良；砂石级配不合理、有害物含量过多，混凝土配合比不准，外加剂性能、掺量不符合要求；预制构件断面尺寸不准，支承锚固长度不足，未可靠建立预应力值，钢筋漏放、错位等。

6. 施工管理问题

不熟悉图纸，盲目施工；未经监理、设计部门同意，擅自修改设计；不按有关施工验收规范施工，不按有关操作规程施工；施工管理紊乱，施工方案考虑不周，施工顺序错误，技术组织措施不当，技术交底不清，违章作业；不重视质量检查和验收工作等。

7. 自然条件影响

温度、湿度、日照、雷电、供水、大风、暴雨等。

8. 建筑结构使用问题

不经校核、验算，就在原有建筑物上任意加层；使用荷载超过原设计的容许荷载；任意开槽、打洞、削弱承重结构的截面等，使用不当问题。

4.2.3.3　建筑安装工程质量的检验与评定

质量检验就是借助于某种手段和方法，测定产品的质量特性，然后把测得的结果规定与产品质量标准进行比较，从而对产品作出合格或不合格的判断，凡是合乎标准的称为合格品，检查以后予以通过；凡是不合标准的，检查后予以返修、加固或补强；合乎优良标准的，评为优良品。检验包括以下四项具体工作：度量，即借助于计量手段进行对比与测试；比较，即把度量结果同质量标准进行对比；判断，是根据比较的结果，判断产品是否符合规定的质量标准；处理，即决定被检查的对象是否可以验收，下一步工作是否可以进行，是否要采取补救措施。

中华人民共和国国家标准《建筑安装工程质量检验评定统一标准》(GBJ300—88)、《筑工程质量检验评定标准》(GBJ301—88)、《建筑采暖卫生与煤气工程质量检验评定标准》(GBJ362—88)、《建筑电气安装工程质量检验评定标准》(GBJ303—88)、《通风与空调工程质量检验评定标准》(GBJ304—88)、《电梯安装工程质量检验评定标准》(GBJ310—88)，共六项标准(以下简称标准)，由建设部于1988年11月5日以[88]建标字第335号文发布。

标准的主要内容分成两部分，一部分是检验标准，一部分是评定标准。

1. 分项工程的检验标准

分项工程是建筑安装工程的最基本组成部分，在质量检验中，它一般是按主要工程为标志划分。例如，土方工程，必须按楼层(段)划分分项工程；单层房屋工程中的主体分部工程，应按变形缝划分分项工程；其他分部工程的分项工程可按楼层(段)划分。每个分项工程的

检查标准一般都按三种项目作出了决定,这三种项目分别是保证项目、基本项目和容许偏差项目。现对这三种项目的意义分述如下:

(1)保证项目

保证项目是分项工程施工必须达到要求,是保证工程安全或使用功能的重要检验项目。检验标准条文中采用"必须"、"严禁"等词表示,以突出其重要性。这些项目是用来确定分工程性质的。如果提高要求,就等于提高性能等级,导致工程造价增加;如果降低要求,会严重影响工程的安全或使用功能,所以无论是合格工程还是优良工程均应同样遵守。保证项目的内容都涉及结构工程安全或重要使用性能,因此都应满足标准规定要求。例如砌砖工程,其砖的品种和标号、砂浆的品种和强度、砌体砂浆的饱满密实程度、外墙转角的留槎、临时间断处的留槎做法,都涉及砌体的强度和结构使用性能,都必须满足要求。

(2)基本项目

基本项目是保证工程安全或使用性能的基本要求,标准条文都采用"应"、"不应"的用词表示。其指标分为合格及优良两级,并尽可能给出了量的规定。基本项目与前述的保证项目相比,虽不像保证项目那样重要,但对使用安全、使用功能及美观都有较大影响,只是基本项目的要求有一定"弹性",即允许有优良、合格之分。基本项目的内容是工程质量或使用性能的基本要求,是划分分项工程合格、优良的条件之一。例如,砌砖工程中,砌砖体的错缝、砖砌体接槎、预埋拉结筋、留置构造柱、清水墙面等都作为基本项目做出了检验规定。

(3)容许偏差项目

容许偏差项目是分项工程检验项目中规定有容许偏差的项目,条文中也采用"应"、"不应"等词表示。在检验时,容许有少量检查点的测量结果略超过容许偏差值范围,并以其所占比例作为区分分项工程合格和优良等级的条件之一。对检查时所有抽查点均要满足规定要求值的项目不属此项目范围,它们已被列入保证项目或基本项目。容许偏差项目的内容反映了工程使用功能、观感质量,是由其测点合格率划分合格、优良等级的。例如,砌砖工程中砖砌体的尺寸,位置都按工程的部位分别做出了容许偏差的规定。

2. 分部工程的检验标准

(1)分部工程由若干个相关分项工程组成,是按建筑的主要部位划分的。

(2)建筑工程按部位分地基与基础工程、主体工程、地面与楼面工程、门窗工程、装饰工程、屋面工程、建筑设备安装工程、通风与空调工程、电梯安装工程。

(3)分部工程的检查是以其中所包含的分项工程的检查为基础的。按照规定,基础工程完成后,必须进行检查验收,方可进行主体工程施工;主体工程完成后,也必须经过检查验收,方可进行装修;一般工程在主体完成后,作一次性结构检查验收。有人防地下室的工程,可分两次进行结构检查验收(地下室一次,主体一次)。如需提前装修的工程,可分层进行检查验收。

3. 单位工程的检验标准

按"标准"规定,建筑工程和建筑设备安装工程共同组成一个单位工程;新(扩)建的居住小区和厂区室外给水、排水、采暖、通风、煤气等组成一个单位工程;室外的架空线路、电缆线路、路灯等建筑电气安装工程组成一个单位工程;道路、围墙等工程组成一个单位工程。

单位工程的各部分工程完工检查后,还要对观感质量进行检验(室外的单位工程不进行观感质量检验),对质量保证资料进行检查。

4. 质量检验方法

在"标准"的每个分项工程的检验项目之后，都作出了检验方法的具体规定。如 GB301—88 第 6.1.2 条规定对砖的品种、标号的检验方法为观察检查、检查出厂合格证或试验报告，第 6.1.8 条对预埋拉结筋的检验方法为观察或尺量检查，第 6.1.11 条规定轴线位置偏移的检验方法为用经纬仪或拉线和尺量检查等等。概括起来，"标准"中的质量检验方法可以归纳为 8 个字，即看、摸、敲、照、靠、吊、量、套。

(1)看的方法。看就根据"标准"的规定，进行外观目测，例如，外墙转角留槎、清水墙面刮缝深度及整洁，安装工程的接缝严密程度等。观察检验方法的使用需要有丰富的经验，经过反复实践才能掌握标准，统一口径，所以这种方法虽然简单，但是难度最大，应予充分重视，加强训练。

(2)摸的方法。摸就是手感检查，主要适用于装饰工程的某些检验项目、如壁纸的粘结检验，刷浆的沙眼检验，干粘石的粘结牢固程度检验等。

(3)敲的方法。敲就是运用工具敲击，进行声音鉴别检验的方法，主要用于对装饰工程中的粘结状况进行检验，如干粘石、水刷石、面砖、水磨石、大理石、抹灰面层和底层、水泥楼地面面层等，均通过敲击辨音检查其是否空鼓。

(4)照的方法。照的方法也是目测的方法，只是借助"照"进行光采。例如对于人眼高度以上的部位的产品上面(管道上半部等)、缝隙较小伸不进头的产品背面、下水道的底面、雨落管的后面等，均可采用镜子反射的方法检验，封闭后光线较暗的部分(如模板内清理情况)，可用灯光照射检验。

(5)靠的方法。靠的方法用来量平整度，检查平整度利用靠尺和塞尺进行，如对墙面、地面等要求平整的项目都利用这种方法检验。

(6)吊的方法。吊就是用线锤测量垂直度的方法。可在托线板上系以线锤吊线，紧贴墙面或在托线板上下两端粘以突出小块，以触点触及受检面进行检验。板上线锤的位置可压托线板的刻度，示出垂直度。

(7)量的方法。量即是用尺、磅、温度计、水准仪等工具进行检验的方法，这种方法用得最多，主要是检查容许偏差项目。如外墙砌砖上下窗口偏移用经纬仪或吊线检查，钢结构焊缝余高用"量规"检查，管道保温层厚度用钢针刺入保温层和尺量检查等。

(8)套的方法。套即是用方尺套，辅以塞尺检查，门窗口及构配件的对角线(窜角)检查，是套方检查的特殊手段。

5. 质量检验的数量

"标准"中对检验数量也进行了规定，检验工程质量时必须严格以规定的数量为检验数量的最少限量。检验数量有以下几种：

(1)全数检验。全数检验就是对一批待验产品的所有产品都要逐一进行检验。全数检验一般说来比较可靠，能提供更完整的检验数据，以便获得更充分可靠的质量信息。如果希望得到产品都是百分之百的合格产品，唯一的办法就是全检。但全检有工作量大、周期长、检验成本高等特点，更不适用于破坏性的检验项目。"标准"中规定进行全数检验的项目如室外和屋面的单位工程质量观感检查。

(2)抽样检验。抽样检验就是根据数理统计原理所预先制订的抽样方案，从交验的分项工程中，抽出部分项目样品进行检验，根据这部分样品的检验结果，照抽样方案的判断规则，判定整批产品(分项工程)的质量水平,从而得出该批产品(分项工程)是否合格或优良的结论。例如"标准"中砌砖工程,容许偏差项目规定的检查数量是:外墙,按楼层(或 4 m 高以内),每 20 m 抽查 1 处,每处 3 m,但不少于 3 处;内墙,按有代表性的自然间抽查 10 %,但不少于 3 间,每间不少于 2 处;柱不少于 5 根。这个"规定"是在数理统计原理试验、分析的基础上作出的。

抽样检验的主要优点是大大节约检验工作量和检验费用,缩短时间,尤其适用于破坏性试验。但这种检验有一定风险,即有错判率,不可能 100 %可靠。对于建筑安装工程来说,由于其体积庞大,构成复杂,分项工程多,检验项目数量大,也只有抽样检验才使检验工作有可能进行下去并保证它的及时性。

6. 质量等级的评定

(1)质量评定的程序,建筑安装工程的质量评定按照"标准"要求,要先评定分项工程,再评定分部工程,最后评定单位工程。

(2)质量评定的等级。建筑安装工程的分项工程、分部工程和单位工程的质量等级标准,均分为"合格"与"优良"两个等级。

(3)分项工程的等级评定标准。

合格:

① 保证项目必须符合相应质量检验评定标准的规定;

② 基本项目抽检的处(件)应符合相应质量检验评定标准的合格规定;

③ 容许偏差项目抽检的点数中,建筑工程有 70 %及其以上、建筑设备安装工程有 80 %及以上的实测值应在相应质量检验评定标准的容许偏差范围内。

优良:

① 保证项目必须符合相应质量检验评定标准的规定;

② 基本项目抽检处(件)应符合相应质量检验评定标准的合格规定,其中 50 %及其以上的处(件)符合优良规定,该项即为优良;优良项目应占检验项数 50 %及其以上;

③ 容许偏差项目抽检的点数中,有 90 %及其以上的实测值应在质量检验评定标准的容许偏差范围内。

(4)分部工程的等级评定标准。

①合格:所含分项工程的质量应全部合格;

②优良:所含分项工程的质量全部合格,其中有 50 %及其以上为优良(建筑设备安装工程中,必须含指定的主要分项工程)。

(5)单位工程的质量等级评定标准。

①合格

a. 所含分部工程的质量应全部合格;

b. 质量保证资料应基本齐全;

c. 观感质量的评定得分率应达到 70 %及其以上。

②优良

a. 所含分部工程的质量应全部合格,其中 50 %以及其以上优良,建筑工程必须含主体和装饰分部工程;以建筑设备安装工程为主的单位工程,其指定的分部工程必须优良(如锅炉房的建筑采暖卫生与煤气分部工程;变、配电室的建筑电气安装分部工程;空调机房和净化车间的通风与空调分部工程等）；

b. 质量保证资料基本齐全；

c. 观感质量的评定得分率应达到 85％以上。

（6）对不合格分项工程的处理标准

①返工重做的可重新评定质量等级；

②经加固补强或以法定检测单位鉴定能够达到设计要求的，其质量仅应评为合格；

③经法定检测单位鉴定达不到原设计要求，但经设计单位认可能够满足结构安全和使用功能要求可不加固补强的，或经加固补强改变外形尺寸或造成永久性缺陷的，其质量可定为合格。但所在分项工程不应评为优良。

4.2.3.4　工程验收

建设工程质量验收是对已完工的工程实体的外观质量及内在质量按规定程序检查后，确认其是否符合设计及各项验收标准的要求，可以交付使用的一个重要环节。正确地进行工程项目质量的检查验收，是保证工程质量的重要手段。

建设工程质量验收分为过程验收和竣工验收。质量验收有一定的基本内容及方法，并且要符合规定的要求。

1. 分部分项工程验收

分部分项工程验收是竣工验收的基础，其验收的依据有：

（1）施工合同以及施工合同规定使用的规程规范和质量标准；

（2）施工图纸和有关说明；

（3）设计变更文件和变更设计书；

（4）监理工程师的现场指示或指令；

（5）施工验收标准。

分部分项工程验收前，一般要求承包商进行自检，并提交下列资料：

（1）设计和完工图纸；

（2）设计变更说明和施工要求；

（3）施工原始记录；

（4）工程质量检查、试验、测量和观测等记录；

（5）特殊问题处理说明和有关技术会议纪要等。

分部分项工程验收合格，一般由监理工程师（代表）签发验收签证。

2. 隐蔽工程验收

隐蔽工程是指那些施工完毕后将被遮盖而无法或很难对它再进行检查的分部分项工程。一般主要是指基础开挖或地下建筑物开挖完毕后的工程、混凝土中的钢筋工程等。因此，必须在其被遮盖前进行严格验收，以防存在质量隐患。

承包商施工完毕并经严格自检后，应向监理工程师提交验收申请报告，并附有关图纸和技术资料，包括施工原始记录、地质资料等。监理工程师收到隐蔽工程验收申请后，应组织测量人员进行复测、勘察人员检查地质情况。然后由负责该项目的监理工程师（代表）主持并组织业主代表、设计、勘察、测量、试验和运行管理人员参加的检查验收。

在验收过程中，有关人员应认真填写隐蔽工程验收记录，监理工程师（代表）对此必须进行认真审核。如无异议即在隐蔽工程验收记录上签字认可；如有遗留问题，应要求承包商处理合格后方可进行后续项目的施工。隐蔽工程的验收比一般分部分项工程的验收更重要。

3. 竣工验收

竣工验收是施工全过程的最后一道程序,对整个工程而言,也是建设投资成果转入生产或使用的标志。

(1)竣工验收的准备:需完成收尾工程,竣工验收资料准备,进行竣工验收的预验收。

(2)竣工验收所要求的资料:①工程说明。包括:工程概况、竣工图、工程施工总结和工程完成情况等;②设计变更项目、内容及其原因(包括监理工程师发的变更通知和指令等有关技术资料);③竣工项目清单与遗留工程项目清单;④土建工程与安装工程质量检验与评价资料(包括监理工程师检查验收签证文件及相应的原始资料,以及质量事故及重大质量缺陷处理资料);⑤材料、设备、构件等的质量合格证明资料;⑥分部分项工程验收资料(包括监理工程师与业主的批准文件);⑦工程遗留问题与处理意见、对工程管理运用的意见;⑧埋设永久观测仪器的记录、性能和使用说明、建设期间的观测资料和记录;⑨隐蔽工程的验收记录。

(3)竣工验收的依据:施工招标文件和施工合同的所有规定;施工图纸、设计文件和说明,以及经监理工程师审批的设计修改、变更等文件;施工规程规范和质量标准;监理工程师指令、指示等正式监理文件;施工过程中有关质量保证文件和技术资料;工程设备的设计文件、技术说明等资料。

(4)竣工验收程序:通常分为三个阶段,即准备阶段、初步验收(预验收)和正式验收。对于小型工程也可分为两个阶段,即准备阶段和正式验收。竣工验收的程序如图 4 - 20 所示。

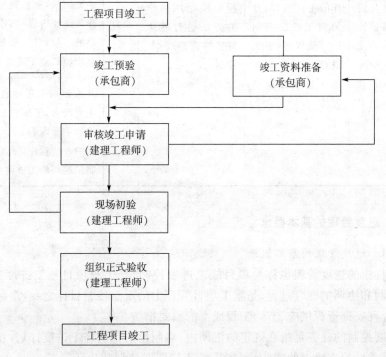

图 4 - 20　竣工验收程序

4. 工程质量不符合要求时处理办法

(1)经返工更换设备的工程,应该重新检查验收;

(2)经有资质的检测单位检测鉴定,能达到设计要求的工程,应予以验收;

(3)经返修或加固处理的工程,虽局部尺寸等不符合设计要求,但仍然能满足使用要求的可按技术处理方案和协商文件进行验收;

(4)经返修和加固后仍不能满足使用要求的工程严禁验收。

情境 4.3　施工进度管理

表 4-9　工作任务表

能力目标	主讲内容	学生完成任务	评价标准	
通过学习,使学生熟悉施工进度控制的一般程序,能运用科学的方法进行工程项目施工进度检查与进度计划的调整方法,从而保障在工程实施过程中正确运用科学管理方法,确保进度目标的实现	着重分析影响工程项目施工进度的主要因素,介绍施工进度管理工作的主要内容;介绍施工进度控制的一般程序,施工进度控制措施与施工进度控制方法	根据本项目的基本条件,在学习过程中能运用科学的方法进行施工进度检查、分析与控制	优秀	根据工程条件,能正确分析影响工程项目施工进度的主要因素;能运用网络计划技术等科学的方法进行工程项目施工进度检查与进度计划的调整
			良好	熟悉影响工程项目施工进度的主要因素,熟悉施工进度管理工作的主要内容;熟悉施工进度控制的一般程序,掌握施工进度控制措施与施工进度控制方法
			合格	熟悉影响工程项目施工进度的主要因素,了解施工进度管理工作的主要内容;了解施工进度控制的一般程序,熟悉施工进度控制措施与施工进度控制方法

4.3.1　进度管理的基本概念

4.3.1.1　进度管理的基本概念

施工过程中的进度管理也称为项目施工进度控制,是工程项目施工进度计划实施、监督、检查、控制和协调的综合过程,是施工项目管理中的重点控制目标之一,是保证施工项目按期完成、合理安排资源供应、节约工程成本的重要措施。

施工进度控制的任务是指在既定的工期内,编制出最优的施工进度计划,在计划实施的过程中,应经常性检查施工的实际情况,并将其与进度计划相比较。若出现偏差,便分析产生的原因和对工期的影响程度,制定出必要的调整措施,修改原计划,不断地如此循环,直至工程竣工。

施工进度控制的总目标是实现合同约定的工期目标,或者在保证施工质量和不增加实际成本的前提下,适当缩短施工工期。总目标要根据实际情况进行分解,形成一个能够有效地实施进度控制、相互联系相互制约的目标体系。一般来讲,应分解成各单项工程的交工分目标,各施工阶段的完工分目标,以及按年、季、月施工计划制订的时间分目标等。

4.3.1.2　影响施工进度的主要因素

工程项目施工过程中,影响施工进度的主要因素有如下几个方面:

1. 参建单位

首先,施工单位是对施工进度起着决定性影响的单位,施工单位的技术力量与管理水平对施工进度起着关键作用。当然,其他参建单位也可能会给施工的某些方面造成困难而影响进度。如设计单位的图纸质量、图纸供应进度、设计变更,监理单位的不恰当指示,建设单位的施工场地、资金、材料和设备不能按期供应、水电供应不完善等,都可能对施工进度产生不利影响。

2. 不利自然环境

在项目施工中,可能遇到工程地质条件、水文地质条件与勘查资料不符,如地下水、地下断层、溶洞等不利条件;地下文物的保护、处理;超过合同专用条款约定程度的气候的异常变化、洪水、地震、大风等不可抗力因素,都会给施工造成困难而影响工程进度。

3. 不利社会因素

相邻施工单位的施工干扰,节假日交通管制,工程所在地临时停水、停电;战争、骚乱、罢工、相关企业倒闭等不利社会因素都可能对施工进度产生不利影响。

4. 组织管理因素

主要指施工组织不合理、施工方案欠佳、计划不周、管理不完善、劳动力和机械设备调配不当、施工平面布置不合理、解决问题不及时等方面造成的对进度的影响。除此之外,还有向有关部门提出各种审批手续延误;合同签订不严密,条款遗漏或表达失当等因素。

4.3.2　施工进度控制的内容

施工过程中的进度控制主要分为事前控制、事中控制和事后控制三部分。

4.3.2.1　事前进度控制

事前进度控制是指项目正式施工前进行的进度控制,其具体内容有:

1. 编制施工阶段进度控制工作细则

(1)施工阶段进度目标分解图;

(2)施工阶段进度控制的主要工作内容和深度;

(3)人员的具体分工;

(4)与进度控制有关的各项工作的时间安排、总的工作流程;

(5)进度控制所采取的具体措施(包括检查日期、收集数据方式、进度报表形式、统计分析方法等);

(6)进度控制的方法;

(7)进度目标实现的风险分析;

(8)尚待解决的有关问题。

2. 审核单位工程施工进度计划

(1)进度安排是否满足合同规定的开竣工日期;

(2)施工顺序的安排是否符合逻辑,是否符合施工程序的要求;

(3)施工单位的劳动力、材料、机具设备供应计划能否保证进度计划的实现;

(4)进度安排的合理性,以防止施工单位利用进度计划的安排造成建设单位违约,并以此向建设单位提出索赔;

(5)该进度计划是否与其他施工进度计划协调;

(6)进度计划的安排是否满足连续性、均衡性的要求。

4.3.2.2　事中进度控制

事中进度控制是指项目施工过程中进行的进度控制,这是施工进度计划能否付诸实施实现的关键过程。进度控制人员一旦发现实际进度与目标偏离,必须及时采取措施以纠正这种偏差。事中进度控制的具体内容包括:

1. 建立现场办公室,保证施工进度的顺利实施;

2. 随时注意施工进度的关键控制点;

3. 及时检查和审核进度,进行统计分析资料和进度控制报表;

4. 做好工程施工进度,将计划与实际进行比较,从中发现是否出现进度偏差;

5. 分析进度偏差带来的影响并进行工程进度预测,提出可行的修改措施;

6. 重新调整进度计划并实施;

7. 组织定期和不定期的现场会议,及时分析,协调各生产单位的生产活动。

4.3.2.3　事后进度控制

事后进度控制是指完成整个施工任务后进行的进度控制工作,具体内容有:

1. 及时组织验收准备,迎接验收;

2. 准备及迎接工程索赔;

3. 整理工程进度资料;

4. 根据实际施工进度,及时修改和调整验收阶段进度计划,保证下阶段工作顺利实施。

4.3.3　施工进度控制的程序和原理

4.3.3.1　施工进度控制程序

施工进度控制以项目经理为责任主体,主要按下述程序开展工作:

1. 根据施工合同确定的开工日期、总工期和竣工日期确定施工进度目标,明确计划开工日期、计划总工期和计划竣工日期。

2. 编制施工进度计划,合理安排实现前述进度目标的工艺关系、组织关系、劳动力计划、材料计划、机械计划和其他保证性计划。

3. 向监理机构提出开工申请报告,按工程开工令指定的日期开工。

4. 按照施工进度计划安排组织工程施工,加强组织协调和进度检查,如出现偏差,要及时进行调整。

5. 项目竣工验收前抓紧收尾阶段进度控制。

6. 全部任务完成后进行进度控制总结,并写出进度控制报告。

4.3.3.2　施工进度控制原理

要完成施工项目的进度控制,必须认真分析主观与客观因素,加强目标管理,按照"事前计划,事中检查,事后分析"的顺序进行"三结合"的动态控制、系统控制和网络控制。

项目施工进度控制是一个不断进行的动态控制,也是一个循环进行的过程。它是从项目施工开始,实际进度就出现了运动的轨迹,也就是计划进入执行的动态。实际进度按照计划进度进行时,两者相吻合;当实际进度与计划不一致时就产生了超前或滞后的偏差。这就要分析偏差产生的原因,采取相应的措施,调整原来的计划,使二者在新的起点上重合,使实际工作按计划进行。但调整后的作业计划又会在新的因素干扰下产生新的偏差,又要进行新的调整。因而施工进度计划内的控制必须在动态控制原理下采用系统控制的方法。

1. 系统控制原理

项目施工进度控制是一个系统工程,必须采用系统工程的原理来加以控制。一般来说,施工进度控制系统由如下三个子系统组成:

(1)项目施工进度计划系统

为了对施工项目进行进度控制,必须编制施工项目的各种进度计划。其中最重要的是:施工项目总进度计划、单位工程进度计划、分部分项工程进度计划、季月旬时间进度计划等,这些计划组成了一个项目进度计划系统。计划编制时,从上到下,从总体计划到局部计划,计划的编制对象由大到小,内容从粗到细。

(2)项目施工进度实施系统

施工项目实施的全过程,各专业队伍都是按照计划规定的目标去努力完成一个个任务。施工项目经理和有关劳动调配、材料设备、采购运输等职能部门都按照施工进度规定的要求进行严格管理、落实和完成各自的任务。施工组织各级负责人,从项目经理、施工队长、班组长及其所属全体成员组成了施工项目实施的完整的组织系统。

(3)项目施工进度控制系统

为了保证项目施工进度的实施,还有一个施工进度的检查控制系统。从总公司、项目经理部一直到作业班级都设有专门职能部门或人员负责检查、统计、整理实际施工进度的资料,与计划进度比较分析并进行必要的调节。

2. 信息反馈原理

信息反馈是项目施工进度控制的主要环节。工程的实际进度通过信息反馈给基层项目施工进度控制的工作人员,在分工的职责范围内,经过对其加工,再将信息逐级向上反馈,直到控制主体,控制主体整理统计各方面的信息,经比较分析做出决策,调整进度计划,使其符合预定工期目标。若不应用信息反馈原理,则无法进行计划控制,因而项目施工进度控制的过程就是信息反馈的过程。

3. 弹性控制原理

施工项目的工期比较长,影响进度的因素也比较多。其中有些因素已被人们所掌握,有些并未被人们所全面掌握。根据对影响因素的把握、利用原有的统计资料和过去的施工经验,可以估计出各个方面对施工进度的影响程度和施工过程中可能出现的一些问题,并在确定进度目标时,进行目标实现的风险分析。因而在编制施工进度计划时就必须要留有余地,即施工进度计划要具有弹性。在进行项目施工进度控制时,便可利用这些弹性,缩短有关工作的时间,或者改变它们之间的搭接关系,使前面拖延的工期,通过缩短剩余计划工期的办法得以弥补,达到预期的计划目标。

4. 封闭循环控制原理

项目进度计划控制的全过程是计划、实施、检查、比较分析、确定调整措施、再计划。从编制项目施工进度计划开始,经过实施过程中的跟踪检查,收集有关实际进度的信息,比较和分析实际进度与施工计划进度之间的偏差,找出产生偏差的原因和解决的办法,确定调整措施,并修改原进度计划。从整个进度计划控制的全过程来看,形成了一个封闭的动态调整的循环。

5. 网络计划原理

网络计划技术原理是项目施工进度控制的计划管理和分析计算的理论基础。在施工项目的进度控制中,要利用网络计划技术原理编制进度计划。在计划执行过程中,又要根据收集的实际进度信息,比较和分析进度计划,利用网络计划的优化技术,进行工期优化、成本优化和资源优化,从而合理地制订和调整施工项目的进度计划。

4.3.4　项目施工进度控制

1. 施工进度控制措施

(1)组织措施

组织措施主要是指落实各层次进度控制人员的具体任务和工作职责。首先要建立进度控制组织体系;其次是建立健全进度计划制订、审核、执行、检查、协调过程的有关规章制度,建立施工进度报告制度,和各相关部门、相关工作人员的工作标准、工作制度和工作职责,做到有章可循、有法可依、制度明确;再次要根据施工项目的结构、进展的阶段和合同约定的条款进行项目分解,确定其进度目标,建立控制目标体系,并对影响进度的因素进行分析和预测。

(2)技术措施

技术措施有两个方面:一是要组织有丰富施工经验的工程师编制施工进度计划,同时监理单位要编制进度控制工作细则,采用流水施工原理,网络计划技术,结合电子计算机对建设项目进行动态控制;二是计划中要考虑到大量采用加快施工进度的技术方法。

(3)经济措施

经济措施主要是指实施进度计划的资金保障措施。在施工进度的实施过程中,要及时进行工程量核算,签署进度款的支付,工期提前要给予奖励,工期延误要认定原因和责任,承担工期违约责任(误期损失赔偿金);同时要做好工期索赔的认定与管理工作。

(4)合同措施

合同措施是指要严格履行项目的施工合同,并使与分包单位签订的施工合同的合同工期和进度计划与整个项目的进度计划相协调。

2. 项目施工进度计划的实施

项目施工进度计划的实施是落实施工项目计划、用项目施工进度计划指导施工活动并完成施工项目计划。为此,在实施前必须进行施工项目计划的审核和贯彻。

实施施工进度计划要做好三项工作,即编制月(旬)作业计划和施工任务书,做好记录掌握施工实际情况,即做好调度工作。现分述如下:

(1)编制月(旬)作业计划和施工任务书

施工组织设计中编制的施工进度计划,是按整个项目(或单位工程)编制的,带有一定的控制性,不能完全满足施工作业要求。实际作业是按月(旬)作业计划和施工任务书执行的,故应进行认真编制。

施工任务书是一份计划文件,也是一份核算文件和原始记录。它把作业计划下达到班组进行责任承包,并将计划执行与技术管理、质量管理、成本核算、原始记录、资源管理等融合为一体,是计划与实施的联接纽带。

月(旬)作业计划除依据施工进度计划编制外,还应依据现场情况及月(旬)的具体要求编制。月(旬)计划以贯彻施工进度计划,明确当期任务及满足作业要求为前提。

(2)做好记录掌握现场施工实际情况

在施工中,如实记载每项工作的开始日期、工作进程和结束日期,可为计划实施的检查、分析、调整、总结提供原始资料。要求跟踪记录、如实记录,并借助图表形成记录文件。

(3)做好调度工作

调度工作主要对进度控制起到协调作用,协调配合关系,排除施工中出现的各种矛盾,克服薄弱环节,实现动态平衡。调度工作的内容包括:检查作业计划执行中的问题,找出原因,并采取措施解决;督促供应单位按进度要求供应资源,控制施工现场临时设施的使用,按计划进行作业条件准备;传达决策人员的决策意图;发布调度令等。调度工作必须做到及时、灵活、准确、果断。

4.3.3.3 项目施工进度计划检查

在施工项目的实施过程中,进度控制人员必须对实际的工程进度进行经常性的检查,并收集项目施工进度的相关材料,进行统计整理和对比分析,确定实际进度与计划进度间的关系,以便适时调整计划,进行有效的进度控制。

1. 跟踪检查施工实际进度

检查的内容主要包括:

(1)检查期内实际完成的和累计完成的工作量;

(2)实际参加施工的人力、机械数量和生产效率;

(3)进度偏差情况。

2. 整理统计检查数据

收集到施工项目实际进度数据,要进行必要的整理、按计划控制的工作项目进行统计,形成与计划进度具有可比性的数据。一般可以按实物工程量、工作量和劳动消耗量以及累计百分比整理和统计实际检查的数据,以便与相应的计划完成量相对比。

3. 对比实际进度与计划进度

将收集到的资料整理和统计成具有与计划进度可比性的数据后,用施工项目实际进度与计划度的比较方法进行比较,通过比较得出实际进度与计划进度相一致、拖后、超前三种情况。

4. 项目施工进度结果的处理

项目施工进度检查的结果,按照检查报告制度的规定,形成进度控制报告向有关管理人员和部门汇报。进度报告是把检查比较的结果,是把有关施工进度的现状和发展趋势,提供给项目经理的书面形式的报告。

进度报告由计划负责人或进度管理人员与其他项目管理人员合作编写。报告时间一般与进度检查时间相协调,也可按月、旬、周等间隔时间进行编写上报。

通过检查应向企业提供月度施工进度报告的内容主要包括:项目实施概况、管理概况、进度概况的总说明;项目施工进度、形象进度及简要说明;施工图纸提供进度;材料、物资、构配件提供进度;劳务记录及预测;日历计划;对建设单位、业主和施工者的工程变更指令、价格调整、索赔及工程款收支情况;进度偏差和导致偏差的原因分析;解决问题的措施和计划调整意见等。

5. 施工实际进度与计划进度的比较

施工进度的检查与进度计划的实施是同时进行的。计划检查是计划执行信息的主要来源,是施工进度调整和分析的依据,是进度控制的关键步骤。

进度计划的检查方法主要是对比法,即实际进度与计划进度进行对比,从而发现偏差,以便调整或修改计划。最好是在图上对比,故计划图形的不同便产生了多种检查方法。

(1)用横道计划比较

在图 4 - 21 中,双线表示计划进度,在计划图上记录的单线表示实际进度,图中显示,由于工序 K 和 F 提前 0.5d 完成,使整个计划提前完成了 0.5d。

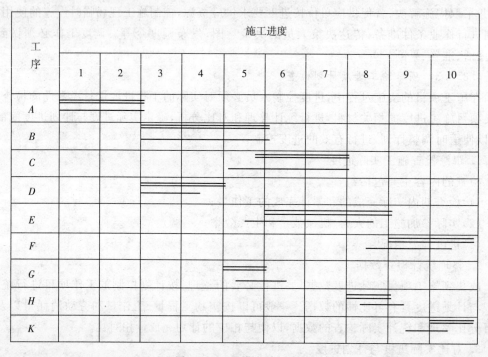

图 4 - 21　用横道计划比较

(2)用网络计划比较

①记录实际时间。例如某项工作计划为 8d,实际进度为 7d,如图 4 - 22 所示,将实际进度记录于括弧中,显示进度提前 1d。

②记录工作的开始日期和结束日期进行检查。如图 4 - 23 所示为某项工作计划为 8d,实际进度为 7d,如图中标法记录,亦表示实际进度提前 1d。

图 4 - 22　记录实际作业时间　　　　　图 4 - 23　记录工作实际开始与结束时间

③标注已完工作。可以在网络图上用特殊的符号、颜色记录其已完成部分，如图 4－24 所示，阴影部分为已完成部分。

1
2
3
4
5
6
7
8

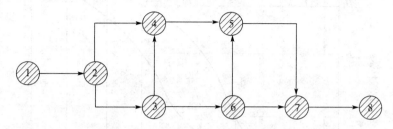

图 4－24　已完成工作记录

④当采用时标网络计划时，可利用“实际进度前锋线”记录实际进度与计划进度比较，如图 4－25 所示。图中的折线是实际进度的连线，记录日期右方的点，表示提前完成进度计划，在记录日期左方的点，表示进度拖期。进度前锋点的确定可采用比例法。这种方法形象、直观、便于采取措施。

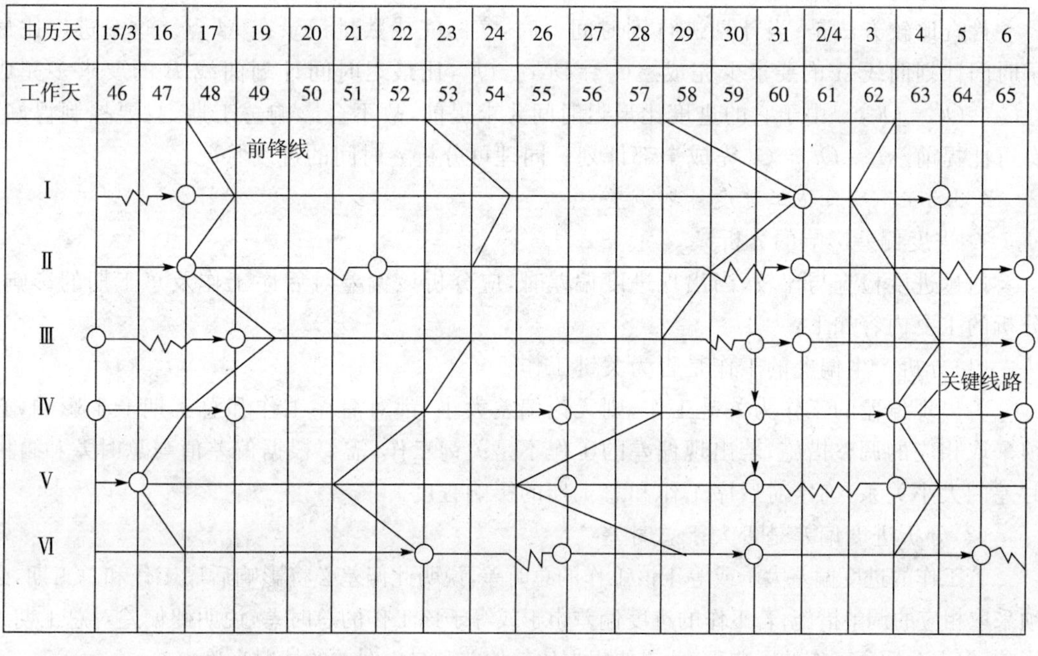

日历天 15/3 16 17 19 20 21 22 23 24 26 27 28 29 30 31 2/4 3 4 5 6
工作天 46 47 48 49 50 51 52 53 54 55 56 57 58 59 60 61 62 63 64 65
前锋线
Ⅰ
Ⅱ
Ⅲ
Ⅳ
Ⅴ
Ⅵ
关键线路

图 4－25　用实际进度前锋线比较

(3)利用“香蕉”曲线比较

图 4－26 是根据计划绘制的累计成数量与时间对应关系的轨迹。A 线是按最早时间绘制的曲线，B 线是按最迟时间绘制的计划曲线，P 线是实际进度记录线。由于一项工程开始、中间和结束时曲线的斜率不相同，总的呈“S”型，故称“S”型曲线，又由于 A 线与 B 线构成香蕉状，故有的称为“香蕉”曲线。

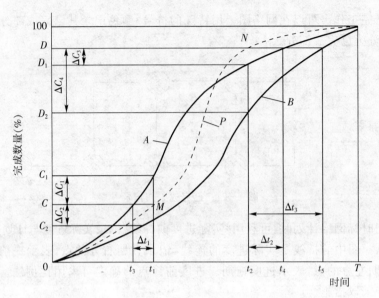

图 4-26 "香蕉"曲线比较

检查比较方法是：当计划进行到时间 t_1 时，实际完成数量记录在 M 点。这个进度比最早时间计划曲线 A 的要求少完成 $\triangle C_1 = OC_1 - OC$，比最迟时间计划曲线 B 的要求多完成 $\triangle C_2 = OC - OC_2$。由于它的进度比最迟时间要求提前，故不会影响总工期，只要控制得好，有可能提前 $\triangle t_1 = Ot_1 - Ot$ 完成全部计划。同理可分析 t_2 时间的进度状况。

4.3.3.4 项目施工进度计划调整

1. 进度偏差影响的分析

通过进度检查与比较，当出现进度偏差时，应分析该偏差对后序工作及总工期的影响。分析的主要内容如下：

（1）分析产生偏差的工作是否为关键工作

若出现偏差的工作为关键工作，则无论偏差大小，都对后序工作和总工期产生影响，必须采取相应的调整措施；若出现偏差的工作不是关键工作，需要根据偏差值与总时差和自由时差的大小关系，确定对后序工作和总工期的影响程度。

（2）分析进度偏差是否大于总时差

若工作的进度偏差大于或等于该工作的总时差，说明此偏差必将影响后序工作和总工期，必须采取相应的调整措施；若工作的进度偏差小于或等于该工作的总时差，说明此偏差对总工期无影响，但它对后序工作的影响程度，需要根据比较偏差和自由时差的情况来确定。

（3）分析进度偏差是否大于自由时差

若工作的进度偏差大于该工作的自由时差，说明此偏差对后序工作产生影响，应该如何调整，就根据后序工作影响的程度而定。若工作的进度偏差小于或等于该工作的自由时差，说明此偏差对后序工作无影响，因此原进度计划可以不做调整。

经过如此分析，进度控制人员可以确认应该调整产生进度偏差的工作和调整偏差值的大小，以便确定采取措施，获得新的符合计划进度目标的新计划。

2. 项目施工进度计划的调整方法

在对实施的原进度计划分析的基础上，应确定调整原计划的方法，一般有如下几种：

（1）改变某些工作间的逻辑关系

若检查的实际施工进度产生的偏差影响了总工期,在工作间的逻辑关系允许改变的条件下,可改变关键线路和超过计划工期的非关键线路上的有关工作的逻辑关系,达到缩短工期的目的。用这种方法调整的效益是很显著的,例如可以把依次进行的有关工作改成平行的或互相搭接的,以及分成几个施工段进行流水施工等,都可以达到缩短工期的目的。

（2）改变某些工作的持续时间

这种方法是不改变工作间的逻辑关系,而是缩短某些工作的持续时间,使施工进度加快,并保证实现计划工期的方法。这些被压缩持续时间的工作是位于由于实际施工进度的拖延而引起总工期增长的关键线路和某些非关键线路上的工作。同时这些工作又是可压缩持续时间的工作,这种方法实际上就是网络计划优化中的工期优化法。

（3）资源供应的调整

如果资源供应发生异常,应采取资源优化方法对计划进行调整,或采取应急措施使其对工期影响最小。

（4）工作起止时间的改变

起止时间的改变应在相应工作时差范围内进行。每次调整必须重新计算时间参数,观察该项调整对整个施工计划的影响。调整时可将工作在其最早开始时间与其最迟完成时间范围移动。

3. 利用网络计划调整进度

利用网络计划对进度进行调整,一种较为有效的方法是采用"工期－成本"优化。就是当进度拖期以后进行赶工时,要逐次缩短那些有压缩可能,且费用最低的关键工作。

现以图 4－27 进行说明。图 4－27 中,箭线上数字为缩短一天需增加的费用(元/d),箭线下括弧外数字为工作正常施工时间,箭线下括弧内数字为工作最短施工时间。

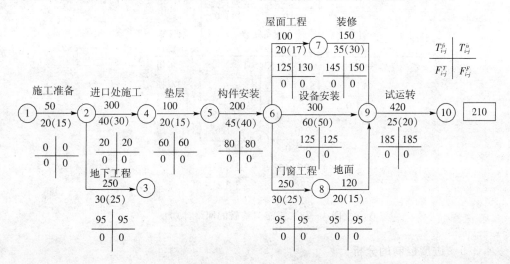

图 4－27　某单项工程网络进度计划

原计划工期是 210d,假设在第 95d 进行检查,工作④—⑤(垫层)前已全部完成,工作⑤—⑥(构件安装)刚开工,即拖后了 15d 开工。因为工作⑤—⑥是关键工作,它拖后 15d,将可能导致总工期延长 15d,于是便应当进行计划调整,使其按原计划完成。办法就是缩短

工作⑤—⑥以后的计划工作时间,根据上述调整原理,按以下步骤进行调整:

第一步:先压缩关键工作中费用增加率最小的工作,压缩量不能超过实际可能压缩值。从图 4-28 中可以看出,三个关键工作⑤—⑥、⑧—⑨和⑨—⑩中,赶工费最低的是 $a_5-6=200$(元),可压缩量 $=45-40=5$(d),因此先压缩工作⑤—⑥5d,需支出压缩费 $5×200=1000$(元)。至此,工期缩短了 5d,但⑤—⑥不能再压缩了。

第二步:删去已压缩的工作,按上述方法,压缩未经调整的各关键工作中费用增加率最小者。比较⑥—⑦和⑨—⑩两个关键工作,$a-9=300$ 元为最小,所以压缩⑧—⑨。但压缩⑥—⑨工作必须考虑与其平行进行的工作,它们最小时差为 5d,所以只能先压缩 5d,增加费用 $5×300=1500$(元),至此工期已压缩 10d,此时⑥—⑦与⑦—⑨也变成关键工作,如⑥—⑨再加压缩还需考虑⑥—⑦或⑦—⑨同步压缩,不然不能缩短工期。

第三步:⑥—⑦与⑥—⑨同步压缩,但压缩量是⑥—⑦小,只有 3d,故先各压缩 3d,增加费用 $3×100+3×300=1200$(元),至此,工期已压缩了 13d。

第四步:分析仍能压缩的关键工作,⑧—⑨与⑦—⑨同步压缩,每天费用增加 $a-8=300+150=450$(元),而⑨—⑩工作 $a-10=420$(元),因此,⑨—⑩工作较节省,压缩⑨—⑩ 2d,增加费用 $2×420=840$(元),至此,工期压缩 15d 已完成。总增加费用为 $1000+150+1200+840=4540$(元)。

压缩调整后的网络计划如图 4-28 所示。调整后工期仍是 210d,但各工作的开工时间和部分工作作业时间有变动。劳动力、物资、机械计划及平面布置按调整后的进度计划作相应的调整。

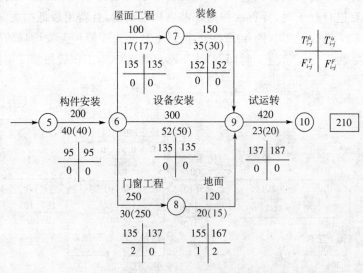

图 4-28 压缩调整后的网络计划

4.3.5 进度控制的分析

进度控制的分析比其他阶段更为重要,因为它对实现管理循环和信息反馈起重要作用。进度控制分析是对进度控制进行评价的前提,是提高控制水平的阶梯。

1. 进度控制分析的内容

进度控制分析阶段的主要工作内容是:各项目标的完成情况分析,进度控制中的问题及原因分析;进度控制中经验的分析,提高进度控制工作水平的措施。

2. 目标完成情况分析

(1)时间目标完成情况分析使用下列指标:

$$合同工期节约值=合同工期-实际工期$$

$$指令工期节约值=指令工期-实际工期$$

$$定额工期节约值=定额工期-实际工期$$

$$计划工期提前率=\frac{计划工期-实际工期}{计划工期}\times100\%$$

$$缩短工期的经济效益=缩短一天产生的经济效益\times缩短工期天数$$

还要分析缩短工期的原因,大致有以下几种:计划积极可靠、执行认真、控制得力、协调及时有效、劳动效率高。

(2)资源情况分析使用下列指标:

$$单方用工=总用工效/建筑面积$$

$$劳动力不均衡系数=最高日用工数/平均日用工数$$

$$节约工日数=计划用工工日-实际用工工日$$

$$主要材料节约量=计划材料用量-实际材料用量$$

$$主要机械台班节约量=计划主要机械台班数-实际主要机械台班数$$

$$主要大型机械节约率=\frac{各种大型机械计划费之和-实际费之和}{各种大型机械计划费之和}\times100\%$$

资源节约的原因大致有以下几种:资源优化效果好、按计划保证供应、认真制定并实施了节约措施、协调及时得力、劳动力及机械的效率高。

(3)成本目标分析

成本分析的主要指标如下:

$$降低成本额=计划成本-实际成本$$

$$降低成本率=\frac{降低成本额}{计划成本额}\times100\%$$

节约成本的原因主要是:计划积极可靠、成本优化效果好、认真制定并执行了节约成本措施、工期缩短、成本核算及成本分析工作效果好。

3. 进度控制中的问题分析

这里所指的问题是某些进度控制目标没有实现,或在计划执行中存在的缺陷。进度控制中大致有以下一些问题:工期拖后、资源浪费、成本浪费、计划变化太大等。控制中出现上述问题的原因大致是:计划本身的原因、资源供应和使用中的原因、协调方面的原因、环境方面的原因等。在总结分析时可以定量计算(指标与前项分析相同),也可以定性地分析,对产生问题的原因也要从编制和执行计划中去找,遗留的问题应反馈到下一循环解决。

4. 进度控制中经验总结

总结出来的经验是指对成绩及其取得的原因进行分析以后,归纳出来的可以为以后进度控制用的本质的、规律性的东西。分析进度控制的经验可以从以下几方面进行:

(1)怎样编制计划,编制什么样的计划才能取得更大效益,包括准备、绘图、计算等。

（2）怎样优化计划才更有实际意义，包括优化目标的确定、优化方法的选择、优化计算、优化结果的评审、电子计算机应用等。

（3）怎样实施、调整与控制计划，包括组织保证、宣传、培训、建立责任制、信息反馈、调度、统计、记录、检查、调整、修改、成本控制方法、资源节约措施等。

（4）进度控制工作的创新。总结出来的经验应有应用价值，通过企业和有关领导部门的审查与批准，形成规程、标准及制度，作为指导以后工作的参照执行文件。

情境 4.4　施工成本管理

表 4－10　工作任务表

能力目标	主讲内容	学生完成任务	评价标准	
通过本单元的训练，使学生掌握施工项目成本预测的依据和程序，施工项目成本控制的过程和内容及手段，会进行施工项目成本预测与计划的编制及方法选择、施工项目成本管理考核，能完成施工项目成本计划的编制，完成施工项目成本的控制任务	着重分析影响工程项目施工成本的主要因素，介绍施工成本控制的依据、程序、内容和手段；介绍施工成本计划的编制方法	根据本项目的基本条件，在学习过程中能编制成本计划，进行施工过程中的成本控制	优秀	会进行施工项目成本预测与计划的编制及方法选择、施工项目成本管理考核，能完成施工项目成本计划的编制，完成施工项目成本的控制任务
			良好	掌握施工项目成本预测的依据和程序，施工项目成本控制的过程和内容及手段，掌握施工项目成本计划的编制方法，能完成施工项目成本计划的编制
			合格	掌握施工项目成本预测的依据和程序，施工项目成本控制的过程和内容及手段，掌握施工项目成本计划的编制方法

4.4.1　施工成本管理的基本概念

4.4.1.1　施工项目成本的构成

1. 施工项目的成本按造价构成分为直接成本和间接成本。

（1）直接成本

直接成本是指直接耗用于并能直接计入工程对象的费用，包括：人工费、材料费、机械使用费、其他直接费。

（2）间接成本

间接成本是指非直接用于也无法计入工程对象，但为进行工程施工所必须发生的费用，通常是按照直接成本的比例来计算。包括：管理人员薪金、劳动保护费、职工福利费、办公费、差旅费、交通费、固定资产使用费、工具用具使用费、保险费、工程保修费、工程排污费、工会经费、教育经费、业务活动经费、税金、劳保统筹费、利息支出、其他财务费用等。

2. 按计算范围的大小可分为

(1)全部工程成本

全部工程成本,亦称总成本,指建设项目进行各种建筑安装工程施工所发生的全部施工费用。

(2)单项工程成本

(3)单位工程成本

(4)分部工程成本

建设项目成本分类还有许多方法,可根据用途与需要不同划分。

4.4.1.2　施工项目成本的特点

1. 事前计划性

从工程项目投标报价开始到工程项目竣工结算前,对于工程项目的承包商而言,各阶段的成本数据都是事前的计划成本,包括投标书的预算成本、合同预算成本、设计预算成本、组织对项目经理的责任目标成本、项目经理部的施工预算及计划成本等等,无一不是事前成本。

2. 投入复杂性

工程项目最终作为建筑产品的完全成本和承包商在实施工程项目期间投入的完全成本,其内涵是不一样的。作为工程项目管理责任范围的项目成本,显然要根据项目管理的具体要求来界定。

3. 核算困难大

由于成本的发生或费用的支出与已完成的工程任务量,在时间和范围上不一定一致,这就对实际成本的统计归集造成很大的困难,影响核算结果的数据可比性和真实性,以致失去对成本管理的指导作用。

4. 信息不对称

建设工程项目的实施通常采用总分包的模式,总包方对于分包方的实际成本往往很难把握,这对总包方的事前成本计划带来一定的困难。

4.4.1.3　成本管理

1. 成本管理的概念

施工成本管理就是要在确保安全、保证质量和工期满足要求的情况下,利用组织措施、经济措施、技术措施、合同措施把施工成本控制在计划范围内,并进一步寻求最大限度的成本节约。

2. 成本管理的任务

施工项目成本管理的任务包括施工项目成本预测与决策、成本计划的编制和实施、成本核算和成本分析等主要环节,其中成本计划的实施为关键环节。因此,进行施工项目成本控制,必须具体研究每个环节的有效工作方式和关键控制措施,从而取得施工项目整体的成本控制效果。

3. 做好施工项目成本控制的基础工作

在加强建设项目成本管理的同时,必须把基础工作搞好,它是搞好建设项目成本管理的前提。

(1)必须加强工程项目成本观念

要搞好工程项目成本控制,必须首先对企业的项目经理部人员加强成本管理教育并采取措施。只有在工程项目中培养强烈的成本意识,让参与项目管理与实施的每个人员都意识到加强项目成本控制对建设项目的经济效益及个人收入所产生的重大影响,各项成本管理工作才能在建设项目管理中得到贯彻和实施。

(2)加强定额和预算管理

为了进行工程项目成本管理,必须具有完善的定额资料,搞好施工预算和施工图预算。除了国家统一的建筑、安装工程基础定额以及市场的劳务、材料价格信息外,企业还应有施工定额。施工定额既是编制单位工程预算及成本计划的依据,又是衡量人工、材料、机械消耗的标准。要对建设项目成本进行控制,分析成本节约或超支的原因,不能离开施工定额。按照国家统一的定额和取费标准编制的施工图预算也是成本计划和控制的基础资料,可以通过"两算对比"确定成本降低水平。实践证明,加强定额和预算管理,不断完善企业内部定额资料,对节约材料消耗、提高劳动生产率、降低建设项目成本,都有着十分重要的意义。

(3)建立和健全原始记录与统计工作

原始记录是生产经营活动的第一次直接记载,是反映生产经营活动的原始资料,是编制成本计划、制订各项定额的主要依据,也是统计的成本管理的基础。施工企业在施工中对人工、材料、机械台班消耗、费用开支等,都必须做好及时的、完整的、准确的原始记录。原始记录应符合成本管理要求,记录格式内容和计算方法要统一,填写、签署、报送、传送、保管和存档等制度要健全并有专人负责管理要求,对项目经理部有关人员要进行训练,以掌握原始记录的填制、统计、分析和计算方法,做到及时准确地反映施工活动情况。原始记录还应有利于开展班组织经济核算,力求简便易行讲求实效,并根据实际使用情况,随时补充和修改,以充分发挥原始凭证的作用。

(4)建立和健全各项责任制度

对工程项目成本进行全过程的成本管理,不仅需要有周密的成本计划和目标,更重要的是为实现这种计划和目标的控制方法和项目施工中有关的各项责任制度。有关建设项目成本管理的各项责任制度包括有计量验收制度,考勤、考核制度,原始记录和统计制度,成本核算部分以及完善的成本目标责任制体系。

4.4.2 施工项目成本管理的程序和主要工作

1. 施工项目成本管理的程序

施工项目成本管理的程序是从成本估算开始,经编制成本计划,采取降低成本的措施,进行成本控制,直到成本核算与分析为止的一系列管理工作步骤,如图 4-29 所示。

2. 成本管理过程中的主要工作

施工项目成本管理的过程包括施工项目成本预测与决策、成本计划的编制和实施、成本核算和成本分析等主要环节,其中成本计划的实施为关键环节。因此,进行施工项目成本控制,必须具体研究每个环节的有效工作方式和关键控制措施,从而取得施工项目整体的成本控制效果。

(1)成本预测

施工项目成本预测是其成本管理的首要环节之一,也是成本管理的关键。成本预测的目的是预见成本的发展趋势,为成本管理决策和编制成本计划提供依据。

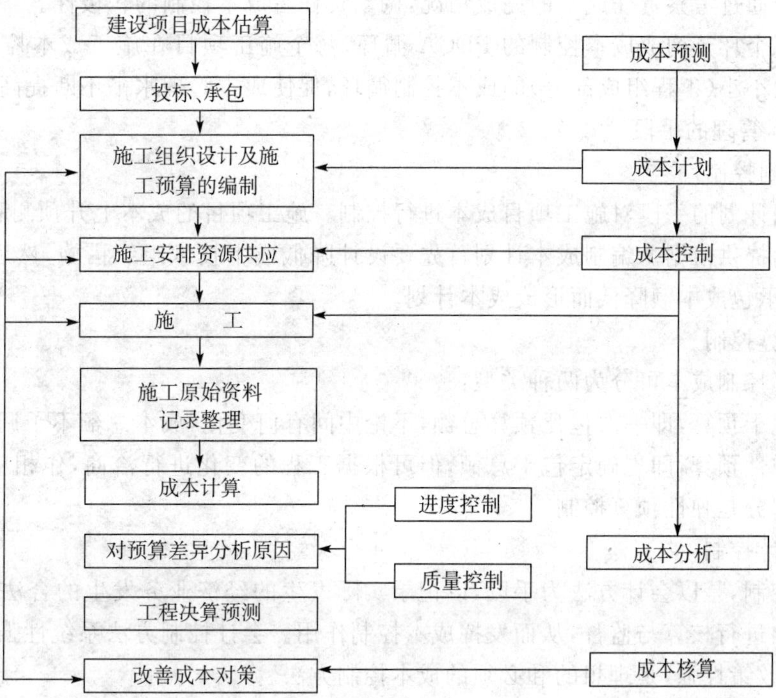

图 4 - 29　成本管理的一般程序

（2）施工项目成本的决策

施工项目成本决策是根据成本预测情况,经过认真分析作出决定,确定成本管理目标。成本决策是先提出几个成本目标方案,然后再从中选择理想的成本目标作出决定。

（3）施工项目成本计划的编制

成本计划是实现成本目标的具体安排,是成本管理工作的行动纲领,是根据成本预测、决策结果,并考虑企业经营需要和经营水平编制的,它也是事先成本控制的环节之一。成本控制必须以成本计划作标准。

（4）成本计划的实施

即是根据成本计划所作的具体安排,对施工项目的各项费用实施有效制,不断收集实施信息,并与计划比较,发现偏差,分析原因,采取措施纠正偏差,从而实现成本目标。

（5）成本的核算

施工项目成本核算是对施工中各项费用支出和成本的形成进行核算,项目经理部应作为企业的成本中心,大力加强施工项目成本核算,为成本控制各项环节提供必要的资料。成本核算应贯穿于成本控制的全过程。

（6）施工项目的成本检查

成本检查是根据核算资料及成本计划实施情况,检查成本计划完成情况,以评价成本控制水平,并为企业调整与修正成本计划提供依据。

（7）成本分析与考核

施工项目成本分析分为中间成本分析和竣工成本分析,是为了对成本计划的执行情况和成本状况进行的分析,也是总结经验教训的重要方法和信息积累的关键步骤。成本考核的目的在于通过考察责任成本的完成情况,调动责任者成本控制的积极性。

以上 7 个环节构成成本控制的 PDCA 循环,每个施工项目在施工成本控制中,不断地进行着大大小小(工程组成部分)的成本控制循环,促使成本管理水平不断提高。

3. 成本管理的手段

(1)计划控制

即是用计划的手段对施工项目成本进行控制。施工项目的成本上升预测和决策为成本计划的编制提供依据。编制成本计划首先要设计降低成本技术组织措施,然后编制降低成本计划,将承包成本额降低而形成成本计划。

(2)预算控制

用预算控制成本可分为两种类型:

一是包干预算,即一次包死预算总额,不论中间有何变化,成本总额不予调整。

二是弹性预算,即先确定包干总额,但可根据工程的变化进行洽商,作相应的变动。我国目前大部分是弹性预算控制。

(3)会计控制

会计控制,是以会计方法为手段,以记录实际发生的经济业务发生的合法凭证为依据,对成本支出进行核算与监督,从而发挥成本控制作用。会计控制方法系统性强、严格、具体、计算准确、政策性强,是理想的和必须的成本控制方法。

(4)制度控制

制度是对例行性活动应遵循的方法、程序、要求及标准所作的规定。成本的制度控制就是通过制度成本管理制度,对成本控制作出具体规定,作为行动准则,约束管理人员和工人,达到控制成本的目的。如成本管理责任制度、技术组织措施制度、成本管理制度、劳动工资管理制度、固定资产管理制度等,都与成本控制关系非常密切。

在施工项目管理中,上述手段是同时综合使用,不应该孤立地使用某一种成本控制手段。

4.4.3　成本管理实施

4.4.3.1　进行施工项目成本的预测

施工项目的预测是施工项目成本的事前控制,是施工项目成本形成之前的控制,它的任务是通过成本预测估计出施工项目的成本目标,并通过成本计划的编制作出成本控制的安排。因此施工项目成本的事前控制的目的是提出一个可行的成本控制实施纲领和作业设计。

1. 施工项目成本控制目标的依据

(1)施工项目成本目标预测的首要依据是施工企业的利润目标对企业降低工程成本的要求。企业要依据经营决策提出利润目标后,便对企业降低成本提出总目标。每个施工项目的降低成本率水平应等于或高于企业的总降低成本率水平,以保证降低成本总目标的实现,在此基础上才能确定施工项目的降低成本目标和成本目标。

(2)施工项目的合同价格。施工项目的合同价格是其销售价格,是所能取得的收入总额。施工项目的成本目标就是合同价格与利润目标是企业分配到该项目的降低成本要求。

根据目标成本降低额,求出目标成本降低率,再与企业的目标成本降低率进行比较。如果前者等于或大于后者,则目标成本降低额可行,否则,应予调整。

(3)施工项目成本估算(概算或预算)是根据市场价格或定额价格(计划价格)对成本发生的社会水平作估计,它即是合同价格的基础,又是成本决策的依据,是量入为出的标准。

(4)施工企业同类施工项目的降低水平。这个水平代表了企业的成本控制水平,是该施工项目可能达到的成本水平,可与成本控制目标进行比较,从而作出成本目标决策。

2. 施工项目成本预测的程序

(1)进行施工项目成本估算,确定可以得到补偿的社会平均水平的成本,目前,主要是要根据概算定额或预算定额进行计算,市场经济则要求企业根据实物估计法进行科学的计算。

(2)根据合同承包价格计算施工项目和承包成本,并与估算成本进行比较。一般承包成本应低于估算成本。如高于估算成本,应对工程索赔和降低成本作出可行性分析。

(3)根据企业利润目标提出的施工项目降低成本要求,企业同类工程的降低成本水平以及合同承包成本,作出降低成本决策,计算出降低成本率,对降低成本率水平进行评估,在评估的基础上作出决策。

(4)根据企业降低成本率决策计算出降低成本额和决策施工项目成本额,在此基础上定出项目经理部责任成本额。

3. 成本预测方法

成本预测方法可分为两大类:定性预测方法和定量预测方法。

(1)成本的定性预测

指成本管理人员根据专业知识实践经验,通过调查研究,利用已有材料,对成本的发展趋势及可能达到的水平所作的分析和推断。

由于定性预测主要依靠管理人员的素质和判断力,因而这种方法必须建立在对项目成本耗费的历史资料、现状及影响因素深刻了解的基础之上。这种方法简便易行,在资料不多、难以进行定量预测时最为适用。

定性预测方法有许多种,最常用的是调查研究判断法,即依靠专家预测未来成本的方法,所以也称为专家预测法。其具体方式有:座谈会法和函询调查法。

①座谈会法

指以会诊形式集中各方面专家面对面地进行讨论,各自提出自己的看法和意见,最后综合分析,得出预测结论。这种方法的优点是能经过充分讨论,所测数值比较准确;缺点是可能出现会议准备不周、走过场、或者屈从于领导的意见。

②函询调查法

也称为德尔菲法。该法是采用函询调查的方式,向有关专家提出所要预测的问题,请他们在互不商量的情况下,背对背地各自做出书面答复,然后将收集的意见进行综合、整理和归类,并匿名反馈给各个专家,再次征求意见。如此经过多次反复之后,就能对所需预测的问题取得较为一致的意见,从而得出预测结果。为了体现各种预测结果的权威程度,可以针对不同专家预测的结果,分别给予重要性权数,再将他们对各种情况的评估作加权平均计算,从而得到期望平均值,做出较为可靠的判断。这种方法的优点是能最大限度地利用各个专家的能力,相互不受影响,意见易于集中,且真实;缺点是受专家的业务水平、工作经验和成本信息的限制,有一定的局限性。

（2）成本的定量预测

定量预测是利用历史成本统计资料以及成本与影响因素之间的数量关系，通过数学模型来推测、计算未来成本的可能结果。在成本预测中，常用的定量预测方法有高低点法、加权平均法、回归分析法、量本利分析法。这里仅就回归分析法进行介绍。回归分析法根据变量之间的相互依存关系来预测成本的变化趋势。这种方法计算的数值准确，但计算过程相对繁琐些。

回归分析有一元线性回归、多元线性回归和非线性回归等。在这里，我们简单介绍一元线性回归在成本预测中的应用。

根据成本和产量之间的依存关系，以产量为自变量，以 X 表示；以成本为因变量，以 Y 表示，则有：

$$Y=a+bX$$

式中，a——固定成本；

b——单位变动成本。

在此公式的应用中，a、b 的计算是关键，通常是应用最小二乘法原理进行计算 a、b 的计算公式如下：

$$b=\frac{n\sum xy-\sum x\cdot\sum y}{n\sum x^2-(\sum x)^2}=\frac{\sum xy-n\bar{x}\bar{y}}{\sum x^2-n\bar{x}^2}$$

$$a=\frac{\sum y-b\sum x}{n}=\bar{y}-b\bar{x}$$

利用一元线性回归这一数学模型，可以对建设项目进行成本预测。预测，常常利用预算成本和实际成本的相互依存关系，建立的线性模型 $Y=a+bX$（X 代表实际预算成本，Y 代表实际成本）中，根据此公式进行预测计算。

4.4.3.2　编制施工项目成本计划

成本计划是在多种成本预测的基础上，经过分析、比较、论证、判断之后，以货币形式预先规定计划期内生产的耗费和成本所要达到的水平，并且确定各个项目比上期预计要达到的降低额和降低率，提出保证成本费用计划事实所需要的主要措施方案。它是进行成本控制的主要依据。

施工项目成本计划应当由项目经理部进行编制，从而规划出实现项目经理成本承包目标的实施方案。施工项目成本计划的关键内容是降低成本措施的合理设计。

1. 施工项目成本计划的编制步骤

（1）项目经理部按项目经理的成本承包目标确定施工项目的成本控制目标和降低成本控制目标，后两者之和低于前者。

（2）按分部分项工程对施工项目的成本控制目标和降低成本目标进行分解，确定各分部分项工程的成本目标。

（3）按分部分项工程的目标成本实行施工项目内部成本承包，确定各承包队的成本承包责任。

（4）由项目经理部组织各承包队确定降低成本技术组织措施并计算其降低成本效果，编制降低成本计划，与项目经理降低成本目标进行对比。经过反复对比对降低成本措施进行修改,从而最终确定降低计划。

(5)编制降低成本技术组织措施计划表,降低计划表和施工项目成本计划表。

2. 施工项目成本计划的编制方法

项目成本计划的编制,是建立在成本预测和一定资料的基础上,具体编制需采用一定的方法。

(1)在成本计划降低指标试算平衡的基础上编制

成本计划的试算平衡,是编制成本计划的一项重要步骤。试算平衡是指在正式编制成本之前,根据已有的资料,测算影响成本的各项因素,寻求切实可行的节约措施,提出符合成本降低目标的成本计划指标,以保证降低成本。

(2)弹性预算

这里所说的预算,就是通过有关数据集中而系统地反映出来的企业经营预测、决策所确定的具体目标。预算的种类很多,按静动区分,可分为固定预算和可变预算。固定预算又称静态预算,是根据预算期间内计划预定的一种活动水平(如施工产量水平)确定相应数据的预算水平。

如果按照预算期内可预见的多种生产经营活动水平,分别确定相应的数据,使编制的预算随着生产经营活动水平的变动而变动,这种预算就是可变预算,即弹性预算。因此,弹性预算是为一定活动范围而不是为了单一水平编制的。它比固定预算更便于落实任务、区分责任,并使预算执行情况的评价和考核建立在更加客观可比的基础上。

弹性预算主要适用于成本预算及一些间接费用、期间费用等的预算。

(3)零基预算

编制预算的传统方法,是以原有的费用水平为基础进行尺量分析。其基本程序是:以本期费用预算的执行情况为基础,按预算期内有关业务量预期的增减变化,对现有费用水平作适当调整,以确定预算期的预算数。在指导思想上,是以承认现实的基本合理性作为出发点。而零基预算则不同,是一种全新的预算控制法。它的全称叫做"以零为基础的编制计划和预算方法"。零基预算的基本原理是:对于任何一个预算期,任何一种费用项目的开支数,不是从原有的基础出发,即根本不考虑基期的费用开支水平,而是像企业新创立时那样,一切以"零"为起点,从根本上来考虑各个费用项目的必要性及其规模。

零基预算的优点是:不受条条框框限制,不受现行财务预算情况的约束,能够充分发挥各级管理人员的积极和创造性,促进各级财务部门精打细算,量力而行,合理使用资金,提高经济效益。但编制预算的工作量较大。

(4)滚动预算

通常的财务预算,都是以固定的一个时期(如一年)为预算期的。由于实际经济情况是不断变化的,预算人员难以准确地对未来较远时期进行推测,所以这种预算往往不能适应实际情况的各种变化。另外,在预算执行了一个阶段以后,往往会使管理人员只考虑剩下的一段时间,而缺乏长远打算。为了弥补这些缺陷,一些国家推广使用了滚动预算法编制预算。

滚动预算,也叫连续预算或永续预算。它是根据每一段预算执行情况相应调整下一阶段预算值,并同时将预算期向后移动一个时间阶段。这样使预算不断向前滚动,延伸,于是经常保持一定的预算期。

这种方法的优点是,在预算中可使管理者能够对未来一定时期生产经营活动经常保持一个稳定的视野,便于对不同时期的预算做出分析和比较,也使工作主动,不至于在原预算将全部执行结束时,再组织编制新的预算。

3. 降低施工项目成本的技术组织措施设计

(1)降低成本的措施要从技术方面和组织方面进行全面设计,技术措施要从施工作业所涉及的生产要素方面进行设计,以降低生产消耗为宗旨。组织措施要从经营管理方面,尤其是从施工管理方面进行筹划,以降低固定成本、消灭非生产性损失、提高生产效率和组织管理效果为宗旨。

(2)从费用构成的要素方面考虑,首先应降低材料费用,材料费用占工程成本的大部分,降低成本的潜力最大,而降低材料费用首先应抓住关键性的主要材料,因为它们的品种少,而所占费用比重大,故不但容易抓住重点,而且易见成效。降低材料费用最有效的措施是改善设计或采用代用材料,它比改进施工工艺更有效,潜力更大。而在降低材料成本措施的设计中,ABC 分类法和价值分析法是有效的科学手段。

(3)降低机械使用费的主要途径是设计提高机械利用率和机械效率,以充分发挥机械生产能力的措施。因此,科学的机械使用计划和完好的机械状态是必须重视的。随着施工机械化程度的不断提高,降低机械使用费的潜力越来越大,必须做好施工机械使用的技术经济分析。

(4)降低人工费用的根本途径是提高劳动生产率。提高劳动生产率必须通过提高生产工人的劳动积极性实现。提高工人劳动积极性则与适当的分配制度、激励办法、责任制及思想工作有关。要正确应用行为科学和理论,进行有效的"激励"。

(5)降低成本计划的编制必须以施工组织设计为基础

在施工组织设计的施工方案中,必须有降低成本措施。施工进度计划所设计的工期,必须与成本优化相结合。施工总平面图无论对施工准备费用支出和施工的经济性都有重大影响。因此,施工项目管理规划既要作出技术和组织设计,也要作出成本设计。只有在施工项目管理规划基础上编制的成本计划,才是有可靠基础的、可操作的成本计划,也是考虑缜密的成本计划。

4.4.3.3　施工项目成本计划的实施

1. 成本计划实施应注意主要环节

(1)加强施工任务单和限额领料单的管理,落实执行降低成本的各项措施,做好施工任务单的验收和限额领料单的结算。

(2)将施工任务单和限额料单的结算资料进行对比,计算分部分项工程的成本差异,分析差异原因,并采取有效的纠偏措施。

(3)做好月度成本原始资料的收集和整理,正确计算月度成本,分析月度计划成本和实际差异,充分注意不利差异,认真分析有利差异的原因,特别重视盈亏比例异常现象的原因分析,并采取措施尽快消除异常现象。

(4)在月度成本核算的基础上实行责任成本核算。即利用原始的会计核算的资料,重新按责任部门或责任者归集成本费用,每月结算一次,并与责任成本进行对比,由责任者自行分析成本差异和产生的原因,自行采取纠正措施,为全面实现责任成本创造条件。

(5)经常检查承包合同履行情况,防止发生经济损失。

(6)加强施工项目成本计划执行情况的检查与协调。

（7）在竣工验收阶段搞好扫尾工作，缩短扫尾时间。认真清理费用，为结算创造条件，搞好结算。在保修期间搞好费用控制和核算。

2. 质量成本控制

质量成本是指为达到和保证规定的质量水平所消耗费用的那些费用，其中包括预防和鉴定成本（或投资）、损失成本（或故障成本）。

预防成本是致力于预防故障的费用；鉴定成本是为了确定保持规定质量所进行的试验、检验和验证所支出的费用；内部故障成本是由于交货前因产品或服务没有满足质量要求而造成的费用；外部故障成本是交货后因产品或服务没有满足质量要求而造成的费用。

质量成本控制应抓成本核算，计算各科目的实际发生额，然后进行分析（见表 4 - 11），根据分析找出的关键因素采取有效措施以控制。

表 4 - 11　质量成本分析表

质量成本项目		金额（元）	质量本率（%）		对比分析
			占本项	占总额	
预防成本	质量管理工作费	1380	10.43	0.95	预算成本 4417500 元
	质量情报费	854	6.41	0.58	实际成本 3896765 元
	质量培训费	1875	14.08	1.28	降低成本 520.735 元
	质量技术宣传费	—	—	—	成本降低率 6.50 %
	质量管理活动费	9198	69.08	6.28	$\dfrac{质量成本}{实际成本}=\dfrac{146482}{3896765}=3.76\%$
	小计	13316	100.00	9.08	
鉴定成本	材料检验费	1154	12.81	0.79	$\dfrac{质量成本}{预算成本}=\dfrac{146482}{4147500}=3.53\%$
	工序质量检查费	7851	87.19	5.36	
	小计	9005	100.00	6.15	$\dfrac{预防成本}{预算成本}=\dfrac{13315}{4147500}=0.32\%$
内部故障成本	返工损失	53823	49.80	36.74	
	返修损失	27999	25.91	19.1	$\dfrac{鉴别成本}{预算成本}=\dfrac{9005}{4147500}=0.22\%$
	事故分析处理费	1956	1.81	1.34	
	停工损失	2488	2.30	1.70	$\dfrac{内部故障成本}{预算成本}=\dfrac{108079}{4147500}=2.61\%$
	质量过剩支出	21813	20.18	14.89	
	技术超前支出费	—	—	—	$\dfrac{外部故障成本}{预算成本}=\dfrac{16082}{4147500}=0.39\%$
	小计	108079	10.00	73.76	
外部故障成本	回访修理费	4431	27.57	3.03	
	劣质材料额外支出	11648	72.43	7.95	
	小计	16082	100.00	10.98	
质量成本支出额		146482	100.00	100.00	

3. 施工项目成本计划执行情况检查与协调

项目经理部应定期检查成本计划的执行情况,检查后要及时分析,采取措施,控制成本支出,保证成本计划实现。

(1)项目经理部应根据承包成本和计划成本,绘制月度成本折线图。在成本计划实施过程中,按月在同一图上打点,形成实际成本折线,如图 4 - 30 所示。该图不但可以看出成本发展动态,还可以分析成本偏差。成本偏差有三种:

$$实际偏差＝实际成本－承包成本$$
$$计划偏差＝承包成本－计划成本$$
$$目标偏差＝实际成本－计划成本$$

应尽量减少目标偏差,目标偏差越小,说明控制效果越好,目标偏差为计划偏差与实际偏差之和。

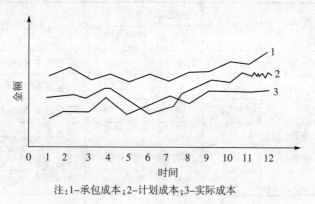

注:1-承包成本;2-计划成本;3-实际成本

图 4 - 30　成本控制折线图

(2)根据成本偏差,用因果分析图分析产生的原因,然后设计纠偏措施,制定对策,协调成本计划。对策要列成对策表,落实执行责任。最后应对责任的执行情况进行考核。

4.4.3.4　施工项目成本控制

1. 明确成本控制程序

(1)制订成本控制标准

成本控制标准是对各费用开支和各种资源消耗所规定的数量界限。成本控制标准有多种形式,主要有目标成本、成本计划指标、费用预算、消耗定额等。

(2)实施成本控制

即依据成本控制标准对成本的形成过程进行具体监督,并通过成本的信息反馈系统及时揭示成本差异,实行成本过程控制。

(3)确定差异

通过对实际成本和成本标准比较,计算成本差异数额,分析成本脱离标准的程度和性质,确定造成成本差异的原因和责任归属。

(4)消除差异

组织群众挖掘潜力,提出降低成本的新措施或修订成本建议,并对成本差异的责任部门进行相应的考核和奖惩,采取措施改进工作,达到降低成本的目的。

2. 标准成本控制

指预先确定标准成本,在实际成本发生后,以实际成本与标准成本相比,用来揭示成本差异,并对成本差异进行因素分析,据以加强成本控制的方法。其中标准成本是经过仔细调查、分析和技术测定而制订的在正常生产经营条件下用以衡量和控制实际成本的一种预计成本。通常按零件、部件、生产阶段,分别对直接材料、直接人工、制造费用等进行测定。

(1)标准成本的制订

制订标准成本的基本形式均是以"价格"标准乘以"数量"标准,即:

$$标准成本=价格标准×数量标准$$

①直接材料的标准成本。价格标准是指事先确定的购买材料应支付的标准价格,数量标准是指在现有生产技术条件下生产单位产品需用的材料数量,公认为:

$$直接材料标准成本=直接材料标准价格×单位产品用量标准$$

②直接人工的标准成本。价格标准是工资率标准,在计件工资下,是单位产品支付直接人工工资;在计时工资制下,是单位工作时间标准应分配的工资。其计算公式为:

$$计时工资标准=\frac{预计支付直接人工工资总额}{标准总工时}$$

数量标准是指在现有生产技术条件下生产单位产品需用的工作时间。

$$直接人工标准=成本工资率标准×单位产品工时标准$$

③制造费用的标准成本。价格标准是指制造费用分配标准,制造费用分配率是根据制造费用预算确定的固定费用和变动费用分别除以生产量标准的结果。其计算公式为:

$$每工时标准变动费用分配率=\frac{固定费用预算合计}{标准总工时}$$

$$每工时标准固定费用分配率=\frac{固定费用预算合计}{标准总工时}$$

数量标准是指生产单位产品需用直接人工小时(或机器小时)。

$$变动费用标准=成本变动费用分配率×工时定额$$

$$固定费用标准=成本固定费用分配率×工时定额$$

根据上述计算的各个标准成本项目加以汇总,构成产品的标准成本。

(2)成本差异的计算分析

成本差异就是实际成本与标准成本的差额。实际成本大于标准成本为逆差,实际成本小于标准成本为顺差。通过对成本差异的计算分析,可以揭示每种差异对生产成本影响程度的具体原因及其责任归属。

①直接材料成本差异的计算分析。其计算公式为:

$$直接材料成本差异=实际价格×实际数量-标准价格×标准数量$$

其中

$$标准数量=实际产量×单位产品的用量标准$$

直接材料成本差异包括直接材料价格差异和直接材料数量差异两部分。计算公式为:

$$材料价格差异=(实际价格-标准价格)×实际耗用数量$$

$$材料数量差异=标准价格×(实际耗用数量-标准耗用数量)$$

在计算材料成本差异的基础上,进行成本差异的分析。以材料成本顺差或逆差为线索,按照产生的价差和量差,找出其具体原因,明确其责任归属。一般情况下,材料价格差异应由采购部门负责,有时则应由其他部门负责。比如由于生产上的临时需要进行紧急采购时,运输方式改变引起的价格差异,就应由生产部门负责。另外,材料数量差异一般应由生产部门负责,但也有例外。比如,由于采购部门购入劣质材料引起超量用料,就应由采购部门负责。

②直接人工成本差异的计算分析。其计算公式如下:

直接人工成本差异=实际工资价格×实际工时-标准工资价格×标准工时

其中

标准工时=实际产量×单位产品工时耗用标准

直接人工成本差异包括直接人工工资价格差异和直接人工效率差异两部分。计算公式为:

人工工资价格差异=(实际工资价格-标准工资价格)×实际工时

工时人工效率差异=标准工资价格×(实际工时-标准工时)

对直接人工成本差异进行分析,工资价格差异是由于生产人员安排是否合理而形成的,故其责任应由劳动人事部门或生产部门负责。人工效率差异,或者是由于生产部门人员安排恰当与否引起的,由生产部门负责,或者是由于生产工艺流程的变化情况引起的,由技术部门负责。

③变动制造费用差异的计算分析。其计算公式如下:

变动制造费用差异=实际分配率×实际工时-标准分配率×标准工时

标准工时计算同前。

变动制造费用差异包括变动制造费用开支差异和效率差异两部分。计算公式为:

变动制造费用开支差异=(实际分配率-标准分配率)×实际工时

变动制造费用效率差异=标准分配率×(实际工时-标准工时)

④固定制造费用差异的计算分析。其计算公式如下:

固定制造费用差异=实际分配率×实际工时-标准分配率×标准工时

=实际固定制造费用-标准固定制造费用

标准工时的计算同前。

固定制造费用差异包括固定制造费用开支差异和能量差异两部分。计算公式为:

固定制造费用开支差异=实际分配率×实际工时-标准分配率×预算工时

=实际固定制造费用-标准固定制造费用

固定制造费用能量差异=标准分配率×(预算工时-标准工时)

=预算固定费用-标准固定费用

预算工时=计划产量×单位产品标准工时

3. 成本归口分级管理

为了有效地进行成本控制,项目要建立成本控制体系,实行成本归口分级管理。

成本归口管理是指各职能部门对成本的管理,按照各职能部门在成本管理方面的职责,把成本指标和降低成本目标分解下达给有关职能部门进行控制,负责完成,实行责任权利相结合的一种管理形式。在公司总部统一领导、统一计划下,由财务部门负责把成本指标和降低成本目标按主管的职能部门进行分解下达。如原材料成本指标(或物资实物量指标)由物资供应部门归口控制;工资成本指标由劳动部门归口控制;改进产品设计和生产工艺的降低成本任务由技术部门负责实现;管理费用指标由行政部门归口控制等等。

　　成本分级管理,是按照各施工生产单位成本管理的职责,把成本指标和降低成本目标分解下达给工程队、班组进行控制,负责完成,实行责权相结合的一种管理形式。在我国,一般实行公司总部、工程处(工区)、施工队、班组四级成本管理。它一般采用逐级分解成本和降低成本目标的办法。公司总部的成本管理在公司总经理或总会计师领导下,由会计部门负责进行,并下达各工程处(工区)成本指标,计算实际成本,检查和分析指标情况。工程处(工区)根据总部下达的成本指标,分解下达给各施工队,各施工队再下达给班组,组织班组进行成本管理。班组是成本管理的最基层单位,直接费用的发生大多数是在班组中发生的,所以这一级成本的节约和浪费,直接影响成本高低,所以要加强班组成本控制。

4.4.3.5　进行施工项目成本核算

　　施工项目成本核算是指项目建设过程中所发生的各种费用和形成建设项目成本的核算。它包括两个基本环节:一是按照规定的成本开支范围对建设费用进行归集,计算出建设费用的实际发生额;二是根据成本核算对象,采取适应的方法,计算出该建设项目的总成本和单位成本。建设项目成本核算所提供的各种信息,是成本预算、成本计划、成本控制、成本分析和成本考核等各个环节的依据。因此,加强建设项目成本核算工作,对降低建设项目成本,提高企业的经济效益有积极的作用。

　　成本核算,是审核、汇总、核算一定时期内生产费用发生额和计算产品成本工作的总称。正确进行成本核算,是加强成本管理的前提,核算得不准确、不及时,就无从实现成本的合理补偿,无从及时分析成本升降的原因,不利于及时采取措施,降低成本,提高经济效益。

　　1. 成本核算对象的划分

　　成本核算对象必须根据具体情况和施工管理的要求,具体进行划分。具体的划分方法为:

　　(1)工业和民用建筑一般应以单位工程作为成本核算对象。

　　(2)一个单位工程,如果有两个或两个以上施工单位共同施工时,各个施工单位都以同一单位工程为成本核算对象,各自核算自行完成的部分。

　　(3)对于工程规模、工期长,或者采用新材料、新工艺的工程,可以根据需要,按工程部位划分成本核算对象。

　　(4)在同一个工程项目中,如果若干个单位工程结构类型、施工地点相同,开竣工时间接近,可以合并成一个成本核算对象;建筑群中如有创全优的工程,则应以全优工程为成本核算对象,并严格划清工料费用。

　　(5)改建或扩建的零星工程,可以将开竣工时间接近的一批单位工程合并为一个成本核算对象。

　　2. 施工项目的"成本项目"

　　根据建设部"建筑安装费用项目组成"和新财务制度的规定,将施工项目的"成本项目"列成表 4 - 12。

表 4-12　施工项目费用构成

工程费用组成	施工企业财务制度	异同
侧重造价构成 一、直接工程费 1. 直接费 (1)人工费 (2)材料费 (3)机械使用费 2. 其他直接费 3. 现场经费 (1)临时设施费 (2)现场管理费	侧重成本、费用支出和营业收入 一、直接成本 1. 人工费 2. 材料费 3. 机械使用费 4. 其他直接费(含临时设施) 二、间接成本 施工间接费	1. 工程项目成本包括直接成本和间接成本,有关管理费用、财务费用子目; 2. 临时设施"制度"划入其他直接费,"组成"划入现场经费,总之都构成项目成本; 3. 有些费用名称叫法不一,如企业管理费和管理费用; 4. 间接费和间接成本系两个不同概念
二、间接费 1. 企业管理费 2. 财务费用 3. 其他费用(代收代付) (1)定额编制管理费 (2)定额测定费 (3)上级管理费 三、计划利润(差别利润率) 四、税金(营业税、城市维护建设税、教育费附加)按税法规定	项目成本(即制造成本) 三、期间费用 1. 管理费用 2. 财务费用 四、计划利润(属营业收入组成部分) 五、税金及附加 六、投资收益 七、营业收入 八、营业外支出	
计费基数		
1. 土建工程费用计算基数 (1)其他直接费、现场经费以直接费为基数计算 (2)间接费以直接工程费为基数计算	其中单独承包装饰工程其他直接费现场经费、间接费均以人工费为基数计算	安装工程:其他直接费、现场经费、间接费均以人工费为基数计算
2. 计划利润计算基数 以直接工程费与间接费之和为基数计算	以人工费为基数	以人工费为基数

3. 施工项目成本核算要求

(1)执行国家有关成本开支范围和费用开支标准,控制费用开支,节约使用人力、物力和财力。

(2)正确及时记录施工项目的各项开支和实际成本。

(3)划清成本、费用支出和非成本、费用的界限。

(4)正确划分各种成本、费用的界限。

(5)加强在本核算的基础工作,包括:建立各种财产、物资的收发、领退、转移、报废、清点、盘点、索赔制度,健全原始记录和工程量统计制度,建立各种内部消耗定额及内部指导和工程量统计制度,建立各种内部消耗定额及内部指导价格,完善计量、检测、检验设施等。

(6)有账有据。资料要真实、可靠、准确、完整、及时、审核无误、手续齐全、建立台账。

(7)要求具备成本核算内部条件(两层分开、内部市场等)和外部条件(定价方式、承包方式、价格状况、经济法规等)。

4.4.3.6　进行工程项目成本分析与考核

1. 工程项目成本分析的内容

工程项目成本分析,是对工程项目成本的形成过程和影响成本升降的因素进行分析,以寻求进一步降低成本的途径。通过成本分析可增强项目成本的透明度和可控性,为加强成本控制,实现项目成本目标创造条件。工程项目成本进行分析的内容包括以下三个方面:

(1)随着项目施工的进展而进行的成本分析

①部分项目工程的成本分析;

②月(季)度成本分析;

③年度成本分析;

④竣工成本分析。

(2)按成本项目进行的成本分析

①人工费分析;

②材料费分析;

③机械费分析;

④其他直接费用分析;

⑤间接成本分析。

(3)针对特定问题和与成本有关事项的分析

①成本赢利异常分析;

②工期成本分析;

③资金成本分析;

④技术组织措施节约效果分析;

⑤其他有利因素和不利因素对成本影响的分析。

建设项目成本分析,应该随着项目施工的进展,动态地、多形式开展,而且要与生产诸要素的经营管理相结合。这是因为成本分析必须为生产经营服务,即通过成本分析,及时发现矛盾,及时解决矛盾,从而改善生产经营,同时又可降低成本。

2. 选择项目成本分析方法

成本分析的方法很多,随着科学技术经济的发展,在工程成本分析中,将出现越来越多的新的分析方法。由于建设项目成本涉及的范围很广,需要分析的内容也很多,应该在不同的情况下采取不同的分析方法。为了便于联系实际参考应用,我们按成本分析的基本方法、综合成本的分析方法、成本项目的分析方法和与成本有关事项的基本分析方法叙述如下。

(1)比较分析法

又称"指标对比分析法",简称比较法。就是通过技术经济指标的对比,检查计划的完成情况,分析产生差异的原因,进而挖掘内部潜力的方法。这种方法,具有通俗易懂、简单易行,便于掌握的特点,因而得到了广泛的应用。在实际工作中,比较分析法通常有下列形式:

①实际成本与计划成本比较。将实际成本与计划成本比较,检查计划的完成情况,分析

完成计划的积极因素和影响计划完成的原因，以便及时采取措施，保证成本目标的实现。比较时，计算出实际成本与计划成本的差异，如果是正数差异，说明成本计划完成；反之，负差说明成本超支，成本比例没有完成。

②本期实际成本与上期实际成本的比较。通过这种对比，可以看出各项技术经济指标的动态情况，反映建设项目管理工作水平的提高程度。在一般情况下，一个技术经济指标只能代表建设项目管理的一个侧面，只有成本指标才是管理水平的综合反映。因此，成本指标的对比分析尤为重要，一定要真实可靠，而且要有深度。

③与本行业平均水平、先进水平对比。通过这种对比，可以反映本项目的技术管理和经济管理与其他项目的平均水平和先进水平的差距，进而采取措施赶超先进水平。

(2)因素分析法

因素分析法又称连环替代法，它是用来确定影响成本计划完成情况的因素及其影响程度的分析方法。影响成本计划完成的因素是各种各样的，成本计划的完成与否，往往是受多种因素综合影响的结果。为了分析各个因素对成本的影响程度，就需要应用因素分析法来测定每一个因素的影响数值。测定时，要把其中一个因素当作可变因素，其他因素暂时不作变化。必须注意，各个因素应根据其相互内在联系和所起的作用的主次关系，确定其排列顺序。各因素的排列顺序一旦确定，不能任意改变，否则将会得出不同的计算结果，影响分析、评价的质量。

因素分析法的计算程序是：

①确定分析对象，即将分析的各项成本指标，计算出实际数与计划数的差异，作为分析对象。

②确定该成本指标，是由哪几个因素组成的，并按照各个因素之间相互联系，排列顺序。

③以计划(预算)数为基础，将全部因素的计划(预算)数相乘，作替代的基础。

④将各因素的实际数逐个替换其计划(预算)数，替换后的实际数应保留下来；每次替换后，都要计算出新的结果。

⑤将每次替换所得的结果，与前一次计算的结果比较，二者差额，就是某一因素对计划完成情况的影响程度。

现以材料成本分析的方法为例来说明。影响材料成本的升降因素主要有：

①工程量的变动，即工程量比计划增加，材料消耗总值也会相应地增加；反之，工程量比计划减少，材料消耗总值也会随之减少。

②单位材料消耗定额的变动，即单位产品的实际用料低于定额用料，材料成本可以降低；反之，实际用料高于定额用料，材料成本就会发生超支。

③材料单价的变动。即材料实际单价小于计划单价，材料成本可以降低；反之实际单价大于计划单价，材料成本就会发生超支。

现将上述三个因素按工程量、单位材料消耗量、材料单价的排列顺序，列式如下：

①计划数：　　　　计划工程量×单位材料消耗定额×计划单价
②第一次替代：　　实际工程量×单位材料消耗定额×计划单价
③第二次替代：　　实际工程量×单位实际用料量×计划单价
④第三次替代：　　实际工程量×单位实际用料量×实际单价

②式与①式计算结果的差额，是由于工程量变动的结果。

③式与②式计算结果的差额,是由于材料消耗定额变动的结果。

④式与③式计算结果的差额,是由于材料单价变动的结果。

【例 4 - 5】 某工程材料成本资料如表 4 - 13 所示。用因素分析法分析各种因素的影响,见表 4 - 14。分析的顺序是:先绝对量指标,后相对量指标;先实物量指标,后货币量指标。

表 4 - 13　材料成本情况表

项目	单位	计划	实际	差异	差异率(%)
工程量	m³	100	110	+10	+10.0
单位材料耗量	kg	320	310	-10	-3.1
材料单价	元/kg	40	42	+2.0	+5.0
材料成本	元	1280000	1432200	+152200	+12.0

表 4 - 14　材料成本影响因素分析法

计算顺序	替换因素	影响成本的变动因素			成本(元)	与前一次之差(元)	差异原因
		工程量(m³)	单位材料耗量	单价(元)			
①替换基数		100	320	40.0	1280000		
②一次替换	工程量	110	320	40.0	1408000	128000	工程量增加
③二次替换	单耗量	110	310	40.0	1364000	-44000	单位耗量节约
④三次替换	单价	110	310	42.0	1432200	68200	单价提高
合计						152200	

(3)差额分析法

差额分析法是因素分析法的简化形式。运用差额分析法的原则与运用因素分析法的原则基本相同,但其计算方式有所不同。差额分析法是利用指标的各个因素的实际数与计划数的差额,按照一定的顺序,直接计算出各个因素变动时对计划指标完成的影响程度的一种方法。

这是因素分析法的一种简化形式,仍按上例计算:

由于工程量增加使成本增加:

$$(110-100) \times 320 \times 40 = 128000(元)$$

由于单位耗量节约使成本降低

$$(310-320) \times 110 \times 40 = -44000(元)$$

由于单价提高使成本增加:

$$(42-40) \times 110 \times 310 = 68200(元)$$

（4）比率分析法

比率分析法，是指用两个以上的指标的比例进行分析的方法。它的基本特点是：先把对比分析的数值变成相对数，再观察其相互之间的关系，常用的比率法有以下几种：

①相关比率

由于项目经济活动的各个方面是互相联系，互相依存，又互相影响的，因而将两个性质不同而又相同的指标加以对比，求出比率，并以此来考查经营成果的好坏。例如：产值和工资是两个不同的概念，但它们的关系又是投入与生产的关系。在一般情况下，都希望以最少的人工费支出完成最大的产值。因此，用产值工资率指标考核人工费的支出水平，就很能说明问题。

②构成比率

又称比重分析法或结构对比分析法。通过构成比率，可以考察成本总量的构成情况以及各成本项目占成本总量的比重，同时也看出量、本、利的比例关系（即预算成本、实际成本和降低成本的比例关系），从而为寻求低成本的途径指明方向。

③动态比率

动态比率法，就是将同类指标不同时期的数值进行比较，求出比率，以分析该项目指标的发展方向和发展速度。动态比率的计算，通常采用基期指数（或稳定比指数）和环比指数两种方法。

3. 综合成本的分析方法

所谓综合成本，是指涉及多种生产要素，并受多种因素影响的成本费用，如分部分项工程成本、月（季）成本、年度成本等。由于这些成本都是随着项目施工的进展逐步形成的，与生产经营有着密切的关系，因此，做好上述成本的分析工作，无疑将促进项目的生产经营管理，提高项目的经营效益。

（1）分部分项工程成本分析

分部分项工程成本分析是建设项目成本分析的基础。分部分项工程成本分析的对象为已完成的分部分项工程。分析的方法是：进行预算成本、计划成本和实际成本的"三算"对比，分别计算实际偏差，分析偏差产生的原因，为今后的分部分项工程成本寻求节约的途径。

分部分项工程成本分析的资料来源是：预算成本来自施工图预算，计划成本来自施工预算，实际成本来自在施工任务单的实际工作量、实耗人工和限额领料单的实耗材料。

由于施工项目包括很多部分项工程，不可能也没有必要对每一个分部分项工程都进行成本分析，特别是一些工程量小、成本费用微不足道的零星工程。但是，对于那些主要分部分项工程则必须进行成本分析，而且要做到从开工到竣工进行系统的成本分析。这是一项很有意义的工作，因为通过主要分部分项工程成本的系统分析，可以基本上了解项目成本形成的全过程，为竣工成本分析和今后项目成本管理提供一份宝贵的参考资料。

（2）月（季）度成本分析

月（季）度的成本分析，是建设项目定期的、经常性的中间成本分析。对于有一次性特点的建设项目来说，有着特别重要的意义。因为，通过月（季）度成本分析，可以及时发现问题，以便按照成本目标指示的方向进行监督和控制，保证项目成本目标的实现。

月（季）度成本分析的依据是当月（季）的成本报表。分析方法，通常有以下几个方面：

①通过实际成本与预算成本的对比，分析当月（季）的成本降低水平；通过累计实际成本

与累计预算成本的对比,分析累计的成本降低水平;预测实现项目成本目标的前景。

②通过实际成本与计划成本的对比,分析计划成本的落实情况,以及目标管理中的问题和不足,进而采取措施,加强成本管理,保证成本计划的落实。

③通过对各成本项目的成本分析,可以了解成本总量的构成比例和成本管理的薄弱环节。例如:在成本分析中,发现人工费、机械费和间接费等大幅度超支,就应该对这些费用的收支配比关系认真研究,并采取对应的增收节支措施,防止今后再超支。如果是属于预算定额规定的"政策性"亏损,则应从控制支出着手,把超支额压缩到最低限度。

④通过主要技术经济指标的实际与计划的对比,分析产量、工期、质量、"三材"节约率、机械利用率等对成本的影响。

⑤通过对技术组织措施执行效果的分析,寻求更加有效的节约途径。

⑥分析其他有利条件和不利条件对成本的影响。

(3)年度成本分析

企业成本要求一年结算一次,不得将本年成本转入下一年度。而项目成本则以项目的寿命周期为结算期,要求从开工到竣工到保修期结束连续计算,最后结算出成本总量及其盈亏。由于项目的施工周期一般都比较长,除了要进行月(季)度成本的核算和分析外,还要进行年度成本的核算和分析。这不仅是为了提示企业成本管理的成绩和不足,而且是为今后的成本管理提供经验和教训,从而可对项目成本进行更有效的管理。

年度成本分析的依据是年度成本报表,年度成本分析的内容,除了月(季)度成本分析的六个方面以外,重点是针对下一年度的施工进展情况规划切实可行的成本管理措施,以保证施工项目成本目标的实现。

(4)竣工成本的综合分析

凡是有几个单位工程而且是单独进行成本核算(即成本核算对象)的项目,其竣工成本分析应以各单位工程竣工成本分析资料为基础,再加上项目管理部的经营效益进行综合分析。如果施工项目只有一个成本核算对象(单位工程),就以该成本核算对象的竣工成本资料作为成本分析的依据。

单位工程竣工成本分析,应包括以下三方面的内容:

①竣工成本分析;

②主要资源节超对比分析;

③主要技术节约措施及经济效果分析。

通过以上分析,可以全面了解单位工程的成本构成和降低成本的来源,对今后同类工程的成本管理很有参考价值。

(5)特定问题和与成本有关事项的分析

针对特定问题和与成本有关事项的分析,包括成本盈亏异常分析、工期成本分析和资金成本分析等内容。

①成本盈亏异常分析

成本出现盈亏异常情况,对建设项目来说,必须引起高度重视,彻底查明原因,立即加以纠正。检查成本盈亏异常的原因,应从经济核算的"三同步"入手。因为,项目经济核算的基本规律是:在完成多少产值、消耗多少资源、发生多少成本之间有着必然的同步关系。如果违背这个规律,就会发生成本的盈亏异常。

"三同步"检查是提高项目经济核算的有效手段,不仅适用于成本盈亏异常的检查,也可用于月度成本的检查。"三同步"检查可以通过以下五方面的对比分析来实现:产值与施工任务单的实际工程量和形象进度是否同步;资源消耗与施工任务单的实耗人工、限额领料单的实耗材料、当期租用的周转材料和施工机械是否同步;其他费用(如材料价差、超高费、井点抽水的打拔费和台班费等)的产值统计与实际支付是否同步;预算成本与产值统计是否同步;实际成本与资源消耗是否同步。

实践证明,把以上五方面的同步情况查明以后,成本盈亏的原因自然一目了然。

②工期成本分析

工期的长短与成本的高低有着密切的关系。在一般情况下,工期越长费用支出越多,工期越短费用支出越少。特别是固定成本的支出,基本上是与实际工期成反比增减的,这是进行工期成本分析的重点。

工期成本分析,就是计划工期成本与实际工期成本的比较分析。所谓计划工期成本,是指在假定完成预期利润的前提下计划工期内所耗用的计划成本;而实际成本,则是在实际工期中耗用的实际成本。

工期成本分析的方法一般采用比较法,即将计划工期成本与实际工期成本进行比较,然后用"因素分析法"分析各种因素的变动对工期成本差异的影响程度。

进行工期成本分析的前提条件是,根据施工图预算和施工组织设计进行量本利分析,计算施工项目的产量、成本和利润的比例关系,然后用固定成本除以合同工期,求出每月支用的固定成本。

③资金成本分析

资金与成本的关系,就是工程收入与成本支出的关系。根据工程成本核算的特点,工程收入与成本支出有很强的配比性。在一般情况下,都希望工程收入越多越好,成本支出越少越好。施工项目的资金来源,主要是工程款;而施工耗用的人、财、机的货币表现,则是工程成本支出。

进行资金成本分析,通常应用"成本支出率"指标,即成本支出占工程款收入的比例。计算公式如下:

$$成本支出率 = \frac{计算期实际成本支出}{计算期实际工程款收入} \times 100\%$$

通过对"成本支出率"的分析,可以看出资金收入中用于成本支出的比重有多大;也可以通过加强资金管理来控制成本支出;还可联系储备金和结存资金的百分比,分析资金使用的合理性。

④技术组织措施执行效果分析

技术组织措施是施工项目降低工程成本、提高经济效益的有效途径。因此,在开工以前都要根据工程特点编制技术组织措施计划,列入施工组织设计。在施工过程中,为了落实施工组织设计所列的技术组织措施计划,可以结合月度施工作业计划的内容编制月度组织措施计划;同时,还要对月度技术组织措施计划的执行情况进行检查和考核。

在实际工作中,往往有些措施已按计划实施,有些措施并未实施,还有一些措施则是计划以外的。因此在检查考核措施计划成本执行情况的时候,必须分析脱离计划和超出计划的具体原因,做出正确的评价,以免挫伤有关人员的积极性。

对执行效果的分析也要实事求是,既要按理论计算,也要联系实际,对节约的实物进行验收,然后根据实际节约效果论功行赏,以调动有关人员执行技术组织措施的积极性。

技术组织措施必须与施工项目的工程特点相结合,也就是,不同特点的施工项目,需要采取不同的技术组织措施,有很强的针对性和适应性(当然也有各施工项目通用的技术组织措施)。在这种情况下,计算节约效果的方法也会有所不同。但总的来说,不外乎:

$$措施节约效果=措施前的成本-措施后的成本$$

对节约效果的分析,需要联系措施的内容和措施的执行经过来进行。有些措施难度比较大,但节约效果并不高;而有些措施难度并不大,但节约效果却很高。因此,在技术组织措施执行效果进行考核的时候,也要根据不同情况区别对待。

对于在项目施工管理中影响比较大、节约效果比较好的技术组织措施,应该以专题分析的形式进行深入详细的分析,以便推广应用。

⑤其他有利因素和不利因素对成本影响的分析

在项目施工过程中,必然会有很多有利因素,同时也会碰到不少不利因素。不管是有利因素还是不利因素,都将对项目成本造成影响。

对待这些有利因素和不利因素,首先要有预见,有抵御风险的能力;同时还要把握机遇充分利用有利因素,积极争取转换不利因素。这样,就会更有利于项目施工,也更有利于成本的降低。

这些有利因素和不利因素,包括工程结构的复杂性和施工技术上的难度,施工现场的自然地理环境(如水文、地质、气候等),以及物资供应渠道和技术装备水平等等。它们对项目成本的影响,需要具体问题具体分析。

4. 施工项目成本管理考核

施工项目的成本考核分两个层次:一是对项目经理成本管理的考核,二是对施工项目经理所属职能部门和班组的成本管理考核。

对施工项目经理成本管理考核的内容有:项目成本目标和阶段成本目标的完成情况;建立以项目经理为核心的成本管理责任制的情况;成本计划的编制和落实情况;对各部门、各作业队和班组责任成本的检查和考核情况;成本管理贯彻责权相结合原则的执行情况。

对各部门成本管理考核的内容包括:本部门、本岗位责任成本的完成情况;本部门、本岗位成本管理责任的执行情况。

对作业队(承包队)成本管理考核的内容包括:对劳务合同的承包范围和承包内容的执行情况;劳务合同以外的补充收费情况;对班组施工任务单的管理情况;对班组完成施工任务后的考核情况。

对班组的成本管理考核是考核其责任成本(分部分项工程成本)的完成情况。

情境 4.5 施工现场管理

表 4-15 工作任务表

能力目标	主讲内容	学生完成任务	评价标准	
通过本单元的训练,懂得施工项目现场管理的意义,掌握施工项目现场管理的内容、方法,能完成施工项目现场管理的任务,会进行施工项目现场管理评价	着重介绍加强施工现场管理的意义;介绍施工项目现场管理的内容、方法,施工项目现场管理评价的主要内容	根据本项目的基本条件,在学习过程中能在满足安全、环保、文明施工的要求下,进行现场管理	优秀	能完成一个单位工程施工项目现场管理工作的任务,会进行施工项目现场管理评价
			良好	理解施工项目现场管理的意义,掌握施工项目现场管理的内容、方法,能完成一个单位工程施工项目现场管理工作的任务
			合格	理解施工项目现场管理的意义,掌握施工项目现场管理的内容、方法

4.5.1 施工现场管理的基本概念

1. 施工现场管理

施工现场指从事工程施工活动经批准占用的施工场地。该场地既包括红线以内占用的建筑用地和施工用地,又包括红线以外现场附近经批准占用的临时施工用地。

施工现场管理是施工企业生产管理的一个重要组成部分。它是施工单位为了完成建筑产品的施工任务,从接受施工任务开始到交工验收为止的全过程中,围绕施工对象和施工现场而进行的生产组织管理工作。

2. 施工现场管理的基本任务

施工现场管理的基本任务是根据生产管理的普遍规律和施工的特殊规律,以每一个具体工程和相应的施工现场为对象,正确处理好施工过程中的劳动力、劳动对象和劳动手段的相互关系及其在空间布置和时间安排上的各种矛盾,做到人尽其才、物尽其用,保质、保量、安全高效地完成施工任务。

施工现场管理的基本内容包括:

(1)编制施工作业计划并组织实施;

(2)施工现场的平面布置管理,合理利用空间,创造良好的施工条件;

(3)做好施工中的调度工作,及时协调土建工种和专业工种之间、总包与分包之间的关系,组织交叉施工;

(4)做好施工过程中的作业准备工作,为连续施工创造条件;

(5)认真填写施工日志和施工记录,为交工验收和技术档案积累资料;

(6)规范场容、环境保护、文明施工。

4.5.2　施工现场管理实施

4.5.2.1　施工现场平面布置的管理

1. 合理规划施工用地

首先要保证场内占地的合理使用。当场内空间不充分时,应会同建设单位按规定向规划部门和公安交通部门申请,经批准后才能获得并使用场外临时施工用地。

2. 按施工组织设计中施工平面图设计布置现场

施工现场的平面布置,是根据工程特点和场地条件,以配合施工为前提合理安排的,有一定的科学根据。但是,在施工过程中,往往会出现不执行现场平面布置,造成人力、物力浪费的情况。例如:

(1)材料、构件不按规定地点堆放,造成二次搬运,不仅浪费人力,材料、构件在搬运中还会受到损失;

(2)钢模和钢管脚手等周转设备,用后不予整修并堆放不整齐,任意乱堆乱放,既影响场容整洁,又容易造成损失,特别是将周转设备放在路边,一旦车辆开过,轻则变形,重则报废;

(3)任意开挖道路,又不采取措施,造成交通中断,影响物资运输;

(4)排水系统不畅,遇雨则现场积水严重,造成不安全事故,对材料产生影响。

3. 根据施工进展的具体需要,按阶段调整施工现场的平面布置

不同的施工阶段,施工的需要不同,现场的平面布置亦应进行调整。当然,施工内容变化是主要原因,另外分包单位也随之变化,他们也对施工现场提出新的要求。但是,调整也不能太频繁,以免造成浪费。一些重大设施应基本固定,调整的对象应是影响不大、规模小的设施,或已经实现功能失去作用的设施,代之以满足新需要的设施。

4. 加强对施工现场使用的检查

现场管理人员应经常检查同场布置是否按平面布置图进行,是否符合各项规定,是否满足施工需要,还有哪些薄弱环节,从而为调整施工现场布置提供有用的信息,也使施工现场保持相对稳定,不被复杂的施工过程打乱或破坏。

4.5.2.2　文明施工现场的建立

文明施工现场即指按照有关法规的要求,使施工现场和临时占地范围内秩序井然,文明安全,环境得到保持,绿地树木不被破坏,交通畅达,文物得以保存,防火设施完备,居民不受干扰,场容和环境卫生均符合要求。建立文明施工现场有利于提高工程质量和工作质量,提高企业信誉。为此,应当做到项目经理挂帅,统筹考虑,全面控制,建章建制,责任到人,落实整改,严明奖惩。

1. 项目经理挂帅,即公司和分公司均成立主要领导挂帅,各部门主要负责人参加的施工现场管理领导小组,在企业范围内建立以项目管理班子为核心的现场管理组织体系。

2. 统筹考虑,即各管理业务系统对现场的管理进行统筹考虑,分口负责,每月组织检查,发现问题及时整改。

3. 全面控制,即对现场管理的检查全部内容,按达标要求逐项检查,填写检查报告,评定现场管理先进单位。

4. 建章建制,即建立施工现场管理的检查规章制度和实施办法,按法办事,不得违背。

5. 责任到人,即管理责任不但明确到部门,而且各部门要明确到人,以便落实管理工作。

6. 落实整改，即对各种问题，一旦发现，必须采取措施纠正，避免再度发生。无论涉及哪一上级、哪一部门、哪一个人，决不能姑息迁就，必须整改落实。

7. 严明奖惩。如果成绩突出，便应按奖惩办法予以奖励；如果有问题，要按规定给予必要的处罚。

8. 及时清场转移

施工结束后，项目管理班子应及时组织清场，将临时设施拆除，剩余物资退场，组织向新工程转移，以便整治规划场地，恢复临时占用工地，不留后患。

9. 现场文明施工的检查、评定

现场文明施工的检查、评定一般是按文明施工的要求，按其内容的性质分解为场容、材料、技术、机械、安全、保卫消防和生活卫生等管理分项，逐项检查、评分，最后汇总得出总分。根据检查评分结果确定工地文明施工等级，如文明工地、合格工地或不合格工地等。场容文明施工检查评分表见表 4－16。其他各管理分项也有类似表格，在此不一一列举。

表 4－16　场容文明施工检查评分表

施工单位		工地名称		
序号	检查项目	应得分	实得分	检查意见
1	工地入口及标牌	6		
2	场容管理责任制	8		
3	现场场地平整，道路坚实畅通	10		
4	临时水电专人管理	6		
5	临时设施铺设	8		
6	工完场清	12		
7	砂浆、混凝土在搅拌、运输、使用过程中不洒、不漏、不剩	12		
8	成品保护措施和设施	8		
9	建筑物内的垃圾、渣土的清除、下卸	10		
10	建筑垃圾的堆放及外运	8		
11	施工现场的围挡	6		
12	现场宣传标语及黑板报	6		

应得分：100　　实得分：

折合标准分值为 $20 \times \% =$

检查人：　　　　　　　检查日期　　年　月　日

4.5.2.3　现场安全生产管理

现场安全管理的目的，在于保护施工现场的人身安全和设备安全，减少和避免不必要的损失，要达到这个目的，就必须强调按规定的标准去管理，不允许有任何细小的疏忽。否则，将会造成难以估量的损失，其中包括人身、财产和资金等损失。

1. 不遵守现场安全操作规程,容易发生工伤事故,甚至死亡事故,不仅本人痛苦,家属痛苦,项目还要支付一笔可观的医药、抚恤费用,有时还会造成停工损失;

2. 不遵守机电设备的操作的规程,容易发生设备事故,甚至重大设备事故,不仅会损坏机电设备,还会影响正常施工;

3. 忽视消防工作和消防设施的检查,容易发生火灾和对影响火灾发生时的有效抢救,其后果更是不可想象。

4.5.2.4　施工现场防火

1. 施工现场防火和特点

(1)建筑工地易燃建筑物多,全场狭小,缺乏有效的安全距离,因此,一旦起火,容易蔓延成灾。

(2)建筑工地易燃材料多,如木材、木模板、脚手架、沥青、油漆、乙炔发生器、保温材料和油毡等。因此,应特别加强管理。

(3)建筑工地临时用电线路多,容易漏电起火。

(4)在施工期间,随着工程的发展,工种增多,施工方法不同,会出现不同的火灾隐患。

(5)建筑工地临时现场产生火灾的危险性大,交叉作业多,管理不善,火灾隐患不易发现。

(6)施工现场消防水源和消防道路均系临时设置,消防条件差,一旦起火,灭火困难。

总之,建筑施工现场产生火灾的危险性大,稍有疏忽,就在可能发生火灾事故。

2. 施工现场的火灾隐患

(1)石灰受潮发热起火。工地储存的生石灰,在遇水和受淹后,便会在熟化的过程中达到 800 ℃ 左右温度,遇到可燃烧的材料后便会引火燃烧。

(2)木屑自燃起火。大量木屑堆积时,就会发热,积热量增多后,便可能自起火。

(3)熬沥青作业不慎起火。熬制沥青温度过高或加料过多,会沸腾外溢,或产生易燃蒸汽,接触火源而起火。

(4)仓库内的易燃物触及明火就会燃烧起火。这些易燃物有塑料、油类、木材、油漆、燃料、防护品等。

(5)焊接作业时火星溅到易燃物上引火。

(6)电气设备短路或漏电,冬期施工用电热法养护不慎起火。

(7)乱扔烟头,遇易燃物引火。

(8)烟囱、炉灶、火炕、冬季炉火取暖或养护,管理不善起火。

(9)雷击起火。

(10)生活用房不慎起火,蔓延至施工现场。

3. 火灾预防管理工作

(1)对上级有关消防工作的政策、法规、条例要认真贯彻执行,将防火纳入领导工作的议事日程,做到在计划、布置、检查、总结、评比时均考虑防火工作,制定各级领导防火责任制。

(2)企业建立以下防火责任制度

①各级安全责任制;

②工人安全防火岗位责任制;

③现场防火工具管理制度;

④重点部位安全防火制度；

⑤安全防火检查制度；

⑥火灾事故报告制度；

⑦易燃、易爆物品管理制度；

⑧用火、用电管理制度；

⑨防火宣传、教育制度。

(3)建立安全防火委员会。由现场施工负责人主持，进入现场后立即建立。有关技术、安全保卫、行政等部门参加。在项目经理的领导下开展工作。其职责是：

①贯彻国家消防工作方针、法律、文件及会议精神，结合本单位具体情况部署防火工作；

②定期召开防火检查，研究布置现场安全防火工作；

③开展安全消防教育和宣传；

④组织安全防火检查，提出消防隐患措施，并监督落实；

⑤制定安全消防制度及保证防火的安全措施；

⑥对防火灭火有功人员奖励，对违反防火制度及造成事故的人员批评、处罚以至追究责任；

(4)设专职、兼职防火员，成立消防组织。其职责是：

①监督、检查、落实防火责任的情况；

②审查防火工作措施并监督实施；

③参加制定、修改防火工作制度；

④经常进行现场防火检查，协助解决问题，发现火灾隐患有权指令停止生产或查封，并立即报告有关领导研究解决；

⑤推广消防工作先进经验；

⑥对工人进行防火知识教育，组织义务消防队员培训和灭火练习；

⑦参加火灾事故调查、处理和上报。

4.5.3　施工项目现场管理评价

为了加强施工现场管理，提高施工现场管理水平，实现文明施工，确保工程质量的安全，应该对施工现场管理进行综合评价。评价内容应包括经营行为管理、工程质量管理、施工安全管理、文明施工管理及施工队伍管理五个方面。

1. 经营行为管理评价

经营行为评价的主要内容是合同签订及履约、总分包、施工许可证、企业资质、施工组织设计及实施情况。不得有下列行为：未取得许可证而擅自开工，企业资质等级与其承担的工程任务不符，层层转包，无施工组织设计，因建筑施工企业管理不善而严重影响合同履约。

2. 工程质量管理评价

工程质量管理评价的主要内容是质量体系建立运转的情况、质量管理状态、质量保证资料情况。不得有下列情况：无质量体系，工程质量不合格，无质量保证资料。工程质量检查按有关标准规范执行。

3. 施工安全管理评价

施工安全管理评价的主要内容是：安全生产保证体系及执行，施工安全各项措施情况等。不得有下列情况：无安全生产保证体系，无安全施工许可证，施工现场的安全设施不合格，发生人员死亡事故。

4. 文明施工管理评价

文明施工管理的主要内容是场容场貌、料具管理、消防保卫、环境保护、职工生活状况等。不准有下列情况：施工现场的场容场貌严重混乱，不符合管理要求，无消防设施或消防设施不合格，职工集体食物中毒。

5. 施工队伍管理评价

施工队伍管理评价的主要内容是项目经理及其他人员持证上岗、民工的培训和使用、社会治安综合治理情况等。

评价方法：

1. 进行经常检查制，每个施工现场一个月综合评价一次。

2. 检查之后评分，5 个方面评分比重不同。假如满分为 100 分，可以给经营行为管理、工程质量管理、施工安全管理、文明施工管理、施工队伍管理分别评为 20 分、25 分、25 分、20分、10 分。

3. 结合评分结果可用作对企业资质实行动态管理的依据之一，作为企业申请资质等级升级的条件，作为对企业进行奖罚的依据。

4. 一般说来，只有综合评分达 70 分及其以上，方可算作合格施工现场。如为不合格现场，应给施工现场项目经理警告或罚款。

项目 5 综合实训

【学习目标】

本项目选定项目为载体,进行单位工程施工组织设计编制实训。通过本项目的学习,要求学生:

1. 全面收集编制施工组织设计所需的基本资料;
2. 分析工程特点,确定施工部署与施工方案;
3. 正确编制施工进度计划;
4. 进行施工准备工作计划与资源计划编制;
5. 合理进行施工现场平面布置图设计;
6. 根据工程特点,进行质量保证措施与安全技术措施编制;
7. 规范进行施工组织设计文件整理、排版和打印。

表 5-1 工作任务表

能力目标	主讲内容	学生完成任务	评价标准	
通过学习,使学生具有进行一般工程施工组织设计的编制能力	指导学生从收集基本资料、分析工程特点开始,介绍编制施工组织设计的基本工作程序和编制过程中应注意的主要问题	根据选定项目的基本条件,对项目进行特点分析、施工部署和施工方案设计、进度计划编制、施工现场平面布置图设计、主要技术组织措施编制,并完成文件整理、排版和打印	优秀	实训态度端正,能完成实训任务;提交的实训成果内容全面、不缺项;计划与方案均满足合同及预定目标要求,且经过了科学合理优化和调整;施工进度计划能用网络计划形式,平面布置图用 CAD 图形绘制
			良好	实训态度端正,能完成实训任务;提交的实训成果内容全面、不缺项;计划与方案均满足合同及预定目标要求
			合格	实训态度端正,能完成实训任务;提交的实训成果包含了施工组织设计的主要内容;计划与方案均满足合同及预定目标要求

情境 5.1 收集基本资料

5.1.1 实训目的

1. 专业能力

通过本实训项目的学习、训练,掌握单位工程施工组织设计的内容及编制的程序。通过此项目的训练,结合各门专业课程的学习,能够按照正确的程序编制出一般的房屋建筑或道路工程的单位工程施工组织设计。

2. 方法能力

通过本单元的实训,知道单位工程施工组织设计的编制内容、编制程序和常用的编制技巧。

3. 社会能力

本项目贯彻了培养"施工型"、"能力型"、"成品型"人才的指导思想,学生的实践技能明显加强。通过本实训,学生能够利用相关的施工组织原理来编制实际单位工程项目的施工组织设计文件,进一步培养了学生独立思考、吃苦耐劳、勤奋工作的意识,团结协作、勇于创新的精神以及诚实、守信的优秀品质,为今后从事施工生产一线的工作奠定良好的基础。

5.1.2　实训项目

本项目选用安徽水利水电职业技术学院实训楼工程。本项目基本建设概况:

本工程位于安徽水利水电职业技术学院院内。

建设单位:安徽水利水电职业技术学院

设计单位:合肥工业大学建筑设计研究院

施工单位:安徽广厦集团

监理单位:安徽国合监理公司

5.1.3　基本资料

1.《安徽水利水电职业技术学院实训楼工程施工合同》

2.《安徽水利水电职业技术学院实训楼工程施工招标文件》

3.《安徽水利水电职业技术学院实训楼工程标前答疑纪要》

4.《安徽水利水电职业技术学院实训楼工程工程量清单》

5.《安徽水利水电职业技术学院实训楼工程施工图》(见附图)

6.《建筑施工组织设计规范》(GB/T50502—2009)

7.《混凝土结构工程施工质量验收规范》(GB50204—2002)

8.《建筑地面工程施工质量验收规范》(GB50209—2002)

9.《屋面工程质量验收规范》(GB50207—2002)

10.《建筑装饰装修工程施工质量验收规范》(GB50210—2002)

11.《建筑地基基础工程施工质量验收规范》(GB50202—2002)

12.《钢筋焊接及验收规范》(GBJ202—83)

13.《砌体工程施工质量验收规范》(GB50203—2002)

14.《施工现场临时用电安全技术规范》(JGJ46—88)

15.《建筑施工安全检查标准》(JGJ59—99)

16.《建筑施工高处作业安全技术规范》(JGJ80—91)

17.《龙门架及井架物料提升机安全技术规范》(JGJ88—92)

18.《建筑工程施工质量验收统一标准》(GB50300—2001)

19. 其他现场条件资料和建设单位为工程提供的水、电、交通等条件资料等。本工程安全工作目标如下：

　　(1)死亡事故为0；

　　(2)重大火灾及燃爆事故为0；

　　(3)重大机械设备及起重事故为0；

　　(4)同一现场重复发生相同性质的事故或未遂事故为0；

　　(5)重伤事故为0；

　　(6)轻伤事故频发率不大于3‰。

情境5.2　编制施工组织设计

5.2.1　实训要求

　　实训期间要系统学习单位工程施工组织设计的编制内容，特别是编制的程序，不同的方法针对不同的工程实际。具体要求有：

　　1. 认真学习单位工程施工组织设计的编制主要程序和内容，理清各部分内容之间的关系，理论联系实际，努力参与到实际工作中去。

　　2. 在指导教师和工程技术人员（企业一线人员）的帮助下，独立完成实训内容，并形成实训成果。

　　3. 在实训期间，收集有关的信息资料，并进行分类保存。

　　4. 调查研究新技术、新工艺、新材料的应用情况和新经验的总结工作。

　　5. 根据实训要求，做好实训工作。

　　6. 到企业一线时，应服从组织安排，按所属岗位身份，严格要求自己。

　　7. 实训期间要认真观察、勤于思考、虚心请教，做到"多看、多思、多问、多总结"并且要发挥踏实、肯干、吃苦耐劳的精神，争取高质量地完成实训任务。

5.2.2　实训的组织形式

　　提倡采用课堂与现场相结合的教学方法，本课程教学要体现教师为辅，学生为主的思路；校内专职教师为辅，企业兼职教师为主；理论知识学习为辅，实践技能锻炼为主的思路；充分提高学生的学习兴趣，激发学生的学习积极性，增加其实践操作能力。体现高职高专的教育思路，紧密结合职业教育的目标，提高学生的岗位适应能力。在教学活动中使学生掌握本课程的职业岗位能力，提升学生的职业素养，提高职业道德。

　　以小组为单位参加项目学习，采取实习指导教师为主、项目现场管理人员为辅的联合指导方式。

5.2.3　实训地点

　　本项目的实训地点安排在校内进行。根据教学需要及实训进度要求，可适时去相关企业进行现场调研。

5.2.4　实训进程安排

实训进程安排见表 5 - 2。

表 5 - 2　实训进程安排表

序号	实训内容	时间(学时)
1	熟悉施工图纸及其他基本资料	2
2	根据设计图纸计算工程量	6
3	拟订工程项目的施工方案	3
4	分析并确定施工方案中拟采用的新技术、新材料和新工艺的措施及方法	1
5	编制施工进度计划	3
6	劳动力需要量计划、施工机械、机具及设备需求量计划、主要材料、构建、成品、半成品等的需求量计划及采购计划	4
7	计算行政办公、生活和生产等临时设施的面积	3
8	对施工临时用水、供电分别进行规划	1
9	绘制施工现场平面图	3
10	制定工程施工应采取的技术组织措施	4
	合计	30

5.2.5　实训的基本任务

1. 基本任务

编制单位工程施工组织设计是实训课程的重要内容。通过本环节的学习使学生能够熟悉单位工程施工组织设计的编制,这是施工岗位重要和基本的功能之一。

本项目操作注重学生实际能力的培养,从传统的课堂讲授模式转变为现场教学,赋予学生学习的主体地位,使学生能够自动、自控、自主地展开求知活动,以"工作任务为中心",以"工学结合"为导向,让学生在分析实际案例的过程中构建相关理论知识,并发展职业能力。根据现场教学的特点,学生应当把理论知识灵活运用到实践当中,快速提升理论认知水平的发展,这是教学模式的一个重大变化,它把一个知识点以模块的形式为载体进行设计,通过案例来培养学生的职业能力和职业素质。在整个教学过程中,采取工学结合的培养模式,加强校企合作,充分开发学习资源,给学生提供丰富的实践机会。

本项目实训的主要任务:熟悉施工图纸,到施工现场实地勘察,了解现场周围环境,搜集施工有关资料,对工程施工内容做到心中有数。根据设计图纸计算工程量,分段并且分层进行计算,对流水施工的主要工程项目计算具体到分项工程或工序。拟订工程项目的施工方案,确定所采取的技术措施,并进行技术经济比较,从而选择出最优的施工方案。分析并确定施工方案中拟采用的新技术、新材料和新工艺的措施及方法。编制施工进度计划,进行多方案比较,选择最优的进度计划。根据施工进度计划和实际施工条件编制:(1)劳动力需要量计划;(2)施工机械、机具及设备需要量计划;(3)主要材料、构建、成品、半成品等的需要量计划及采购计划。计算行政办公、生活和生产等临时设施的面积。对施工临时用水、供电分别进行规划,以便满足施工现场用水及用电的需要。绘制施工现场平面图,进行多方案比较,选择最优的施工现场平面布置图设计方案。根据工程的具体特点分别绘制出基础工程、主体工程和装饰工程的施工现场平面图。制定工程施工应采取的技术组织措施,包括保证工期、工程质量、降低工程成本、施工安全和防火、文明施工、环境保护、季节性施工等技术组织措施。

2. 实训内容

编制完成的施工组织设计内容应包括:

(1)工程概况

这是编制单位工程施工组织设计的依据和基本条件。工程概况可附简图说明,各种工程设计及自然条件的参数(如建筑面积、建筑场地面积、造价、结构形式、层数、地质、水、电等)可列表说明。应一目了然,简明扼要。施工条件着重说明资源供应、运输方案及现场特殊的条件和要求。

(2)施工部署与施工方案

这是编制单位工程施工组织设计的重点。应着重于各施工方案的技术经济比较,力求采用新技术,选择最优方案。在确定施工方案时,主要包括施工程序、施工流程及施工顺序的确定,主要分部工程施工方法和施工机械的选择、技术组织措施的制定等内容。尤其是对新技术的应用,要编制得更为详细。

(3)施工进度计划

主要包括:确定施工项目、划分施工过程、计算工程量、劳动量和机械台班量,确定各施工项目的作业时间、组织各施工项目的搭接关系并绘制进度计划图表等内容。

实践证明,应用流水作业理论和网络计划技术来编制施工进度能获得最佳的效果。

(4)施工准备工作和各项资源需要量计划

主要包括施工准备工作的技术准备、现场准备、物资准备及劳动力、材料、构件、半成品、施工机具需要量计划、运输量计划等内容。

(5)施工现场平面布置图

主要包括起重运输机械位置的确定,搅拌站、加工棚、仓库及材料堆放场地的合理布置,运输道路、临时设施及供水、供电管线的布置等内容。

(6)主要技术组织措施

主要包括保证质量措施,保证施工安全措施,保证文明施工措施,保证施工进度措施,冬雨季施工措施,降低成本措施,提高劳动生产率措施等内容。

(7)主要技术经济指标

主要包括工期指标、劳动生产率指标、质量和安全指标、降低成本指标、三大材料节约指标、主要工种工程机械化程度指标等。

3. 编制施工组织设计应遵循的原则

施工组织设计,要能正确指导施工,体现施工过程的规律性、组织管理的科学性、技术的先进性。具体而言,编制过程中要掌握以下原则:

(1)充分利用时间和空间的原则

建设工程是一个体形庞大的空间结构,按照时间的先后顺序,对工程项目各个构成部分的施工要做出计划安排,即在什么时间、用什么材料、使用什么机械、在什么部位进行施工,也就是时间和空间的关系。要处理好这种关系,除了要考虑工艺关系外,还要考虑组织关系。要利用运筹学的基本理论、系统工程理论解决这些关系,实现项目实施的目标。

（2）工艺与设备配套优选原则

不同的机具设备具有不同的工序能力,因此质量、工期和成本也就不同。必须通过试验取得机具设备的工序能力指数。选择工序能力指数最佳的施工机具或设备实施该工艺过程,既能保证工程质量,又不致造成浪费。

如在混凝土工程中,桩基础的水下混凝土浇筑、梁体混凝土浇筑、路面混凝土的浇筑等,均要求最后一盘混凝土浇筑完毕,第一盘混凝土不得初凝。如果达不到这一工艺要求,就要影响工程质量。因此,在安排混凝土搅拌、振捣、运输机械时,要在保证满足工艺要求的条件下,使这三种机具相互配套,防止施工过程出现脱节,充分发挥三种机具的效率。如果配套机组较多,则要从中优选一组配套机具提供使用,这时应通过技术经济比较作出决策。

（3）最佳技术经济决策原则

完成某些工程项目存在着不同的施工方法,具有不同的施工技术,使用不同的机具设备,要消耗不同的材料,导致不同的结果（质量、工期、成本）。因此,对于此类工程项目的施工,可以从这些不同的施工方法、施工技术中,通过具体的计算、分析、比较,选择最佳的技术经济方案,以达到降低成本的目的。

（4）专业化分工与紧密协作相结合的原则

现代施工组织管理既要求专业化分工,又要求紧密协作。特别是流水施工组织原理和网络计划技术编制,尤其如此。处理好专业化分工与协作的关系,组织有节奏、均衡、连续的施工,就是要减少或防止窝工,提高劳动生产率和机械效率,以达到提高工程质量、降低工程成本和缩短工期的目的。

（5）供应与消耗协调的原则

物资的供应要保证施工现场的消耗。物资的供应既不能过剩又不能不足,它要与施工现场的消耗相协调。如果供应过剩,则要多占临时用地面积、多建存放库房,必然增加临时设施费用,同时物资积压过剩,存放时间过长,必然导致部分物资变质、失效,从而增加了材料费用的支出,最终造成工程成本的增加;如果物资供应不足,必然出现停工待料,影响施工的连续性,降低劳动生产率,既延长了工期又提高了工程成本。因此,在供应与消耗的关系上,一定要坚持协调性原则。

4. 编制程序

编制单位工程施工组织设计时,可按照如图 5-1 所示的编制程序进行。

5. 施工组织设计贯彻

施工组织设计的编制,只是为实施拟建工程项目的生产过程提供了一个可行的方案。这个方案的经济效果如何,必须通过实践去验证。施工组织设计贯彻的实质,就是把一个静态平衡方案,放到不断变化的施工过程中,考核其效果和检查其优劣的过程,以达到预定的目标。所以施工组织设计贯彻的情况如何,其意义是深远的。为了保证施工组织设计的顺利实施,应做好以下几个方面的工作:

（1）传达施工组织设计的内容和要求

经过审批的施工组织设计,在开工前要召开各级的生产、技术会议,逐级进行交底,详细地讲解其内容、要求和施工的关键与保证措施,组织群众广泛讨论,拟定完成任务的技术组织措施,做出相应的决策。同时责成计划部门,制订出切实可行的严密的施工计划,责成技术部门,拟定科学合理的具体的技术实施细则,保证施工组织设计的贯彻执行。

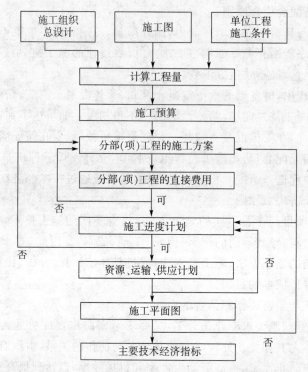

图 5-1　单位工程施工组织设计的编制程序

(2)制定各项管理制度

施工组织设计贯彻的顺利与否,主要取决于施工企业的管理素质和技术素质及经营管理水平。只有施工企业有了科学的、健全的管理制度,企业的正常生产秩序才能维持,才能保证工程质量,提高劳动生产率,防止可能出现的漏洞或事故。为此必须建立、健全各项管理制度,保证施工组织设计的顺利实施。

(3)推行技术经济承包制

技术经济承包是用经济的手段和方法,明确承发包双方的责任。它便于加强监督和相互促进,是保证承包目标实现的重要手段。为了更好地贯彻施工组织设计,应该推行技术经济承包制度,开展劳动竞赛,把施工过程中的技术经济责任同职工的物质利益结合起来。

(4)统筹安排及综合平衡

在拟建工程项目的施工过程中,搞好人力、物力、财力的统筹安排,保持合理的施工规模,既能满足拟建工程项目施工的需要,又能带来较好的经济效果。施工过程中的任何平衡都是暂时的和相对的,平衡中必然存在不平衡的因素,要及时分析和研究这些不平衡因素,不断地进行施工条件的反复综合和各专业工种的综合平衡。进一步完善施工组织设计,保证施工的节奏性、均衡性和连续性。

(5)切实做好施工准备工作

施工准备工作是保证均衡和连续施工的重要前提,也是顺利贯彻施工组织设计的重要保证。拟建工程项目不仅在开工之前要做好一切人力、物力和财力的准备,而且在施工过程中的不同阶段也要做好相应的施工准备工作。这对于施工组织设计的贯彻执行是非常重要的。

6. 施工组织设计的检查

(1)主要指标完成情况的检查

施工组织设计主要指标的检查,一般采用比较法。就是把各项指标的完成情况同计划规定的指标相对比。检查的内容应该包括工程进度、工程质量、材料消耗、机械使用和成本费用等,把主要指标数额检查同其相应的施工内容、施工方法和施工进度的检查结合起来,发现其问题,为进一步分析原因提供依据。

(2)施工现场平面布置图合理性的检查

施工现场平面布置图必须按规定建造临时设施,敷设管网和运输道路,合理地存放机具,堆放材料;施工现场要符合文明施工的要求;施工现场的局部断电、断水、断路等,必须事先得到有关部门批准;施工的每个阶段都要有相应的施工总平面图;施工现场平面布置图的任何改变都必须得到有关部门批准。如果发现施工现场平面布置图存在不合理性,要及时制订改进方案,报请有关部门批准,不断地满足施工进展的需要。

7. 施工组织设计的调整

根据施工组织设计执行情况检查中发现的问题及其产生的原因,拟订改进措施或方案;对施工组织设计的有关部分或指标逐项进行调整;对施工现场平面布置图进行修改,使施工组织设计在新的基础上实现新的平衡。

实际上,施工组织设计的贯彻、检查和调整是一项经常性的工作,必须随着施工的进展情况,根据反馈信息及时地进行,要贯穿拟建工程项目施工过程的始终。

施工组织设计的贯彻、检查、调整的程序如图 5-2 所示。

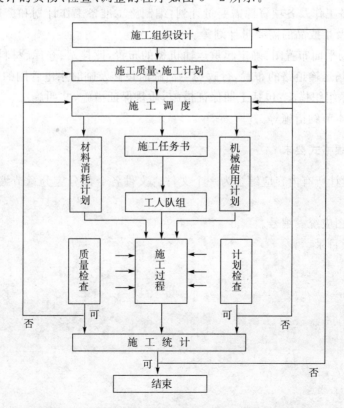

图 5-2　施工组织设计的贯彻、检查、调整的程序

情境 5.3　文件整理、排版和打印

5.3.1　实训成果的主要内容

实训成果的主要内容包括：

1. 封面：单位工程名称、单位工程施工组织设计字样、编制单位、编制时间、编制人、审批人等。

2. 目录：目录可以使使用者了解施工组织设计成果各部分的组成，快速而方便地找到所需要的内容。

3. 编制依据：主要有施工合同、施工图纸、技术图集和所需要的标准、规范、规程等，一般用表格列明。

4. 工程概况：主要简述工程概况和施工特点，内容包括工程名称、工程地址、建设单位、设计单位、监理单位、质量监督单位、施工总包商、主要分包商等的基本情况，合同的范围、合同的工期，建设地点的特征，施工条件等。

5. 施工部署与施工方案：主要从时间、空间、工艺、资源等方面确定施工顺序、施工方法、施工机械等内容。

6. 施工进度计划：技术各分项工程的工程量、劳动量和机械台班量，从而计算工作的持续时间、班组人数，编制施工进度计划。

7. 施工准备工作及各项资源需要量计划：编制施工准备工作计划和劳动力、主要材料、施工机具、构件及半成品的需要量计划等。

8. 施工现场平面布置图：确定起重运输机械的布置，搅拌站、仓库、材料和构件堆场、加工厂的位置，现场运输道路的布置，行政与生活临时设施及临时水电管网的布置等内容。

9. 主要技术组织措施：包括工期保证措施，质量保证措施，文明施工、安全施工、环境保护施工措施、成本节约措施等。

5.3.2　排版格式要求

施工组织设计所有内容应综合为一个文件。文件各个部分应分章节编排，文件使用统一格式。

所有表格、图应统一编号。

文件设四级目录。

参 考 文 献

［1］中国建筑技术集团有限公司编写．建筑施工组织设计规范．北京：中国建筑工业出版社，2009

［2］张迪．施工项目管理．北京：中国水利水电出版社，2009

［3］李忠富．建筑施工组织与管理．北京：中国建筑工业出版社，2007

［4］侯洪涛，南振江．建筑施工组织．北京：人民交通出版社，2007

［5］吴伟民，刘在今．建筑工程施工组织与管理．北京：中国水利水电出版社，2007

［6］李立增．工程项目施工组织与管理．成都：西南交通大学出版社，2006

［7］吴佩牛．建筑施工组织与进度管理．北京：中国建筑工业出版社，2006

［8］王洪健．施工组织设计．北京：高等教育出版社，2005

［9］米永胜．公路施工组织与概预算．北京：机械工业出版社，2005

［10］危道军，刘志强．工程项目管理．武汉：武汉理工大学出版社，2004

［11］中国建设监理协会编写．建设工程进度控制．北京：中国建筑工业出版社，2003

［12］危道军．建筑施工组织．北京：中国建筑工业出版社，2002

［13］彭圣浩．建筑施工组织设计实例应用手册．北京：中国建筑工业出版社，1999